现代机械设计理论与应用研究

黄丽丽　纪洪奎　吴　迪　著

吉林科学技术出版社

图书在版编目（CIP）数据

现代机械设计理论与应用研究 / 黄丽丽，纪洪奎，吴迪著. -- 长春：吉林科学技术出版社，2022. 12
ISBN 978-7-5578-9769-7

Ⅰ. ①现… Ⅱ. ①黄… ②纪… ③吴… Ⅲ. ①机械设计 Ⅳ. ①TH122

中国国家版本馆 CIP 数据核字(2023)第 003470 号

现代机械设计理论与应用研究

著　　黄丽丽　纪洪奎　吴　迪
出 版 人　宛　霞
责任编辑　孟　盟
封面设计　万典文化
制　　版　万典文化
幅面尺寸　185mm × 260mm
开　　本　16
字　　数　356 千字
印　　张　15
印　　数　1–1500 册
版　　次　2023年8月第1版
印　　次　2023年10月第1次印刷

出　　版　吉林科学技术出版社
发　　行　吉林科学技术出版社
地　　址　长春市福祉大路5788号
邮　　编　130118
发行部电话/传真　0431-81629529 81629530 81629531
81629532 81629533 81629534
储运部电话　0431-86059116
编辑部电话　0431-81629518
印　　刷　廊坊市印艺阁数字科技有限公司

书　　号　ISBN 978-7-5578-9769-7
定　　价　90.00元

PREFACE 前言

科学技术起源于人类对原始机械和力学问题的研究。随着人类社会的发展，机械出现在人们日常生活、生产、交通运输、军事和科研等各个领域。人们不断地要求机械最大限度地代替人的劳动，并产生更多、更好的劳动成果，这就要求机械不断地向自动化和智能化方向发展。如今，具有自动化功能的机器越来越多，如各种数控机床、机器人、柔性自动化生产线、自动导航的大型客机、适合不同用途的运载火箭等。

设计是伴随着人类历史而产生和发展起来的一种征服自然和改造世界的基本活动，是将人类掌握的各种思想、理论、方法、技术转化为社会生产力的基本手段和重要途径。机械设计是影响机械产品性能、质量、成本和企业经济效益的一项重要工作，机械产品能否满足用户要求，很大程度上取决于设计。随着科学技术的进步和生产的发展，市场竞争日益激烈，企业为了获得自身的生存和发展，必须不断地推出具有市场竞争能力的新产品。因此，机械产品更新换代的周期将日益缩短，对机械产品在质量和品种上的要求将不断提高，这就对机械设计人员提出了更高的要求。本书是机械设计方向的著作，主要研究现代机械的设计理论与应用，本书从机械设计概述入手，针对计算机辅助设计、有限元分析设计、机械动态设计进行了分析研究；另外对可靠性设计、优化设计、并行设计与协同设计做了一定的介绍；还对虚拟设计、智能设计与绿色设计做了阐述；旨在摸索出一条适合现代机械的设计理论与应用工作的科学道路，帮助其工作者在应用中少走弯路，运用科学方法，提高效率。

本书编写由承德应用技术职业学院黄丽丽、纪洪奎、吴迪共同研究完成。本书具体分工如下：其中第二章至第四章内容（共计约10万字）由黄丽丽撰写；第七章至第九章的内容（共计约10万字）由纪洪奎撰写；第一章、第五章及第六章内容（共计约10万字）由吴迪撰写；全书由黄丽丽统稿。

由于作者水平所限，书中的疏漏和不足之处在所难免，敬请读者批评指正。

CONTENTS

目　录

第一章 机械设计概述

第一节 机械与机械设计

在现代社会中，机械已成为人类在生产和生活中广泛使用的主要工具，机械的发展水平与社会的发展水平密切相关，是衡量社会生产和科学技术发展程度的重要标志之一。机械包括机器和机构两部分，因而对于现代社会中的众多机器和机构来说都是属于机械的一部分，而机械类别之多，范围之大，应用之广，于人们的生活中无处不在，随处可见。

机械设计学的产生是基于社会和人们日益增加的对机械产品功能的需要，机械设计针对这一需要通过运用基础知识、专业知识、实践经验和系统工程等方法，进行设想和构思、计算和分析，最后以技术文件的形式，提供产品制造依据的全过程工作。设计是为提供社会所需的产品进入市场所必要的一系列创新思维和活动。

而随着社会快速发展，机械已不仅仅只是人们日常生活工作中使用的机器和机构，在这一发展的过程中，有了为满足社会和人们日益增加的对机械使用的需要而产生发展的机械设计，并逐渐发展成为专业的独立的一门学科，统称为机械设计学。机械设计学是一门独立的工程技术学科，是在现代设计理论、方法和技术及相关学科迅速发展的基础上逐渐形成的。而以机械设计学为核心的几门学科构成了机械设计学科体系。

机械设计学科的产生从侧面表现了现代社会对于机械的重度需求，以及机械设计对产品的创新研发日益成熟，产品功能不断更新升级，其内容也随之丰富更新。

一、机械的分类与功能组成

（一）机械的概念及分类

1. 机械的基本概念

机械是机器和机构的统称。机械是一种工作装置，是用来帮助人们降低工作难度，省时省力。机械可以分为简单机械和复杂机械。简单机械，顾名思义，就是像筷子、镊子等这类制作简单的物品，而复杂机械因制造复杂，一般是有两种或两种以上的简单机械构成的。机械是一种人为的实物构件的组合，机械各部分之间具有确定的相对运动。一般来说，机器是一些比较复杂的机械，从结构和运动的角度来说，机构与机器并无多少区别，因而两者泛称为机械。

机器装置的组成分为各种金属和非金属部件，消耗能源，运转、做功，并能够进行能量变换以及产生有用功，若干个零件按照一定的关系装配成一台机器或一个部件。

机器的种类繁多且应用范围极广。随着社会行业的发展，从生活中随处可见的各种家用物理装置，如电灯、电话、电视机、冰箱、电梯等；当然广义的机械之中，例如各种机床、自动化装备、化工厂、电厂、飞机、轮船、航空母舰等。无论是生说中的家用电器还是生产工作中的大型机器，遍布了人们的整个生产生活，可以说是构成了人类现代生活的基础。随着各个行业发展的需要，各种新颖形式的机器层出不穷，但都具有机器的共同特征。机器实质上就是一种人工组成的具有确定机械运动的装置，能够代替人类的劳动以完成有用的机械功或转换机械能。现代化机器的组成比较复杂，其控制和信息处理通常是由计算机来完成的。无论现代化机器如何更新换代，其功能都是相同的，其机械装置皆是用来产生确定的机械运动，并通过机械运动来完成有用的工作过程。所以，机器设计的核心是实现机械运动传递和执行。

机器的主体部分是由多个运动构件组合而成的。从运动学的观点来说，机构是机器中的运动单元体。也可以说，机构是可以进行构件之间的运动转换，是一种具有确定运动的构件系统。随着现代机器的不断更新和发展，出现了较为广义的概念，即机器是各种驱动元件与构件相融合的实体。机构概念的提出，对于作为机器核心的传动和执行机构系统的组成尤为重要。

2. 机械的分类

随着社会的高速发展，机械产品不断更新升级，逐步满足人们的需求，而新的机械产品出现的种类越来越多，令人眼花缭乱，而各种功能的机械产品的出现，也使得机械的分类具有了一定的难度。当然，因机械产品的功能种类不同，其分类的方法也是不同的。按照传统的产业分类方法，可以分为：农业机械、林业机械、矿山机械、工程机械、纺织机械、冶金机械、食品机械、化工机械、交通运输机械等。

又可按照服务领域分为以下五种机械：

(1) 用于能量转换的机械。包括将热能、化学能、电能、流体压力能和天然机械能转换为适合于应用的机械能的各种动力机械；以及将机械能转换为所需的其他能量(电能、热的、流体压力能、势能等)的能量变换机械。

(2) 生产各种产品的机械。包括农、林、牧、渔业机械和矿山机械等。

(3) 从事各种服务的机械。包括交通运输机械、办公机械、机械手、医疗器械，通风、采暖和空调设备，除尘、净化、消声等环保设备。

(4) 应用于家庭和个人生活中的机械。例如智能手机、洗衣机、冰箱、照相机、健身器材、电动车等。

(5) 各种机械武器。如枪支等。

当然机械还可按照其功能来进行分类，可分为工艺类机械和非工艺类机械两大类。

工艺类机械是对物料进行工艺性加工的机械，这类机械具有专用的工作头；非工艺类机械则不对任何物料进行工艺性加工，只是为了实现某种需求。

工艺类的机械可分为：金属冷加工设备、金属热加工设备、矿石粉磨机械、食品机械、橡胶机械、木工机械等。

非工艺类机械可分为：交通运输机械、物料搬运机械、动力机械，各类阀门、泵、压力容器等。

但是随着机械产品越来越复杂，机械产品的分类就有了一定的难度，例如医疗机械一般来说应当属于非工艺类，但其中的设备有的却是属于工艺类的，如牙钻等。

因此，随着人们日益增加的需求，机械产品的复杂性逐渐增加，对机械的分类也不再仅仅局限于之前的几种分类，更多的是根据机械的功能来进行分类，这种按照功能的分类方式，强调了其功能，有利于机械设计的构思和创新，也使得不同产业机械的机构和技术相互转移和流动更加方便。

3. 机械系统

机械系统是一种由若干零件、部件和装置组成的机械，并且具有特定的功能的特定系统，且具有确定的质量、刚度和阻尼，彼此间相互有机联系。机械系统的基本要素包括各种机械零件，它们为组成各种不同功能的机械系统而有机地联系着。

机械系统是一个广义的概念，其内涵应当根据对象加以具体分析。广义的机械系统可以这样认为：包括各种机械基本要素，能完成规定的动作过程，实现机械能的变化，从而能够代替人类劳动。机械系统作为一种能完成特定功能的系统，也具备一般系统的特性。

（1）目的性

机械系统的目的是能够完成特定的功能。而机械系统的存在便是为了这一目的的存在。人们设计任何产品，皆是为了实现某一目的。例如，电灯的发明是为了照明，节约能源的电灯，以及护眼的电灯，等等，这些都是为了特定的功能而设计出来的。机械系统中各零部件的布局和组合方式都取决于机械系统的目的。因此，机械系统必须具有明确的目的性。

（2）整体性

一个机械系统是由许多基本单元和子系统组成的。因为一个系统的成功与否主要在于该系统的整体功能的发挥。一方面，组成系统的各个要素都是最佳性能，但系统的功能不一定是最佳的；另一方面，各要素的性能并不是最佳的，但因各要素之间的有机联系得到了协调一致的统一，使得系统能够发挥最佳的性能。这便是系统的整体性，即实现一个系统的整体功能，并不是某一个要素单独作用的结果，而是在于各要素之间的有机联系的协调统一。

（3）环境的适应性

每个系统都处于一定的环境之中，环境的变化会对系统产生重要的影响，进而影响系统功能的变化。因而，机械产品应当具备适应环境的要求，就是指在为保护系统功能的正常运行，系统应当具有对外部环境变化的适应性。

（二）机械的功能组成

现代机械种类繁多，结构也越来越复杂。机器是执行机械运动的装置，用来变换或传递能量、物料、信息。但是各种机器的形式、构造各不相同，各有其自身的特点，但一切工作机器的组成通常是有其共同之处的。

就实现系统功能的角度而言，动力、传动、执行、控制等主要系统组成了机器。当然每个系统又是由其他小的子系统组成的，结构比较复杂。

1. 动力系统

动力系统包括动力机及其配套装置，是机械系统工作的动力源。根据能量转换性质的不同，机械可分为一次能源和二次能源的转换，机械中将自然界的能源(一次能源)转变为机械能的，如内燃机、汽轮机、水轮机等动力机：机械中将二次能源(如电能、液能、气能等)转变为机械能的，如电动机、液压马达、气马达等动力机。动力机的输出运动一般为转动，且具有较高的转速。选择动力机时，应重点针对执行系统的运动和工作载荷、机械系统的使用环境和工作状况以及工作载荷的机械特性等必要条件，使系统具备良好的动态性能以及较好的经济性。如汽车的发动机。

2. 传动系统

传动系统属于中间位置，并将动力机的动力和运动传递给执行系统。如汽车的底盘(传动系、变速器)。传动系统的功能主要有以下几种：

(1) 减速或增速降低或增高动力机的速度，为满足执行系统的工作需要。

(2) 变速当动力机进行变速时具有缺乏经济性、不可能或不能满足其要求时，可以通过传动系统实行变速(有级或无级)，来满足执行系统的多种速度的要求。

(3) 改变运动规律或形式将动力机输出的均匀、连续、旋转的运动转变为变化的旋转或非旋转、连续或间歇的运动，或改变运动方向，这需要按照某种规律，来完成执行系统的运动要求。

(4) 动力传递将动力机输出的动力传递给执行系统，为执行系统完成预定任务所需的转矩或力提供助力。

3. 执行系统

执行机构和执行构件构成了机械的执行系统，这一装置借助机械能对作业对象的性质、状态、形状或位置进行一定的改变，或者检测、度量作业的对象，以进行生产，并能够完成其他的预定要求。功能要求不同，对运动和工作载荷的机械特性的要求也是不同的，因而各种机械的执行系统各不相同。执行系统作为机械系统的主要输出系统，一般位于机械系统的末端，与作业对象有着直接的接触。因此，执行系统工作性能好坏与否将对整个系统的性能产生直接的影响。强度、刚度、寿命等要求是执行系统必须满足的，另外还应对其运动精度和动力学特性等要求进行充分关注。如汽车的行驶系统(车架、车桥、悬架、车轮)。

4. 控制系统

控制系统的功能主要是协调动力系统、传动系统、执行系统彼此之间的运行，并且能够准确可靠地实现整机功能。控制系统是指通过人工操作或测量元件获得的控制信号，经由控制器，使控制对象改变其工作参数或运行状态而实现上述要求的装置，如伺服机构、自动控制装置等。控制系统的良好状态促使机械运行状态达到最佳，为其提高运行稳定性和可靠性以及较好的经济性。如汽车中的转向系、制动系、电气设备。

凡将其他形式能量变为机械能的机器称为原动机，如内燃机、电动机(分别将热能和电能变换为机械能)等都是原动机：凡利用机械能去变换或传递能量、物料、信息的机器称为工作机，如发电机(机械能变换电能)、起重机(传递物料)、金属切削机床(变换物料外形)、计算机(变换和传递信息)等都属工作机：

就机械创新设计本质特征来说，功能首先是针对产品而言，要求具体设计与功能相符合且相关联。同时，机械设计是基于产品的功能进行创造的，要求功能应当具有一定的抽象度，以利于创造性思维的产生。

功能是对于某一机械产品工作能力的抽象化描述，与人们常说的功用、用途、性能、能力既有区别也有联系，“功能”是指一个机器(或装置)所具有的应用特性。

机器本身只是一个功能载体，只带给人们一种功能，同一个功能能够借助不同的线体来加以实现。从功能的角度来分析机器，有助于帮助人们发挥创造性思维，进而探索、构思、设计，从而出现新的机器。比如手表就是用来显示时间的，较早出现的都是机械表，尽管加工精度不断提高，但是其走时的误差仍旧是较大的，而随着近年来石英电子表的出现，因其工作原理与机械表并不相同，有着简单化的结构、准确的走时以及低廉的成本。因此，制造一个机器，获取其功能，理应结构越简单、成本越低廉越好。

总功能通常是一台机器完成的功能，如切削车床的总功部是移动的刀具对旋转工件进行切削的功能。至少要有两个分功能的相互配合动作才能够实现总功能，一是工件旋转功能，二是刀具进给功能，除此而外还应有工件冷却(加切削液)功能等。因此，机器的多个分功能组成了其总的功能，且都具有相应的功能载体。原动机、传动机构、工作头或执行机构、控制器等组成了分功能载体。当然有的分功能也可与其他分功能共用一个原动力或传动机构。

二、机械零件常用材料和选用原则

材料的选择是机械零件设计中相当重要的一个环节。其材料的选用关系到机械产品的耐用程度以及成本合理与否，因此零件的材料相当重要，且其选择有着相应的原则。

(一) 机械零件常用材料

机械零件常用材料即是机械工程常用材料。机械工程材料包括用于工程和机械制造方面的各种材料。金属材料和非金属材料是实际生产中常用的材料。

1. 金属材料

在各类工程材料中，金属材料使用最广。金属材料分为黑色金属和有色金属两类。黑色金属材料是铁及铁合金，如钢、铸铁和铁合金等；其中，黑色金属材料是应用最广的。据统计，钢铁材料占机械制造产品的90%以上。钢铁被大量采用，原因不仅在于其具有较好的力学性能(如强度、塑性、韧性等)，还在于相对便宜的价格和容易获得，并且能满足多种性能和用途的要求。在各类钢铁材料中，性能优良的合金钢，常常被用来制造重要的零件。下面就金属材料的力学性能指标和常用的钢、铸铁等材料进行简单的介绍。

(1) 金属材料的力学性能指标

组成机器的零部件大多都由金属材料制造而成，材料的性能直接影响机器的性能或使用寿命。金属材料的性能包括力学性能、物理性能(密度、导电性、导热性等)、化学性能(耐酸、耐碱、抗氧化性等)和工艺性能(热处理性能、切削性能等)。

①强度

在工程上用来表示金属材料强度指标的有强度权限 σ_b 和屈服权限 σ_x；对有些金属，工程上规定产生 0.2%塑性变形时的应力称为条件屈服极限，用 $\sigma_{0.2}$ 表示。

②刚度

在材料的弹性范围内，应力 σ 和应变 ε 的关系为 $\sigma=E\varepsilon$。E 为弹性模量，表示材料抵抗弹压变形能力。

③硬度

硬度是材料表面抵抗局部变形或破坏的能力。硬度反映的是金属材料的综合性能，是衡量金属材料软硬程度的性能指标。材料是通过硬度试验来测定其硬度的。金属材料常用的硬度包括维氏硬度、布氏硬度①和洛氏硬度。维氏硬度以符号 HV 表示，硬度值一般标于符号前，如 300HV 表示该材料的硬度值为 300 维氏硬度；布氏硬度以符号 HBw 表示，如 220HBw 表示该材料的硬度值为 220 布氏硬度；洛氏硬度以符号 HRA 或 HRC 表示，如 55HRC 表示该材料的硬度值为 55 洛氏硬度。

④塑性

塑性是材料在外力作用下产生塑性变形，并未产生断裂的能力。工程上通常用试件拉断后所留下的残余变形来表示材料的塑性，表征塑性的通常是两个指标。

A. 延伸率。延伸率是指试件拉断后单位长度内产生残余伸长的百分数，用 δ 表示，即

$$\delta = \frac{l_1 - l}{l} \times 100\% \tag{1-1}$$

式中：l_1——拉断后的长度；

l——拉伸前的长度。

B. 收缩率

收缩率是指试件拉断后截面面积相对收缩的百分数，用 ψ 表示，即

$$\psi = \frac{A - A_1}{A} \times 100\% \tag{1-2}$$

式中：A_1——拉断后缩颈处的截面积；

A——拉伸前的截面积。

一般来说塑性材料的 δ 或 ψ 较大，而脆性材料的 δ 或 ψ 较小。塑性指标具有重要的意义，良好的塑性可使材料完成某些成型加工，如冷冲压、冷拔等。

⑤冲击韧性

冲击韧性是指金属材料在塑性变形和断裂过程中吸收能量的能力，它是反映材料强度和塑性的综合指标，通常用冲击韧度 $\mathbf{a}_k$ 表示。$\mathbf{a}_k$ 越高。表示材料的冲击韧性越好。材料的 $\mathbf{a}_k$ 值与很多因素有关，一般在选择材料时做参考。

（2）常用的金属材料钢和铸铁

①钢

钢是一种含碳量低于 2%的铁碳合金。钢具有较高的强度以及良好的塑性，制造零件时通过轧制、锻造、冲压、焊接和铸造，并用热处理方法获得高的机械性能或改善切削性能，因此，钢在机械制造中应用最广，是一种极为重要的金属材料。

钢的种类很多，按化学成分可分为碳素钢和合金钢；按含碳量多少可分为低碳钢（含碳量<0.25%）、中碳钢（含碳量为 0.25%～0.6%）和高碳钢（含碳量>0.6%）；按质量可分为普通钢和优质钢。如表 1-1 所示，表 1-1 列举出了常用钢的机械性能以及应用举例。

表 1-1 常用钢的机械性能及其应用举例

材料		机械性能		硬度（HBS）	应用举例
名称	牌号	抗拉强度 σ_b（MPa）	加服极限 σ_s（MPa）		
普通碳钢	Q2I5 Q235	335-41。 375-460	215 235		金属结构件、拉杆、铆钉、心轴、垫圈、焊接件、螺栓、螺母等
优质碳钢	08F 35 45 55	294 529 60。 646	175 313 355 380	131 187 241 255	轴、辊子、联轴器、垫圈、螺栓等轴、销、连杆、螺栓、螺母等 齿轮、链轮、轴、键、销等弹簧、齿轮、凸轮等
合金钢	40Cr 35SiMn 40MnVB	98。 882 980	785 735 784	207 229 207	爪要的轴、齿轮、连杆、螺栓、螺母等
铸造碳钢	ZG270-500	500	270	≥143	机架、飞轮、联轴器、齿轮、箱座等
	ZG310-570	570	310	≥153	

注：①对于普通碳钢，表中 σ_s 为尺寸≤16mm 时值，当尺寸为>16~40、>40~60、>60~100mm 时，σ_s 应逐渐降低 10%。

②优质碳钢硬度为交货状态值：合金钢硬度为退火或高温回火供应状态值，铸钢 σ_B、σ_s 及 HBS 为回火状态值。

②铸铁

铸铁是一种含碳量大于 2%的铁碳合金。最常用的是灰铸铁，是一种脆性材料，不能轧制和锻造，不易焊接：其优点是具有较好的易熔性和良好的液态流动性，因此可以铸造出形状复杂的铸件。另外，铸铁的抗拉强度较差，但却具有较好的抗压性、耐磨性和减振性，应力集中不灵敏，其机械性能比钢要低一些，但价格低廉，一般用作机架或壳座。此外还有一种铸铁是球墨铸铁，其组织中的碳为石墨结构，且呈球状，是对铸铁中所含石墨进行特殊处理之后出现的。球墨铸铁强度高于灰铸铁，且具有一定的塑性，可用来代替铸钢和锻钢制造零件。

（3）钢的热处理

钢的热处理方法是对固态下的钢铁进行加热、保温、冷却，改变其组织结构，从而获得其所需的性能。热处理不同于铸、锻、焊及机械加工方法，热处理只是改变材料内部的组织结构和性能，并不改变工件的尺寸和形状。热处理不仅用于钢材的强化，零件使用性能的提高，零件使用寿命的延长，还可以改善钢的加工性能，减少刀具的磨损，提高零件的加工质量。

各种热处理工艺过程基本上都包括加热、保温、冷却三个阶段。

（4）有色金属材料

有色金属材料是除了铁及铁合金以外的金属及其合金。常用的有色金属有铝、钛、镍、铜、锡、铅、镁等。其中，有的密度小，有的导热和导电性能好，有耐腐蚀及减摩要求的场合通常用这些材料。纯金属强度低，一般不单独用：制造零件一般使用合金。常用的是铝合金、铜合金和钛合金。

铜合金分为黄铜、青铜和白铜三类。黄铜是铜和锌的合金，不生锈，不腐蚀，具有良好的塑性及流动性，能轧制和铸造成各种零件。青铜又可分为有锡青铜和无锡青铜。锡青铜是铜和锡的合金。其耐磨性和减摩性都高于黄铜，而且具有良好的铸造性能和切削加工性能，常用来制造耐磨的零件。无锡青铜为铜和铝、铁、锰等元素的合金，具有较高的强度，以及良好的耐热性等，一定条件下可代替价格较高的锡青铜。轴承合金是铜、锡、铅、锑的合金，具有良好的减磨性、导热性和抗胶合性，但强度较低且比较贵，一般是将其浇注在强度较高的基体金属的表面，用来形成减摩表层。

轻合金比重一般小于 2.9，铝合金是生产中最常用的，其具有较强的强度、塑性和良好的耐蚀能力，且大多铝合金可以通过热处理的方法使自身强化，主要用于航空、汽车制造中要求重量轻而强度高的零件。

2. 非金属材料

非金属材料包括高分子材料(如工程塑料、橡胶、合成纤维等)、陶瓷材料和复合材料等。非金属材料具有独特的性能，因而在某些方面的应用具有金属材料不可替代的作用。目前，非金属材料已成为一种重要的应用广泛的新型工程材料。

(1) 工程塑料

工程塑料是有机高分子材料，其主要成分为合成树脂。其主要特点是质轻、绝缘、减摩、耐磨、自润滑、耐腐蚀等，且具有简单的成型工艺，较高的生产效率。按其受热后性能不同可分为两大类：一类为热塑性塑料(如尼龙等)，特点是受热以后软化(或熔融)，冷却后又恢复原来性质并可反复进行。这类材料有聚氯乙烯、聚乙烯、ABS、聚四氟乙烯、有机玻璃等。用于制造密封件、衬套、活塞环、轴承等。另一类为热固性塑料，其特点是在一定温度下，经过一定时间加热或加入固化剂固化，这一过程不能反复进行。这类材料有酚醛塑料、环氧塑料等。热固性塑料常加入各种填充剂，以获得较高的机械强度。该种材料适用于各种承载零件，并可耐较高的温度，可制造泵、阀、轴承等耐腐蚀件。

(2) 陶瓷材料

传统意义上的陶瓷主要指陶器和瓷器，也包括玻璃、搪瓷、耐火材料、砖瓦等。用黏土、石灰石、长石、石英等天然硅酸盐类矿物制成的，称为普通陶瓷。现代陶瓷材料已有巨大变化，不仅在性能上有重大突破，在应用上也已渗透到各个领域，称为特殊陶瓷，可分为碳化物陶瓷、氧化物陶瓷、氨化物陶瓷等，可用于耐高温、耐磨、耐腐蚀、绝缘等场合。陶瓷材料抗压强度高，抗拉强度低，弹性模量高，韧性差。

(3) 复合材料

复合材料包含两种或两种以上不同性质的材料，是通过某种工艺手段复合而成的。两者复合，各自保留自身的特点，得到的是较强的综合性能。

复合材料一般分为纤维复合、层叠复合、微粒复合和骨架复合材料。纤维复合材料应用较广，纤维材料对复合材料的综合性能起到了重要作用，是一种良好的增强材料。目前采用的纤维有玻璃纤维、碳纤维、芳纶纤维、碳化硅纤维和陶瓷纤维等。

复合材料具有以下优点：

①比强度、比模量大。比强度和比模量是指材料的强度、弹性模量分别与密度之比。比强度越大，零件自重越小；比模量越大，零件的刚性越大。

②化学稳定性好。耐腐蚀性好。

③减摩、耐磨、自润滑性好。

机械零件的材料种类繁多，其特性有共同之处，所能应用的范围也比较广，下面就一些机械零件中常用的材料进行描述，以便于更好地了解这些材料的特点以及应用。如表 1-2 所示。

表 1-2　机械工程常用材料的分类和应用举例

	材料分类		应用
铸铁	灰铸铁(HT)	低牌号(HT100，HT150) 高牌号(HT200-400)	对力学性能无一定要求的零件，如盖、底座、手轮、机床床身等 承受中等静载的零件，如机身、底座、泵壳、法兰、齿轮、联轴器、飞轮、带轮等
	可锻铸铁	铁素体型(KTII) 珠光体型(KTZ)	承受低、中、高动载荷和静载荷的零件，如差速器壳、扳手、支座、弯头等 要求强度和耐磨性较简的零件，如曲轴、凸轮轴齿轮、活塞环、轴套
	球墨铸铁(QT)		和可锻铸铁基本相同
	特殊性能铸铁		分别用于耐热、耐蚀、耐磨等场合
钢	碳素钢	低碳钢(碳的质量分数<0.25%) 中碳钢(碳的质量分数 0.25%~0.60%) 高碳钢(碳的质量分数>0.60%)	铆钉、螺钉、连杆、渗碳零件等 齿轮、抽、蜗杆、丝杆、连接件等 弹簧、工具、模具等
	合金钢	低合金钢(合金元素总的质量分数≤5%) 中合金钢(合金元素总的质量分数为 5%~10%) 高合金钢(合金元素总的质量分数>10%)	较重要的钢结构和构件、渗碳零件、压力容器等 飞机构件、热镦锻模具、冲头等 航空工业蜂窝结构、液体火箭壳体、核动力装置、弹簧等
	铸钢	普通碳素铸钢低合金铸钢	机座、箱壳、阀体、曲轴、大齿轮、棘轮等容器、水轮机叶片、水压机工作缸、齿轮、曲轴等
		特殊用途铸钢	用于耐蚀、耐热、无磁、电工零件、水轮机叶片、模具等

续表

	材料分类		应用
铜合金	铸造铜合金	铸造黄铜 铸造青铜	用于轴瓦、衬套、网体、船舶零件、耐蚀零件、管接头等 用于轴瓦、蜗轮、丝杠螺母、叶轮、管配件等
	变形铜合金	黄铜 青铜	用于管、销、铆钉、螺母、垫圈、小弹簧、电器零件、耐蚀零件减摩零件等用于弹簧、轴瓦、蜗轮、螺母、耐磨零件等
塑料	热塑性塑料(如聚乙烯、有机玻璃、尼龙等) 热固性塑料(如酚醛塑料、氨基塑料等)		用于一般结构零件、减摩件、耐磨零件、传动件、耐腐蚀件 绝缘件、密封件、透明件等
橡胶	通用橡胶特种橡胶		用于密封件、减振件、防振件、传动带、运输带和软管、绝缘材料、轮胎、胶辊、化工衬里等
轴承合金巴氏合金	锡基轴承合金 铅基轴承合金		用于轴承衬，其摩擦因数小，减摩性、抗烧伤性、磨合性、耐蚀性、韧性、导热性均良好用于轴承衬，其摩擦因数小，减摩性、抗烧伤性、磨合性、导热性均良好，但强度、韧性和耐蚀性稍差，价格较低

（二）机械零件材料的选用原则

机械设计中的一不重要环节便是选择材料，而机械零件材料的选择是一个相对复杂的问题。一个机器是由各种不同的材料制作而成的，各种材料在结构、力学性能、尺寸、加工方法和工艺要求以及成本高低等方面各有特点，因而需要对零件的服役条件、主要性能指标等进行全面分析并综合考虑。机械零件应当以满足零件的工作要求，并且能够最大限度地发挥材料潜力，提高性价比为选择标准。选材的基本原则如下：

1. 使用性能符合要求

选用材料的最基本原则和出发点是满足使用要求。也就是说，材料的使用性能应满足工作要求。材料的使用性能包含以下几个方面：

（1）载荷与应力的大小及其性质

这方面的因素主要考虑的是强度，需要根据材料的力学性能来进行选择。脆性材料一般只是用于制造静载荷下工作的零件。出现冲击载荷时塑性材料应当作为主要使用的材料。

热处理是提高和改善金属材料性能的主要方法，因此，可以借助热处理这一方法使得材料的潜力得到充分的发挥。调质是最常用的一种热处理方法，淬火后的力学性能与回火温度有关，不同的毛坯回火温度越高，材料的硬度和强度下降也就越多，塑性也就越好。

因此选择材料品种时，应同时规定热处理方法，并在图样上说明。

(2) 零件的工作情况

零件的工作条件包括环境特点、工作温度、摩擦磨损的程度等。

在湿热环境下，零件的材料的防锈和耐腐蚀的能力应当良好，如选用不锈钢、合金等。

工作温度影响材料的选择，既要考虑互相配合的两零件的材料的线膨胀系数不能相差过大，以防止温度变化时产生过大的热应力，或者使配合松动；也要考虑材料的力学性能能随温度而改变的情况。应该考虑材料在高温下的抗氧化性、高温强度，低温下的脆性等。

零件在工作中经常会发生磨损，必须考虑提高其表面硬度，以增强耐磨性。因此，选择可以进行表面处理的淬火钢、渗碳钢、氮化钢等品种。

(3) 零件的尺寸及质量大小的限制

零件尺寸及质量大小影响对材料的品种及毛坯的制造方法的选择。尺寸及质量大小决定材料选用时是采用铸造、锻造或者是采用型材来制造毛坯。一般尽量选用型材；当用锻造方法制造毛坯时，需要注意锻压机械及设备的生产能力；用铸造方法时，要考虑零件生产批量。

(4) 零件结构的复杂性和材料加工的可能性

结构复杂的零件一般选用铸造毛坯，或用板材冲压出结构件后再经焊接而成。结构简单的零件可用锻造法制取毛坯。

2. 工艺性能符合要求

材料的工艺性能表示材料加工的难易程度。材料的工艺性能应满足加工要求。所选材料应当与零件的结构复杂程度、尺寸大小以及毛坯的制造方法相协调。选用的材料从毛坯到成品的制作应当比较容易。例如，结构复杂且生产批量大的零件宜用铸件，单件生产宜用锻件或焊接件。简单盘状零件(齿轮或带轮)，其毛坯采用的制造方法主要取决于它们的尺寸、结构复杂程度及批量。单件小批量生产，宜用焊接件；尺寸小、批量大、结构简单，宜用锻件或型材；结构复杂、大批量生产，则宜用铸件。

3. 经济效益符合要求

除使用性能和工艺性外，选材必须考虑的重要问题还应当包括经济性。选材的经济性不单是指选用的材料价格便宜，更要考虑采用所选材料进行加工制造时的成本以及维修费用，使得产品的总成本降到最低。当然，所选材料应当符合国家的资源状况和供应情况。因此，选材时应当考虑以下几方面：

(1) 材料的相对价格

不同材料价格相差较大，且市场价格不断浮动。因此，应当了解市场材料价格变动的情况，为选材提供最大的便利。

(2) 国家的资源状况

近年来，资源和能源问题日益突出，对这一问题必须考虑，尤其是大批生产的零件，选材时应当采用来源丰富且与我国的资源状况相符合。此外，应当注意尽量选用低耗能的材料。

(3) 零件的总成本

生产经济性的要求，选材时零件的总成本应减至最低。材料的价格、零件的寿命、零件的加工费、维修费等方面影响着选材的总成本。如表 1-3 所示。

表 1-3 一些常用零件的工作条件、主要失效方式及主要力学性能指标

零件名称	工作条件	主要失效方式	主要力学性能指标
重要螺栓	交变拉应力	过量塑性变形或由疲劳而造成破坏	屈服强度，疲劳强度，HBS
重要传动齿轮	交变弯曲应力，交变接触压应力，齿表面受带滑动的波动摩擦和冲击载荷	齿的折断，过度磨损或出现疲劳麻点	抗弯强度，疲劳强度，接触疲劳强度，HRC
曲轴、轴类	交变弯曲应力，扭转应力，冲击负荷，磨损	疲劳破坏，过度磨损	屈服强度，疲劳强度，HRC
弹簧	交变应力，振动	弹力丧失或疲劳破坏	弹性极限，屈强比，疲劳强度
滚动轴承	点或线接触下的交变压应力，滚动摩擦	过度磨损破坏，疲劳破坏	抗压强度，疲劳强度，HRC

4. 绿色环保要求

近年来，由于环境和资源问题日益突出，在选择材料时，还应贯彻绿色环保的原则，这是现代设计师必须具备的社会责任。从环保方面考虑，选择材料应该注意以下几方面原则：减量化原则，即尽量使用在材料加工、零件制造过程中污染物排放最小的材料；再利用原则，即要求零件在使用寿命周期结束后可以再利用：可再生原则，要求使用可再生天然材料，或者零件报废后可以再生处理；可处置原则，要求零件报废后对废弃物可以容易地进行处置而不会对环境造成污染。总之，选择材料应该考虑在产品的全寿命周期内对环境造成的影响最小。

三、机械设计的原则和一般程序

（一）机械设计的基本原则

机械设计是规划和设计出能够实现预期功能的新机械，或者对原有机械的性能进行改进和提高。其目的是为满足生产及生活中的某种需要，其工作过程具有创造性。机械生产的首要任务是机械设计，对机械产品制造过程和产品性能有着决定性的影响。因此，设计时应遵循以下基本原则：

1. 使用功能要求

机械产品应具有预定的使用功能，保证执行机构实现所需的运动(包括运动形式、速度、运动精度和平稳性等)，同时组成机械的零部件工作必须可靠，强度合理以及足够的使用寿命，而且使用、维护方便。这是机械设计的目的。

机械产品应能实现预定的功能，满足用户的使用要求。这主要靠正确地选择机械的工作原理、机构的类型和拟定机械传动系统方案等来实现。

2. 经济性要求

经济性要求是一个综合指标，机械产品在设计、制造和使用的全过程中体现着其经济性，要进行全面综合地考虑，不能为了追求技术指标而不顾经济成本。

其在设计制造中经济性表现为成本低：使用时的经济性表现在生产效率较高，消耗能源、原材料和辅助材料较少，以及管理和维护费用较低等方面。

提高设计、制造经济性的措施主要有以下几个方面：

(1) 采用先进的现代设计方法，最优化的设计参数，尽可能得到精确的计算结果，维护机器足够的可靠性。应用 CAD 技术，加快设计进度，降低设计成本。

(2) 推广标准化、通用化和系列化。零件结构采用标准化结构和尺寸。

(3) 采用新技术、新工艺、新结构和新材料。

(4) 合理地规定制造精度和表面粗糙度等。

(5) 力求改善零件的结构工艺性，使其用料少、易加工、易装配。提高使用经济性指标主要有以下几个方面：

(1) 提高机器的机械化和自动化水平，以提高机器的生产率和产品的质量。

(2) 选用高效率的传动系统，尽可能减少传动的中间环节，以期降低能源消耗和生产成本。

(3) 适当地采用防护(如闭式传动、表面防护等)及润滑措施，以延长机器的使用寿命。

(4) 采用可靠的密封，减少或消除渗漏现象。

3. 劳动保护和环境保护要求

(1) 设计出的机械产品应当符合劳动保护法规的要求

设计过程中，应按照人机工程学的观点尽可能减少操作手柄的数量，操作手柄及按钮等所放位置应当便于操作，操作时驱动操作方式应当合理，适合人们的心理习惯。同时，安全防护装置、报警装置、显示装置等安全防护必须设置完善，并从工程美学的角度对机械产品的外形及外部色彩进行相应的美化。一个安全、舒适的环境，会使操作者一定程度上减少疲劳，并对劳动生产率和产品质量的提高有一定的影响，进一步提高市场竞争力。

(2) 强化环境保护这一重要性

改善机器工作环境，如降低噪音，防止有毒、有害介质的渗漏及有效治理废水、废气和废液等，以符合环境保护法规对生产环境提出的要求。

4. 寿命与可靠性的要求

任何机械产品的工作寿命都是一定的。随着机械功能越来越先进，其结构也逐渐变得更加复杂，可能发生故障的环节也逐渐增加。这就极大地挑战了机械产品工作的可靠性。在这种情况下，人们除要求机械产品工作寿命之外，自然也就提出了对其可靠性的要求。

可靠度是人们用来衡量机械产品可靠性的高低的。机器的可靠度 R 是一定使用时间(寿命)之下，并在一定的工作环境下，机器所能够正常工作的概率。失效就是由于故障而不能完成其预定的功能，导致机器不能够正常工作。因失效造成巨大损失的产业部门越来越多，例如航空、航天等部门，都规定在设计时必须对其产品，包括零、部件，进行可靠性分析与评估的要求，例如要求进行定量说明产品可以安全工作在工作寿命内。设计中严格要求组成机器的每个零件的可靠性，采用备用系统，加强对使用中的机器进行维护和检测，以此来提高机器的可靠性。

5. 其他特殊要求

对不同的机器，还有一些是机器本身的特殊要求。例如：机床有长期保持精度的要求；飞机有重量轻、飞行阻力小而运载能力大的要求；食品机械不得污染产品等。设计机器时，应当在符合上述共同的基本要求下，还应当符合这些特殊的要求，以提高机器的使用性能。

由此可知，机器各项要求符合，是建立在设计和制造过程之上的，也就是说，机械产品的设计和制造过程是极其重要的。

（二）机械设计的一般程序

机械的设计质量基本上决定了一部机器的质量。制造过程对机器质量所起的作用，本质上就在于实现设计时所规定的质量。因此，机器的设计阶段决定了机器的质量。

机械设计是一个创造性的工作过程，但是也在可能多地利用已有的成功经验。继承与创新相结合，从而设计出高质量的机器。一部完整的机器是一个复杂的技术系统，其设计过程涉及了众多方面。要设计出高质量的机器，其设计程序就必须要相对科学。并不存在一个在任何情况下都有效的唯一程序，但是，根据人们长期设计机器的经验，机器的设计程序却是相对一致的。

设计机械时应该按实际情况确定设计方法和步骤，对具体的机器，其设计程序各不相同。一般按照下列程序进行：

1. 产品规划

产品规划是设计新机器的一个准备阶段。

在这一阶段中，首先应充分调查研究所要设计的机器市场需求情况，并进行详细的分析。通过进一步的分析，明确所设计的机械的功能要求、性能指标、结构形式、主要技术参数、工作条件、生产批量等，据此制订任务。根据设计要求，在调查研究的基础上，明确地写出设计任务的全面要求及细节，最后形成设计任务书。设计、评价和决策的主要依据是确定设计任务书中的设计内容。

设计任务书基本上应包括：机器的功能，对经济性及环保性的估算，制造要求方面的大致估计，基本使用要求，以及完成设计任务的预计期限等。当然，这一阶段的要求以及条件只能给出一个大致的范围，数字并不准确。可以设定最低要求。

2. 概念设计

产品的功能体现的是人们对它的需求。概念设计是为了产生设计方案。其前期工作内容是理解设计任务，表达设计灵感，发挥设计理念。而概念设计后期的工作包括按照设计任务书的规定，遵循技术先进、使用可靠、经济合理的原则，拟定出总体方案，以期能够实现机械功能要求。概念设计阶段的主要内容包括：进行功能结构的构思，确定机械的功能和工作原理，执行机构的合理选择，制定机械运动的方案，合理综合最佳运动方案，确定机器的总体布局等。概念设计阶段的特点是机械设计具有多个解（方案），极具创新性，设计时常需设计多个方案以供参考选择，然后分析比较各个方案的功能、尺寸、寿命、成本、使用与维护等方面，从中选择最优的方案。

3. 构形设计

构形设计是在概念设计的基础上，通过计算作用在各个构件上的载荷，计算其主要零部件的工作能力，构思和设计机械构形，并多方考虑结构设计上的需要，确定主要零部件的几何参数和基本尺寸。然后根据已经确定的结构方案和主要零部件的基本尺寸，设计并绘制机械的装配图、部件装配图和零件图。在这一阶段，设计者不仅要重视理论设计计算，还要注重结构设计。这就是构形设计要完成的机械产品的总体设计、部件和零件设计，完成全部生产图纸并编制设计说明书等相关技术文件。

4. 编制技术文件

构形设计完成之后，就应当编制技术文件，主要包括：施工图、设计计算说明书、使用说明书、标准件明细表等，这些为机械进行生产、检验、安装、调试、运行和维护提供了依据。

5. 技术评审

组织专家和有关部门对设计资料进行审定，认可后即可以进行样机试制，并对样机技术评审。技术评审之后，投入小批量生产，并根据用户在使用中发现的问题、提出的意见，以及市场变化需求，进行相应的改进和更新设计。经过一定时间的使用，再进行产品定型。

第二节　创新设计理论

一、创新设计概述

（一）创新设计的意义

人类社会发展的历史同时也包含着科学技术发展的历史，人类社会的进步依靠科学技术的发现、发明和创造。

美国未来学家阿尔文·托夫勒(Alvin Toffler)在其《第三次浪潮》一书中把人类文明历史划分为3个时期，即第一次浪潮，农业经济文明时期，时间大约为公元前8000年到1750年；第二次浪潮，工业经济文明时期，时间约为1750~1955年；第三次浪潮，一般认为是1960年至今，称为信息经济文明阶段。

3个不同的经济文明阶段都是以关键性科学技术的发现、发明和创造来引领的，火的发现和使用以及新石器与弓箭的发明和使用，使人类由原始社会迈向使用生产工具的农业经济社会；蒸汽机的发明和广泛使用，使人类社会由农业经济社会发展至使用动力机械和工作机械的工业经济社会；微电子技术和信息技术的发明和广泛应用，为工业经济的信息化加速创造了条件，使人类社会开始进入信息经济文明阶段。

3个不同的经济文明阶段的发展，都离不开创造性技术的发展以及制作工具和制作机械的进步，这也说明了机械创新设计在人类文明发展史中的重要作用。

创新是人类社会进步的强大动力，是民族进步的灵魂，是国家兴旺发达的不竭动力。创新对于一个民族、国家的兴衰具有十分重要的意义。

（二）创新设计的内涵

人们常常把科学技术的发现、发明和创造统称为创新，或称技术创新。其实，创新有两层含义：一是新颖性；二是经济价值性。只有那些具有产业经济价值的发现、发明和创造才可称为创新。

创新设计属于技术创新的新范畴，是不同于传统设计方式的设计，它充分采用计算机技术、网络技术和信息技术，融合认识学科、信息学等，用高效的方式设计出新的产品，其目的是开发新产品和改进现有产品，使之升级换代，更好地为人类服务。

创新设计是一种现代设计方法。发达国家对创新设计十分重视，早在20世纪60年代就开始了创新设计的研究，并已取得许多成果。我国对创新设计的研究起步晚，但随着科技和经济的快速发展，创新设计已经迎来了属于自己的时代。

一般而言，创新设计的原理包括以下几种类型：

（1）扩展原理；

（2）发展原理；

（3）组合创新原理；

（4）发散原理。

创新设计是一项利用技术原理进行创新构思的设计实践活动，它具有以下特点：

（1）注重新颖性和先进性；

（2）涉及多学科，其结果的评价机制为多指标、多角度；

（3）是人们长期智慧的结晶，创新离不开继承，创新设计具有继承性；

（4）最终目的在于应用，具有实用性；

（5）是一种探索活动，其设计过程具有模糊性。

二、创造力和创造过程

（一）工程技术人员创造力开发

创造发明可以定义为把意念转变为新的产品或工艺方法的过程。创造发明是有一定的规律和方法可循的，并且是可以划分成阶段和步骤进行管理的，借以启发人们的创造能力，引发人们参与创造发明的活动，达到培养创造型人才的目的。然而，创造力的培养和提高是要有一定前提条件的，我们应该努力培养和发挥有利条件，克服不利条件。

工程技术人员培养创造力的有利条件包括以下方面：

（1）丰富的知识和经验。知识和经验是创造的基础，是智慧的源泉，创造就是用自己已有的知识为前提去开拓新的知识。

（2）高度的创造精神，创造性思维能力与知识量并不是简单成比例的，还需要有强烈参与创造的意识和动力。

（3）健康的心理品质。工程技术人员要有不怕苦难、百折不挠、力求创新的坚强意志。

（4）科学而娴熟的方法。工程技术人员必须掌握各种创新技法和其他工程技术研究方法。

（5）严谨而科学的管理。创新需要引发和参与，也需要对其每个阶段和步骤进行严谨而科学的管理，这也是促进创造发明的实现因素之一。

工程技术人员应注意克服不利条件，尽力做到以下几点：

（1）要克服思想僵化和片面性，树立辩证观念。

(2) 要摆脱传统思想的束缚，如不盲目相信权威等。

(3) 要消除不健康的心理，如胆怯和自卑等。

(4) 要克服妄自尊大的排他意识，注意发挥群体的创造意识等。

创造力是保证创造性活动得以实现的能力，是人的心理活动在最高水平上实现的综合能力，是各种知识、能力及个性心理特征的有机结合。创造力既包含智力因素，也包含非智力因素。创造力所涉及的智力因素有观察力、记忆力、想象力、表达力和自控力等，这些能力是相互连接、相互作用的，并构成智力的一般结构。创造力还包括很多非智力因素，如理想信念、需求与动机、兴趣和爱好、意志、性格等都与创造力有关。智力因素是创造力的基础性因素，而非智力因素则是创造力的导向、催化和动力因素，同时也是提供创造力潜变量的制约因素。

（二）创造发明过程分析

1. 创造发明阶段

创造作为一种活动过程，一般要经过如下 3 个阶段：

(1) 准备阶段：包括发现问题，明确创新目标，初步分析问题，搜集充分的材料等。

(2) 创造阶段：这个阶段通过思考与试验，对问题做各种试探性解决，寻找满足设计目标要求的技术原理，构思各种可能的设计方案。

(3) 整理结构阶段：就是对新想法进行检验和证明，并完善创造性结果。

2. 创造发明步骤

发明创造可以划分为 7 个步骤：意念、概念报告、可行模型、工程模型、可见模型、样品原型、小批量生产。

这七个步骤提供了一个发明创造程序结构。虽然，这些步骤是有序的，但过程中有时不必认为是严格有序的。例如可见模型也可以在工程模型之前，工程模型的形式也不是单一的。在实际工作中完全可能出现上述过程的反复，对此也应该看成是很自然的现象。

三、创新思维的基本方法

（一）创新思维的基本分类

思维是人脑进行的逻辑推理活动，也是理性的各种认识活动，它包括逻辑思维和非逻辑思维两种基本形式。逻辑思维是对客观事物抽象的、间接的和概括的反映，其基本任务是运用概念、判断和推理反映事物的本质。非逻辑思维又可分为形象思维和创新思维，其中形象思维是认识过程中始终伴随着形象的一种思维形式，具有联系逻辑思维和创新思维的作用；而创新思维存在于人们的潜意识中，它是在科学思维的基础上，设法调动或激活人们的联想、幻想、想象和灵感、直觉等潜意识的活动，突破现有模式，达到更高境界的思维方式，是能够产生新颖性思维结果的思维。因此，创新思维与逻辑思维、形象思维既有联系又有区别：后两者是基础，前者是发展。逻辑思维和形象思维是根据已知条件求结果，思维呈收敛趋势，而创新思维是已知目标求该目标能够存在的环境和条件，思维呈发散趋势。

从创新思维与相关学科的已有认知成果关系，可以把创新思维分为两大类：

1. 衍生型创新思维

这一类创新思维的产生都是以相关学科的已有认知成果为直接来源和知识基础，是原有相关学科向深度和广度发展的结果。这一类创新思维结果公认后都可以转化为原有相关学科的一个成分，是对原有相关学科的已有科学成果的补充和延伸、丰富和发展、扩大和深化。这一类创新思维产生于原有相关学科，又服务于原有相关学科，其功能是使相关学科扩大领域、丰富内容、完善体系、增强功能。具有新颖性弱，涉及面窄，潜伏期短，发展顺利，迅速，阻力小，挫折少，不容易被埋没，对科学发展推动作用小等特点。

2. 叛逆型创新思维

这一类创新思维的产生是以发现相关学科的已有认知成果中无法解决的矛盾为导火线的，不彻底跳出原有相关学科的框框就不可能进行。因此，这一类创新思维结果被公认后根本不可能转化为原有相关学科的一个成分，但却可转化为一门崭新的科学。这一类创性思维的结果都不是对原有相关学科进行修修补补，而是提出与原有相关学科的科学在本质上截然不同的新概念、新理论、新方法，其功能是开辟科学的新领域或建立一门崭新的学科。具有新颖性强，涉及面广，潜伏期长，发展曲折，缓慢，阻力大，挫折多，容易被埋没，对科学发展推动作用大等特点。

（二）创新思维的活动方式

创新思维活动方式主要有以下几种：

1. 发散思维

发散思维又称扩散思维，它是以某种思考对象为中心，充分发挥已有的知识和经验，通过联想、类比等思考方法，使思维向各个方向扩散开来，从而产生大量构思，求得多种方法和获得不同结果。以汽车为例，用发散思维方式进行思考，可以联想出许多新型的汽车：自动识别交通信号的汽车、会飞的汽车、水陆两栖汽车、自动驾驶汽车、太阳能汽车、可折叠的汽车等。

2. 收敛思维

收敛思维是利用已有知识和经验进行思考，把众多的信息和解题的可能性逐步引导到条理化的逻辑序列中去，最终得出一个合乎逻辑规范的结论。以某一机器的动力传动为例，利用发散思维得到的可能性方案有：齿轮传动、蜗轮蜗杆传动、带传动、链传动、液压传动等。然后依据收敛思维，根据已有的知识和经验，结合实际的工作条件分析判断，选取出最佳方案。

3. 侧向思维

侧向思维是用其他领域的观念、知识、方法来解决问题。侧向思维要求设计人员具有知识面宽广、思维敏捷等特点，能够将其他领域的信息与自己头脑中的问题联系起来。例如，鲁班在野外无意中抓了一把山上长的野草，手被划伤了，从而发明了锯子。

4. 逆向思维

逆向思维是反向去思考问题。例如，法拉第（Michael Faraday）从电能生磁，想到了磁能否产生电流呢，从而制造出第一台感应发电机。

5. 理想思维

理想思维就是理想化思维，即思考问题要简化，制定计划要突出，研究工作要精辟，结果要准确，这样就容易得到创造性的结果。

四、创新法则与技法

（一）创新法则

创新法则是创造性方法的基础，主要的创新法则有以下几种：

1. 综合法则

综合法则在创新中应用很广。先进技术成果的综合、多学科技术综合、新技术与传统技术的综合、自然学科与社会学科的综合，都可能产生崭新的成果。例如，数控机床是机床的传统技术与计算机技术的综合；人机工程学是自然科学与社会科学的综合。

2. 还原法则

还原法则又称为抽象法则，研究已有事物的创造起点，抓住关键，将最主要的功能抽出来，集中研究实现该功能的手段和方法，以得到最优化结果。如洗衣机的研制，就是抽出“清洁”“安全”为主要功能和条件，模拟人手洗衣的过程，使洗涤剂和水加速流动，从而达到洗净的目的。

3. 对应法则

相似原则、仿形移植、模拟比较、类比联想等都属于对应法则。例如，机械手是人手取物的模拟；木梳是人手梳头的仿形；用两栖动物类比，得到水陆两用坦克；根据蝙蝠探测目标的方式，联想发明雷达等，均是对应法则的应用。

4. 移植法则

移植法则是把一个研究对象的概念、原理、方法等运用于另外的研究对象并取得成果的创新，是一种简便有效的创新法则。它促进学科间的渗透、交叉、综合。例如，在传统的机械化机器中，移植了计算机技术、传感器技术，得到了崭新的机电一体化产品。

5. 离散法则

综合是创造，离散也是创造。将研究对象加以分离，同样可以创造发明多种新产品。例如，音箱是扬声器与收录机整体分离的结果；脱水机是从双缸洗衣机中分离出来的。

6. 组合法则

将两种或两种以上技术、产品的一部分或全部进行适当的结合，形成新技术、新产品，这就是组合法则。例如，台灯上装钟表；压药片机上加压力测量和控制系统等。

7. 逆反法则

用打破习惯性的思维方式，对已有的理论、科学技术持怀疑态度，往往可以获得惊奇的发明。例如，虹吸就是打破“水往低处流”的固定看法而产生的；多自由度差动抓斗是打破传统的单自由度抓斗思想而发明的。

8. 仿形法则

自然界各种生物的形状可以启示人类的创造。例如，模仿鱼类的形体来造船；仿贝壳建造餐厅、杂技场和商场，使其结构轻便坚固。再如鱼游机构、蛇形机构、爬行机构等都是生物仿形的仿生机械。

9. 群体法则

科学的发展，使创造发明越来越需要发挥群体智慧，集思广益，取长补短。群体法则就是发挥"群体大脑"的作用。

灵活运用这 9 个创新法则，可以在构思产品的功能原理方案时，开阔思路，获得创新的灵感。

（二）创新技法

创新思维技法是指创造学家收集大量成功的创造和创新的实例后，研究其获得成功的思路和过程，通过归纳、分析、总结，找出规律和方法以供人们学习、借鉴和效仿。简言之，创新思维技法就是创造学家根据创新思维的发展规律而总结出来的一些原理、技巧和方法。历史上创造学家们对创新思维技法提出过诸多不同的种类，在此，介绍设问类技法、联想类技法、头脑风暴法、组合类技法和列举类技法等几种常用的创新思维技法。

1. 设问类技法

设问类技法是一种简洁而方便的创新思维技法。该方法是通过书面或口头的方式提出问题而引起人们的创造欲望、捕捉好设想的创新技法。设问类技法较多，下面介绍两种常用的方法。

（1）5W2H 法

5W2H 法简单、方便，易于理解、使用，富有启发意义，广泛用于企业管理和技术活动的方法。5W2H 法通过为什么（Why）、什么（What）、何人（Who）、何时（When）、何地（Where）、如何（How）和多少（How much）这 7 个方面提出问题，考察研究对象，从而形成创造设想或方案的方法。

5W2H 法中 7 个要素的具体意义如下：

①Why 为什么？为什么要这么做？理由何在？原因是什么？

②What——是什么？目的是什么？做什么工作？

③Where——何处？在哪里做？从哪里入手？

④When——何时？什么时间完成？什么时机最适宜？

⑤Who——谁？由谁来承担？谁来完成？谁负责？

⑥How——怎么做？如何提高效率？如何实施？方法怎样？

⑦How much——多少？做到什么程度？数量如何？质量水平如何？费用产出如何？

（2）奥斯本设问法

奥斯本设问法又称奥斯本检核表法，是根据需要解决的问题或创造的对象列出相关问题，一个一个地核对、讨论，从中找到解决问题的方法或创造的设想。

奥斯本设问法从以下 9 个方面对现有事物的特性进行提问：

①转化类问题：能否用于其他环境和目的？稍加改变后有无其他用途？

②引申类问题：能否借用现有的事物？能否借用别的经验？能否模仿别的东西？过去有无类似的发明创造创新？现有成果能否引入其他创新性设想？

③变动类问题：能否改变现有事物的颜色、声音、味道、样式、花色、品种，改变后效果如何？

④放大类问题：能否添加零件？能否扩大或增加高度、强度、寿命、价值？

⑤缩小类问题：能否缩小？能否浓缩化？能否微型化？能否短点、轻点、压缩、分割、忽略？

⑥颠倒类问题：能否颠倒使用？位置（上下、正反）能否颠倒？

⑦替代类问题：能否用其他东西替代现有的东西？如果不能完全替代，能否部分替代？

⑧重组类问题：零件、元件能否互换或改换？加工、装配顺序能否改变，改变后的结果如何？

⑨组合类问题：能否将现有的几种东西组合成一体？能否原理组合、方案组合、功能组合、形状组合、材料组合、部件组合？

奥斯本设问法是一种具有较强启发创新思维的方法。这是因为它强制人去思考，有利于突破一些人不愿意提问或不善于提问的心理障碍。提问，尤其是提出有创见的新问题本身就是一种创新。它又是一种多向发散的思考，可使创新者尽快集中精力，朝提示的目标方向去构想、去创造、去创新。

使用奥斯本设问法进行创新思维时，要注意应对该方法的 9 个方面逐一进行核检。核检每项内容时，要充分发挥自己的想象力和创新能力，以创造更多的创造性设想。

2. 联想类技法

联想类技法是扩散型创新技法的一种，根据人的心理联想来形成创造构想和方案的创造方法。联想是人脑把不同事物联系在一起的心理活动，它是创造性思维的基础。联想可分为简单联想和复杂联想。简单联想又可分为接近联想、相似联想和对比联想。心理联想在一定程度上又是可以控制的，在创造学中将可控制的简单联想按其控制程度分为自由联想和强制联想。此外，还有复杂联想，它可分为关系联想和意义联想等，这种联想包含着信息加工或其他复杂的思维过程。

（1）接近联想

接近联想是指发明者联想到时间、空间、形态或功能上等比较接近的事物，从而产生出新的发明创新技法。

（2）相似联想

相似联想是指发明者对相似事物产生联想，从而产生发明创造的方法。

（3）对比联想

对比联想也称逆向联想、反向联想，是指发明者由某一事物的感知和回忆，引起对和它具有相反特点的事物的回忆，从而产生出新的发明。

（4）自由联想

自由联想是联想试验的基本方法之一。该方法是在测试过程中，当主试呈现一个刺激（一般为词或图片，以听觉或视觉方式呈现）后，要求被试者尽快地说出他头脑中浮现的词或事实。

3. 头脑风暴法

头脑风暴（BS）法在我国也译为“智力激励法”或“脑力激荡法”等。

头脑风暴是指采用会议的形式，召集专家开座谈会征询他们的意见，把专家对过去历史资料的解释以及对未来的分析，有条理地组织起来，最终由策划者做出统一的结论，在这个基础上，找出各种问题的症结所在，提出针对具体项目的策划创意。

该技法的核心是高度充分的自由联想。这种技法一般是举行一种特殊的小型会议，使与会者毫无顾忌地提出各种想法，彼此激励，相互启发，引起联想，导致创意设想的连锁反应，产生众多的创意。该原理类似于“集思广益”，具体实施要点如下：

①召集5~12人的小型特殊会议，人多了不能充分发表意见。

②会议有1名主持人，1~2名记录员。会议开始，主持人简要说明会议议题，主要解决的问题和目标；宣布会议遵循的原则和注意事项；鼓励人人发言和各种新构想；注意保持会议主题方向、发言简明、气氛活跃。记录员要记下所有方案、设想(包括平庸、荒唐、古怪的设想)，不得泄露；会后协助主持人分类整理。

③会议不超过1 h，以0.5 h最佳，时间过长头脑易疲劳。

④会议地点应选在安静不受干扰的场所。切断电话，谢绝会客。

⑤会议要提前通知与会者，使他们明确主题，有所准备。

⑥禁止批评或批判。即使是对幼稚的、错误的、荒诞的想法，也不得批评。如果有人违背这一条，会受到主持人的警告。

⑦自由畅想。思维越狂放，构想越新奇越好。有时看似荒唐的想法，却是打开创意大门的钥匙。

⑧多多益善。新设想越多越好，设想越多，可行办法出现的概率越大。

⑨借题发挥。可利用他人想法，提出更新、更奇、更妙的构想。

4. 组合类技法

组合类技法是将现有技术、原理、形式、材料等按一定的科学规律和艺术形式有效地组合在一起，使之产生新效用的创新方法。组合类技法是最通用的创新技法之一，它可以是最简单的铅笔和橡皮的组合，也可以是高科技的计算机和机床的组合。

组合创新方法有多种形式：从组合要素差别区分，有同类组合和异类组合等；从组合的内容区分，有原理组合、材料组合、功能附加组合和结构组合等；从组合的手段区分，有技术组合和信息组合等。下面介绍同类组合、异类组合和功能附加组合3种常用的组合方法。

(1) 同类组合

同类组合是把若干同一类事物组合在一起，以满足人们特殊的需求。同类组合法的设计思路和“搭积木”有些相似，使同类产品既保留自身的功能和外形特征，又相互契合，紧密联系，为人们提供了操作和管理的便利。

(2) 异类组合

异类组合是将两个相异的事物统一成一个整体从而得到创新。由于人们在工作、学习和生活中经常同时有多种需要，因而将许多功能组合在一起，形成一种新的商品，以满足人们工作、学习和生活的需求。

(3) 功能附加组合

功能附加组合是以原有的产品为主体，通过组合为其增加一些新的附加功能，以满足人们的需求。这类设计是在原本已经为人们所熟悉的事物上，利用现有的其他产品，为其添加新的功能来改进原产品，使其更具生命力。

5. 列举类技法

列举法是针对某一具体事物的特定对象从逻辑上进行分析，并将其本质内容全面地逐一列出来的一种手段，用以启发创造设想，找到发明创造主题的创造技法。

列举法作为一种发明创新技法，是以列举的方式把问题展开，用强制性的分析寻找发明创新的目标和途径。列举法的主要作用是帮助人们克服感知不足的障碍，迫使人们将一个事物的特性细节一一列举出来，使人们挖掘熟悉事物的各种缺陷，让人们思考希望达到的具体目的和指标。这样做，有利于帮助人们抓住问题的主要方面，强制性地进行有的放矢地创新。

第三节　TRIZ 理论

一、TRIZ 理论的定义

(一) TRIZ：发明问题解决理论

TRIZ 是俄文音译的拉丁文“Teorijz Rezhenija Izobretatel's kich Zadach”的词头缩写，原意为“发明问题解决理论”，其英文缩写为 TIPS(theory of inventive problem solving)。它是由苏联发明家、发明家协会主席根里奇·阿奇舒勒(Genrich S. Altshuller)于 20 世纪 40 年代开始，与他的研究团队在研究了世界各国 250 万份高水平专利的基础上，提出的一套具有完整体系的发明问题解决理论和方法。

TRIZ 来自对专利的研究。根里奇·阿奇舒勒通过大量的专利研究发现，只有 20%左右的专利称得上是真正的创新，许多宣称为专利的技术，其实早已经在其他的产业中出现并被应用过。所以他认为若跨行业的技术能够进行更充分的交流，一定可以更早开发出更先进的技术系统。同时，根里奇·阿奇舒勒也坚信，发明问题的原理一定是客观存在的，如果掌握了这些原理，不仅可以提高发明的效率，缩短发明的周期，而且也能使发明问题的解决更具有可预见性。

(二) TRIZ 方法论

在做算术乘法 5×9=？时，可以很快地报出答案 45，那是因为乘法表植根于人们的脑海。但是，如果要计算 123 456 789×987 654 321=？时，就无法立即口算报出答案，需要以乘法表为基础工具，按照运算规则进行比较复杂的运算。如果没有乘法表，解决这样的问题可能无从下手。所以解决问题的关键是使用合适的工具。

如果遇到一个发明问题，这个问题别人没有解决过，世界上还不存在这样的客体，那如何将它创造出来，即做出一项发明来，我们手中应握有什么样的工具呢？

回顾以前所受的教育和所学习的各种知识，似乎没有哪门课程告诉过我们，如何解决一个发明问题——一个如同理财一样的人生非常重要的一门知识，这正是我国教育所欠缺的重要知识之一。而 TRIZ 正是这样的一门知识，它可以引导人们步入一条创造性解决问题的正确道路，一个基于辩证法的创新算法的全新途径，一个可以将发明当作职业一样从事的工作。

那么，TRIZ 有些什么法宝可以帮助我们创造性地解决问题呢？

如果遇到了一个具体问题，使用通常的方法不能直接找到此问题的具体解，那么，就将此问题(先通过通用工程参数或物质一场模型描述)转换并表达为一个 TRIZ 问题模型，然后在 TRIZ 进化法则的引导下，利用 TRIZ 体系中的九大理论和工具来分析这个问题模型，从而获得 TRIZ 原理解，然后将该解与具体问题相对照，考虑实际条件的限制，转化为具体问题的解，并在实际设计中加以实现，最终获得该具体问题的实际解。这就是 TR1Z 解决实际问题的方法论。

表 1-4 列出了 TRIZ 理论的主要工具和方法。

表 1-4　TRIZ 的理论和工具

问题	工具	解
5×9	乘法表	45
HCl+NaOH	化学原理	$NaCl+H_2O$
TRIZ：技术矛盾	Altshuller 矛盾矩阵	40 发明原理
TRIZ：物理矛盾	分离原理	40 发明原理
TRIZ：功能	知识效应库	科学效应
TRIZ：物——场模型	标准解系统	76 标准解

在解决问题的过程中，可根据确定出来的问题类型，在表 1-4 中选择针对此问题可使用的 TRIZ 工具来解决问题，最后获得此问题的解。

TR1Z 是基于对全世界 250 万份高水平发明专利的研究成果，而且 TRIZ 解决问题的目的是达到对矛盾的彻底化解，而不是传统设计中的折中法那样对矛盾的“缓解”。TRIZ 理论认为，发明问题的核心是解决矛盾，未解决矛盾的设计不是创新设计，设计中不断发现并解决矛盾，是推动产品向理想化方向进化的动力。产品创新的标志是解决或移走设计中的矛盾，从而产生出新的具有竞争力的解决方案。

二、TRIZ 理论的思维方式

（一）发明理论的发明

“发明理论的发明”至今还是尚未得到充分研究的课题，对其进行简要的论述，将引导人们不断探索能否通过研究人类文明的发展历史，得出发明本身的方法，并创建发明理论。

在 TRIZ 诞生并被广泛传播之前，有关专门进行创新性研究教学的案例并不多，最早可追溯至有关创新性研究的古希腊文献，这些研究于公元前 2000 年从阿拉伯东部传到了欧洲，同时先后得到了埃及、近东（近东是欧洲人所指的亚洲西南部和非洲东北部地区）、中亚和中国文明的补充和认同。

创新活动方法论研究的起源是培根和笛卡儿的哲学。

作为科学的旧事物批判者和创新方法的创立者，培根在自己的著作《新工具集》中建立了创建技术发明系统的目标。他写道：“那些从事科学的人，或者是经验主义者，或者是教条主义者。经验主义者就像蚂蚁，只能够搜集和运用已经汇集起来的东西。而教条主义者，则像蜘蛛，自己用自身材料织网。蜜蜂则选择了中间道路，他们从花园和田野的花朵中采集材料，但却发挥自己的智慧运用这些材料……应当期待这些能力，即经验和智慧更紧密地、永不破坏地结合。我们的方法如下：我们不是从实践中获得实践，不是从经验中获得经验，而是从实践和经验中、从原因和公理中获得原因和公理，然后再获得实践和经验。”在培根看来，作为这种组合方式的方法，能实现从单个事实中得到单个定律（小公理），再从这些定律中得出更通用的（中型公理），并最终得到更适用的公理。

如今，笛卡儿（René Descartes）的“思维四定律”显得尤为现实：

①无论任何事物，都不要认为它是真理，尤其是不要认为它是毫无疑问的真理。也就是说，要努力避免急躁和先入为主；在自己的判断中只能保留这样的东西，即出现在自己脑海中最清晰的东西，以及不存在任何有理由怀疑的东西。

②将自己所研究的每个难题分解成若干部分，以便于解决该问题。

③引导自己的思维进度，从最简单和最易于认识的事物开始，一点一点地提升，就像上台阶一样，到最后认识最为复杂的事物，甚至允许在其自然界中无序的事物之间存在有序性。

④每个发明都是建立在对已有的和已存在的数据、事物、思想进行对比的基础上的，对比的方法有分解、合成及综合等。他指出，发明的最基本的源头是对事物隐藏属性的揭示，对事物改变和作用原因的确认，对相似性的发掘，对事物和现象的益处的确定。

TRIZ 正是从前人的实践和经验中、从原因和公理中获得原因和公理 TRIZ 的哲学精髓是辩证法，同时也可以说 TRIZ 的思维模式是笛卡儿“思维四定律”的具体体现和应用：TRIZ 给出的分析问题的方式方法就是要克服思维惯性，就是要“努力避免急躁和先入为主”，以便认识问题的本质；TRIZ 解决问题的算法和过程是从“最小问题”开始，依据系统发展的规律和趋势，循序渐进地解决问题；TRIZ 工具体系的建立和应用正是对事物的隐藏属性的揭示，对事物改变和作用原因的确认，对相似性的发掘，对事物和现象的益处的确定。例如：TRIZ 的发明原理（40 个）和进化法则是来源于对 250 多万份专利分析研究，揭示了其背后隐藏的规律，抽取出具有普遍意义的典型的原则和方法；TRIZ 的矛盾分析、物一场分析是对事物改变和作用的根本原因的剖析；TRIZ 解决问题注重来自其他领域的相似解决方案，注重应用科学效应和现象，通过理想化的方法强化“事物和现象的益处”，甚至变害为利等。虽然 TRIZ 本身还远未达到成熟阶段，需要一个长期的发展和完善的过程，但 TRIZ 已经建立的思维模式和理论、工具、方法体系足以确立它在发明理论中的重要地位，至少在技术领域，TRIZ 真正“发明”了“发明理论”。

（二）创新思维的障碍

人的思维活动往往是基于经验的，比如说到苹果，头脑中就会立即浮现出苹果的形状、颜色、大小、味道等，之所以如此，是因为经常见到和吃到苹果，在头脑中形成了对苹果的综合印象。如果这时候有人对你说苹果是方形的、涩的，你一定会反驳说：“不对，苹果是圆的、甜的！”，经验已经使你对“苹果”的思维形成了“惯性”。

所谓思维惯性（又称思维定式）是人根据已有经验，在头脑中形成的一种固定思维模式，也就是思维习惯。思维惯性可以使我们在从事某些活动时能相当熟练，节省很多时间和精力；穿衣服时我们会很熟练地用两手系好扣子（而如果用一只手就会觉得很别扭）；下班后我们会很轻易地回到自己的家（而用不着每次回家时都仔细辨别是哪一条街道哪幢楼哪个单元第几号），这都是思维惯性在帮助我们。

思维惯性是人后天“学习”的结果。儿童由于没有太多的经验束缚，思维具有广阔的自由空间——儿童的想象力是丰富的、天真的，甚至是可笑的。而随着年龄的增长，阅历的增加，就会逐渐形成惯性思维，对“司空见惯”的事物往往凭以往的经验去判断，而很少再去积极思考。这对于解决创新性问题是不利的，会使思维受到一个框架的限制，难以打开思路，缺乏求异性与灵活性，使我们在遇到问题时，会自然地沿着固有的思维模式进行思考，用常规方法去解决问题，而不求用其他“捷径”突破，因而也会给解决问题带来一些消极影响，难以产生出创新的思维。

思维惯性表现为多种多样的形式。我们之所以将其归纳为不同的类型，并不是为了对思维惯性进行准确的分类描述，而是为了让大家了解在哪些方面容易产生定势的思维，以便更好地克服它。

1. 书本思维惯性

所谓书本思维惯性，就是思考问题时不顾实际情况，不加思考地盲目运用书本知识，一切从书本出发、以书本为纲的教条主义思维模式。当然，书本对人类所起的积极作用是显而易见的，但是，许多书本知识是有时效性的。随着社会的发展，有些书本知识会过时，而知识是要不断被更新的。所以，当书本知识与客观事实之间出现差异时，受到书本知识的束缚，死抱住书本知识不放就会造成思维障碍，难以有效地解决问题，甚至失去获得重大成果的机会。

2. 权威思维惯性

相信权威观点是绝对正确的，在遇到问题时不加思考地以权威的是非为是非，一旦发现与权威相违背的观点，就认为是错的，这就是权威思维惯性。事实上，权威的观点也会受到人类对自然规律认识的局限性的影响，也是会犯错误的。例如大发明家爱迪生曾极力反对用交流电，许多大科学家都曾预言飞机是不能上天的。所以，英国皇家学会的会徽上有一句话“不迷信权威”。

3. 从众思维惯性

别人怎么做，我也怎么做；别人怎么想，我也怎么想的思维模式，就是从众思维惯性（从众心理，俗称随大流儿）。从众思维惯性产生的原因，或是屈服于群体的压力，或是认为随波逐流没错。可以确定的是，从众思维惯性会使人的思维缺乏独立性，难以产生出创造性思维。

4. 经验思维惯性

通过长时间的实践活动所获得和积累的经验，是值得重视和借鉴的。但是经验只是人们在实践活动中取得的感性认识，并未充分反映出事物发展的本质和规律。人们受经验思维惯性的束缚，就会墨守成规，失去创新能力。

5. 功能思维惯性

人们习惯于某件物品的主要功能，而很少考虑到在一定情况下会用于其他用途，这就是功能思维惯性。

6. 术语思维惯性

术语是人们在实践中总结出来的，用来描述某一领域事物的专用语。由于术语的“专业性”“科学性”“单义性”等特征，往往会使人的思维局限于其所描述事物的典型属性或功能，而忽略其他属性或功能，这就是术语思维惯性。

7. 物体形状外观思维惯性

在人们的印象中，每一物体都有着相对固定的形状和外观，这符合人们对该物体的习惯认识，很难加以改变。我们把对物体形状外观上的习惯认识称为物体形状外观思维惯性。

8. 多余信息思维惯性

人们在分析和解决问题时常常会受到一些与要解决的问题关系不大的、不相关的或负面的信息的干扰，对于问题本身来说，这些信息是多余的，那些有用的信息，有时更容易受到多余信息的影响而产生错觉，由此而导致的思维惯性即多余信息思维惯性。

9. 唯一解决方案思维惯性

一个功能目标总是认为只有一种方法能够实现。其实，创新过程中是不可能局限在一种解决方案上的，每一种结构或工艺都可以继续完善。

思维惯性的表现形式多种多样，这里不一一列举。思维惯性是创造性思维的主要障碍。电子石英表是瑞士一个研究所发明的，但瑞士钟表业拒不接受，因为他们跳不出习惯了的机械表的束缚，认为石英表不可能取代机械表。精明的日本人买下石英表技术后，大量廉价石英表上市，对瑞士制表业产生很大冲击。日本从瑞士人手中夺去了钟表市场，瑞士钟表业人员就是吃了思维惯性的亏。要进行创新、创造活动，就必须摆脱思维惯性的束缚。一个重要的方面，就是要学习掌握创造性思维方法，提高思维联想、求异、灵活、变通的能力，以突破思维惯性。

三、经典 TRIZ 理论

（一）经典 TR1Z 理论的建立

根里奇·阿奇舒勒常常强调，TRIZ 理论在本质上是对人的思维的组织，通过组织就可以拥有所有的或者众多的天才发明家的经验。普通的甚至有经验的发明家都会利用自己建立在外部相似性基础上的经验：他是谁，这个新任务与某个老任务有些像，所以，其解决办法也应当有些像。而熟悉 TR1Z 理论的发明家看到的则要深奥得多：他会说，在这个新任务中有这样一些矛盾，也就是说，可以利用老任务的解决办法，因为老任务虽然从外部看起来与新任务没有相似性，但是却包含相似的矛盾。

在发明问题解决算法的第一个版本面世时就已经开始建立 TRIZ 理论了。TRIZ 理论的作者用如下形式说明了操作、方法和理论之间的区别。

操作——单个的基础的动作。操作可以归结为解决任务的人的动作，例如利用相似性解决问题的人的动作。操作也可以归结为所考察技术系统中的问题，例如：“系统划分或将多个系统合为一个”。操作无法用于：无法知道操作什么时候是有效的，什么时候又会是无效的。在某个情形下，相似性可能会导致问题的解决，而在另一个情形下，则可能导致远离，使操作无法发展，尽管多个操作的集合可以得到补充和发展。

方法——操作体系。通常包含众多操作，该体系确定了操作的确定顺序。方法通常建立在一个原则上或者一个假设上，例如，顿悟的基础就是假设：在给出“人潜意识下无序的思想流中得到的结论”时，问题可以得到解决。而发明问题解决算法的基础则是发展模型、矛盾模型和矛盾解决模型的相似性原则。方法的发展也极其有限，它往往停留在原始原则的框架内。

理论——许多操作和方法的体系。该体系确定了建立在复杂技术客体和自然客体的发展规律(模型)基础上的定向控制问题解决过程。

可以这样说，操作、方法和理论构成了“砖——房子——城市”或者“细胞——组织——有机体”这样的序列。

当20世纪80年代TRIZ理论的创建达到顶峰时，阿奇舒勒描述了该理论近40年的发展过程。

第一阶段：发明问题解决算法方面的工作。虽然该工作始于20世纪40年代，但那时还没有明确提出“发明问题解决算法”这一概念，而是以另一种方式提出来的。

应当研究大量发明创造的经验，找出高水平技术解决方案的共同特点，来用于未来发明问题的解决。这样就会发现，高水平的技术方案是能够克服问题中的技术矛盾，而低水平的技术方案却不能够描述或者克服技术矛盾。

让人想象不到的是，即使是一些非常有经验的发明家，也不理解解决发明问题的正确战术应当是一步一步地澄清技术矛盾，研究矛盾的原因并消除矛盾，从而最终消弭技术矛盾。有些发明家在发现了明显的技术矛盾之后，不去实施怎样解决技术矛盾，而是浪费多年时光在各种可能方案的挑选上，甚至没有时间去尝试描述任务所包含的矛盾。

人们很失望没能从那些伟大的发明家那里找到有助于发明的经验，那是因为大部分发明家都在使用那个极简陋的方法，就是“试错法”。

第二阶段：第二阶段的问题以这样的方式提出——应当编制对于所有发明问题来说都普遍使用的、能循序渐进解决发明问题的算法(ARIZ)。该算法应当建立在对问题的逐步分析的基础上，从而能够影响、研究和克服技术矛盾。发明问题解决算法虽然不能够取代知识和能力，但是它能够帮助发明者避免许多错误，并给问题的解决提供一个好的流程。

最初的算法(ARIZ-56或者AR1Z-61)同ARIZ-85相去甚远，但是随着每次的改进，变得更清晰，更可靠，并逐渐取得算法纲要的性质。此外还曾经编制了消除技术矛盾的操作表(矛盾矩阵表)。这些研究成果都是基于对大量的专利资源和技术发明的介绍的分析。

还有一个问题需要解决，即产生高水平的解决方案需要知识，而这些知识则可能超出了发明者所拥有的专业领域的界限。只能依赖生产经验在习惯的方向上不断尝试，结果是毫无收获，而发明问题解决算法只能够改善解决问题的流程。最后发现，人无法有效地解决高水平的发明问题。因此，所有仅仅建立在激发“创造思维”基础上的方法都是错误的，因为这种尝试只能够很好地组织“糟糕的”思维。因此，在第二阶段只为发明者提供辅助创新工具是不够的，必须重建发明创造，必须改变发明创造的工艺。这种技术系统进化体系现在被看作是独立的、不依赖于人的发明问题解决体系。思维应当遵循并控制这个系统，这样它就会成为天下人的思维。

这样就产生了一种观点，认为发明问题解决算法应该服从于技术系统发展的客观规律。第三阶段：第三阶段的形式如下。

低水平的发明算不上是创造；通过“试错法”得到的高水平发明是低效率的创造。我们需要有计划地解决高水平问题的发明问题新工艺，这个工艺应该建立在有关技术体系发展客观规律的基础上。

如同第二阶段一样，研究工作是基于专利资源的。然而，本阶段的研究不再是澄清新的操作和用于消除技术矛盾的矩阵表中的内容，而是研究技术体系发展的整个规律。关键在于，发明是技术体系的发展。而发明任务则仅仅是创建一个人类所发现的蕴含技术体系发展要求的某个形态。TRIZ 理论研究发明创造的目的是为了建立可用于发明问题解决过程的高效方法。

对这样的定义有别于传统的认识是：所有已经存在的技术系统都是需要进化的，通过采用这种“发明问题的解决方法”，人们就能获得发明创造，从而建立起发明的现代产业，每年能够产生数以万计的技术思想。这种现代的“方法”又有什么坏处呢？

关于发明创造存在着一些习惯性的却又是错误的论述，例如：

①一些人会说“一切取决于偶然性”；

②另一些人坚信“一切取决于知识和坚持，所以应当持之以恒地尝试不同的方案”；

③还有一些人宣称“一切取决于天赋”。

在这些论断中有一些真理的成分，但是却只是外在的、表面的真理。

“试错法”本身就是低效率的。现代“发明产业”是按照“爱迪生方法”来组织的：任务越困难，所需尝试的次数越多，就会有更多的人参与解决方案的探索。根里奇·阿奇舒勒用如下的方式对其进行了批判：很明显，上千个挖土工人能够挖出比一个挖土工人更多、更大的坑，然而其挖掘的方法还是原来的。在新挖掘方法的帮助下，一个“孤独的”的发明者就如同一个挖掘机手一样，能够比“挖土工人的集体”更有效地完成工作。

在不采用 TRIZ 理论的情况下，发明者要解决问题，首先要长时间地寻找与他的专业领域相近的熟悉的传统的方案。有时候他根本摆脱不了这些方案，思想会进入“思维惯性区”（PIV，Psychological Inertia Vector）。PIV 是由以下不同因素决定的：害怕脱离专业的框架，害怕闯入“别人的”领域，害怕提出可能会被嘲笑的想法，因此，也就不可能知道“野思想”产生的方法。

关于“试错法”，根里奇·阿奇舒勒得出如下结论：

1. 任务可能会因所需知识的内容而不同

对第一级发明，任务和解决问题的手段都处于某个专业的范围之内（某个行业的一个分支）。而第二级发明，则处于某个领域的边界之内（例如，机械制造问题可以用已知的机械制造方法来解决，但是使用的是机械制造的另外一个领域的方法）。第三级发明，处于某种科学的范围之内（例如，机械问题可以在机械学原理基础上得以解决）。第四级发明，处于“边缘科学”的范围之内（例如，机械问题可以通过化学方法得以解决）。而第五级发明是最高水平的，则完全超出了现代科学的范围（因此首先需要取得新的科学知识或者做出某种发现，然后才能运用他们以求得解决发明问题的方案）。

2. 问题会因相互作用的因素的结构不同而不同

这可以通过不同的“结构”来表示，例如，第一级发明和第二级发明的任务。

第一级发明的任务有：①较少的相互作用要素；②没有未知元素或者它们并不重要；③容易分析：很容易就能区分可能会改变的要素与在问题条件下不会改变的要素；要素和可能的变化之间的相互作用很容易就能得到跟踪；④问题复杂的原因往往要求在较短的时

间内得出解决方案。

第二级发明的任务有：①众多的相互作用要素；②大量的未知元素；③分析过程复杂：在问题条件下可能会改变的要素很难被分离出来；很难建立要素和可能的变化之间相互影响的足够完整模型；④问题趋于复杂的原因在于对解决方案的探寻过程往往拥有相对较长的探索时间。

3. 问题可能会因客体的变化程度的不同而不同

在第一级发明任务中客体(设备或方法)几乎不变，例如，设定一个新的参数值。在第二级发明任务中客体有较小的变化，例如，细节有所变化。在第三级发明任务中，客体发生质变(例如，在最重要的部分发生变化)。在第四级发明任务中，客体完全变化。而在第五级发明任务中，发生变化的客体所在的技术体系也发生了变化。

因此需要一种将发明任务从高水平"转化"到低水平的方法或者将"困难的"任务转变为"简单的"任务的方法，例如，通过快速地减小探索范围来达成目的。

4. 自然界没有形成高水平的启发式操作

在人类大脑的整个进化史上只获得了解决大致相当于第一级发明问题的能力。

也许，一个人一生中可以做出一两件最高级别的发明，然而，他根本来不及积累或传承"最高启发性经验"。自然淘汰仅仅巩固了低水平的启发式方法：增加——减少；联合——分解；运用相似性复制其他作品。而随后补充到这些方法中的内容则完全是有意识的："将自己置于所考察客体的位置""牢记心理惯性"等。

高水平的"启发师"能够很熟练地为年轻的工程师们展示其方法，然而，要教会他们却是不可能的。问题在于，如果一个人不知道如何同心理惯性做斗争，那么，"牢记心理惯性"这句忠告就不会起作用。同样，如果一个人事先不知道哪一个相似性更为适宜，那么"运用相似性"这个方法也就是枉然的，尤其是当这种相似性的数量太多的时候。

因此，在其进化过程中，我们的大脑只学会了寻找简单问题解决方案时的足够精确的、最为适用的方法，而最高水平的启发机制却未能得以开启。然而，它们是可以创立的，也是必须创立的。

第三阶段以及 20 世纪 70 年代中期，是传统 TR1Z 理论发展史的中期。同时这也是 TRIZ 理论得以彻底完善的开端：在此期间发现了物理矛盾以及解决物理矛盾的基本原理，形成了发展技术系统的定理(进化法则)，编制了第一个建立有效发明(效应)的物理原则的目录列表以及第一批"标准解"体系。

(二) 经典 TRIZ 理论的结构

TRIZ 理论的发展历史可以划分出如下阶段：

1. 1985 年前

经典 TRIZ 理论的发展阶段。其主要理论由根里奇·阿奇舒勒和 TRIZ 理论联盟专家们创立并具有概念性特点。

2. 1985 年后

后经典 TRIZ 理论发展阶段。其主要理论具有理论"展开"的性质(也就是说，部分地形式化、细化，尤其是积累了大量方法)并与其他方法，尤其是与功能分析方法相结合，类似的方法还有 Quality Function Deployment(QFD)和 Fault Modes and Effects Analysis(FMEA)。

TRIZ 理论是知识浓缩思想得以实现的一个案例。

TRIZ 理论最主要的发现在于，数百万已经注册的发明都是建立在相对来说为数不多的，对任务的原始情境进行转化的原则之上的。与此同时，TRIZ 理论清晰地指出，任何问题进行组织及取得综合解决的关键要素有：矛盾、资源、理想结果、发明方法，或者用一个更好的说法，那就是转化模型。

此外，在 TRIZ 理论中，不但设计了多个操作体系，而且设计了通过对问题的原始情境进行逐步精确和逐步转化达成解决问题目的的方法。阿奇舒勒将该方法称之为“发明问题解决算法”，即 ARIZ。

按照阿奇舒勒自己的形象化定义，发明问题解决算法以及整个 TRIZ 理论拥有以下三个支柱

①按照清晰的步骤，一步一步地处理任务，描述并研究使任务成为问题的物理-技术矛盾。

②为了解决矛盾，应当使用从几代发明家那里汲取到的精选信息(解决问题的典型模型表，包括操作和标准，物理效应运用表等)。

③在解决问题的整个过程中，都贯穿着对心理因素的调控：发明问题解决算法能引导发明家的思想，消弭心理惯性，协调接受不同寻常的、大胆的想法。

在人类的创造历史中，TRIZ 第一次创立了一些理论、方法和模型，并能够用于包含有尖锐物理——技术矛盾的复杂的科学技术问题的系统化研究和解决方法，而这些问题使用传统的设计方法是根本无法解决的。

四、TRIZ 理论的新发展

目前，TRIZ 理论主要应用于技术领域的创新，实践已经证明了其在创新发明中的强大威力和作用。而在非技术领域的应用尚需时日，并不是说 TRIZ 理论本身具有无法克服的局限性，任何一种理论都有其产生、发展和完善的过程。TR1Z 理论目前仍处于“婴儿期”，还远没有达到纯粹科学的水平，之所以称为方法学是合适的，它的成熟还需要一个比较漫长的过程，就像一座摩天大厦，基本的架构已经构建起来，但还需要进一步的加工和装修。其实就经典的 TRIZ 理论而言，它的法则、原理、工具和方法都是具有“普适”意义的，例如，我们完全可以应用其 40 个发明原理解决现实生活中遇到的许多“非技术性”的问题。

TRIZ 理论作为知识系统最大的优点在于：其基础理论不会过时，不会随时间而变化，就像运算方法是不会变的，无论你是计算上班时间还是计算到火星的飞行轨迹。

由于 TRIZ 理论本身还远没有达到“成熟期”，其未来的发展空间是巨大的，归纳起来主要有 5 个发展方向：

①技术起源和技术演化理论；

②克服思维惯性的技术；

③分析、明确描述和解决发明问题的技术；

④指导建立技术功能和特定设计方法、技术和自然知识之间的关系；

⑤向非技术领域的发展和延伸。

此外，TRIZ 理论与其他方法相结合，以弥补 TRIZ 理论的不足，已经成为设计领域的重

要研究方向。

需要重点说明的是，TRIZ 理论在非技术领域应用研究中的应用前景是十分广阔的。我们认为，只有达到了解决非技术问题的工具水平，TRIZ 理论才是真正地进入了“成熟期”。

未来的 TRIZ 理论是：每个技术问题本身都是不同的。每个问题中都不会有不重复的内容。通过分析，就能找到核心问题，也即系统矛盾和其发生原因的可能。此时整个事情就会发生改变，就会出现按照特定的、合理的图表进行创造性探索的可能性。没有魔法，但是有方法，对于大部分情况来说办法是足够多的。

第二章　计算机辅助设计

第一节　CAD 系统

一、概述

计算机辅助设计(CAD)是一种运用计算机软、硬件系统辅助人们进行设计的新方法与新技术，包括使用计算机系统支持的几何造型、绘图、工程分析、参数计算与文档制作等设计活动，是一门多学科综合应用的新技术。

与传统设计方法不同，CAD 是人和计算机相结合的新型设计方法。它采用计算机为工具可以帮助设计人员完成设计过程中的大部分活动，例如，利用计算机的图形处理功能帮助设计者进行产品几何形状修改、确定以及输出图纸；利用数据库来查阅已有的设计资料和数据；利用计算机强大的计算能力进行性能预测、强度分析和优化设计；利用专家系统等人工智能手段来帮助建立设计方案。在上述活动中，CAD 的目的是追求设计的信息化、智能化和自动化，但并不排除人的主观能动作用，而是将设计者的创新能力、想象力、经验和计算机高速运算的能力、存储能力、图纸显示与处理能力有机结合起来，综合运用多学科的相关知识和技术，进行产品描述及设计，极大地提高设计工作的效率和质量，缩短设计周期，降低设计成本，为新产品开发和无图纸化生产提供前提。

CAD 是一门多学科综合应用的新技术。它涉及以下一些技术基础。

(1) 图形处理技术。如自动绘图、几何建模、图形仿真及其他图形输入、输出技术。

(2) 工程分析技术。如有限元分析、优化设计及面向各种专业的工程分析等。

(3) 数据管理与数据交换技术。如数据库管理、产品数据管理、产品数据交换规范及接口技术等。

(4) 文档处理技术。如文档制作、编辑及文字处理等。

(5) 软件设计技术。如窗口界面设计、软件工具及软件工程规范等。

CAD 技术诞生于 20 世纪 50 年代后期。进入 20 世纪 60 年代，随着计算机软硬件技术的发展，在计算机屏幕上绘图变得可行，CAD 开始迅速发展。人们希望借助该项技术来摆脱烦琐、费时、精度低的传统手工绘图。此时，CAD 技术的出发点是用传统的三视图方法来表达零件，以图纸为媒介进行技术交流，这就是二维计算机绘图技术。在 CAD 软件发展初期，CAD 的含义仅仅是计算机辅助绘图或计算机辅助制图而非现在经常讨论的 CAD 所包含的全部内容。从广义上说，CAD 技术包括二维工程绘图、三维几何设计、有限元分析、数控加工、仿真模拟、产品数据管理、网络数据库以及上述技术(CAD/CAE/CAM)的集成技术等。CAD 技术以二维绘图为主要目标的算法一直持续到 20 世纪 70 年代末期，以后作为 CAD 技术的一个分支而相对独立、平稳地发展。进入 20 世纪 80 年代，工业界认识到 CAD/CAM 新技术对生产的巨大促进作用，于是在设计与制造方面对 CAD/CAM 销售商提出了各种各样的要求，导致新理论、新算法的大量涌现。在软件方面做到了将设计与制造的各种单个软件集成起来，使之不仅能绘制工程图形，而且能进行三维造型、自由曲面设计、有限元分析、机构及机器人分析与仿真、注塑模设计等各种工程应用。与此同时，计算机硬件及输入输出设备也有了很大发展，32 位字长的工程工作站及微机达到了过去小型机性能，计算机网络也获得了广泛的应用。

经过 50 多年的发展，现代 CAD 设计软件已经不再仅仅是代替手工绘图的一种工具，而是传统设计与手段的变革。随着计算机软硬件技术的日益完善，CAD 技术得到迅猛发展。CAD 技术由传统的简单二维绘图发展到今天基于特征的三维参数化造型和变量化造型设计技术，它深刻影响社会各个领域的设计技术。

CAD 技术作为 20 世纪杰出的工程技术成就之一，现已受到世界各工业发达国家普遍的高度重视，已广泛地应用于航空、航天、汽车、航海、机械、电子、建筑、纺织以及艺术等各个工程和产品设计领域，并产生了巨大的社会效益和经济效益。目前，CAD 技术的应用水平已经成为衡量一个国家工业生产技术现代化水平的重要标志，也是衡量一个企业技术水平的重要标志。

当前，CAD 技术在机械工业中的主要应用有以下几个方面。

（1）二维绘图。这是最普遍最广泛的一种应用，用来代替传统的手工绘图。

（2）图形及符号库。将复杂图形分解成许多简单图形及符号，先存入库中，需要时调出，经编辑修改后插入另一图形中去，从而使图形设计工作更加方便。

（3）参数化设计。标准化或系列化的零部件具有相似结构，但尺寸经常改变，采用参数化设计的方法建立图形程序库，调出后赋予一组新的尺寸参数就能生成一个新的图形。

（4）三维造型。采用实体造型设计零部件结构，经消隐及着色等处理后显示物体的真实形状，还可进行装配及运动仿真，以便观察有无干涉。

（5）工程分析。常见的有有限元分析、优化设计、运动学及动力学分析等。此外，针对某个具体设计对象还有其各自的工程分析问题，如注塑模设计中要进行塑流分析、冷却分析、变形分析等。

（6）设计文档或生成报表。许多设计属性需要制成文档说明或输出报表，有些设计参数需要用直方图、饼图或曲线图等来表达。上述这些工作常由一些专门的软件来完成，如文档制作软件及数据库软件等。

从以上所述的应用情况来看，采用 CAD 技术会带来以下好处。

（1）缩短手工绘图时间，提高绘图效率。

（2）提高分析计算速度，解决复杂计算问题。

（3）便于修改设计。

（4）促进设计工作的规范化、系列化和标准化。

总之，采用 CAD 技术可以显著地提高产品的设计质量、缩短设计周期、降低设计成本，从而加快了产品更新换代的速度，可使企业保持良好的竞争能力。

当然，CAD 技术还在发展中，该技术在软件方面的进一步发展趋势如下。

(1) 集成化。为适应设计与制造自动化的要求，特别是近些年来出现的计算机集成制造系统(CIMS)的要求，进一步提高集成水平是CAD/CAM系统发展的一个重要方向。

(2) 智能化。目前，现有的CAD技术在机械设计中只能处理数值型的工作，包括计算、分析与绘图。然而，在设计活动中存在另一类符号推理型工作，包括方案构思与拟订、最佳方案选择、结构设计、评价、决策以及参数选择等。这些工作依赖于一定的知识模型，采用符号推理方法才能获得圆满解决。因此，将人工智能技术，特别是专家系统的技术，与传统CAD技术结合起来，形成智能化CAD系统是机械CAD发展的必然趋势。

(3) 标准化。随着CAD技术的发展，工业标准化问题越来越显出它的重要性。迄今已制定了不少标准，例如，面向图形设备的标准CGI，面向用户的图形标准GKS、PHIGS，面向不同CAD系统的数据交换标准IGES和STEP，此外还有窗口标准等。随着技术的进步，新标准还会出现，基于这些标准推出的有关软件是一批宝贵的资源，用户的应用开发常常离不开它们。

(4) 可视化。可视化是指运用计算机图形学和图像处理技术，将设计过程中产生的数据及计算结果转换为图形或图像在屏幕上显示出来，并进行交互处理，使冗繁、枯燥的数据变成生动、直观的图形或图像，激发设计人员的创造力。

(5) 网络化。计算机网络技术的运用，将各自独立的、分布于各处的多台计算机相互连接起来，这些计算机彼此可以通信，从而能有效地共享资源并协同工作。在CAD应用中，网络技术的发展，显著地增强了CAD系统的能力。

二、CAD系统

一个完整的CAD系统是由计算机硬件和软件两大部分所组成的。CAD系统功能的实现，是硬件和软件协调作用的结果，硬件是实现CAD系统功能的物质基础，然而如果没有软件的支持，硬件也是无法发挥作用的，二者缺一不可。

(一) CAD系统的硬件

CAD系统的硬件是指计算机系统中的全部可以感触到的物理装置，包括各种规模和结构的计算机、存储设备以及输入、输出设备等几个部分。

计算机系统的核心是中央处理机(CPU)、主存储器和总线结构，它们也称为计算机系统的主机。CPU由控制器和运算器两部分构成，控制器负责解释指令的含义、控制指令的执行顺序、访问存储器等；运算器负责执行指令所规定的算术和逻辑运算。

主存储器简称主存或内存，是存放指令和数据的部件，与CPU关系密切，其优点是能够实现信息快速直接存取。为了能保存程序和数据信息，大多数计算机都配置了外部存储器，作为主存储器的后援。在主存储器中只存放当前需要执行的指令和需要处理的数据信息，而将暂时不需要执行的程序和数据信息存储到外部存储器中，在需要时再成批地与主存储器交换信息。外部存储器的存储容量可以很大，价格相对于主存储器也比较便宜，可以反复使用，但其缺点是存取速度较慢。目前常用的外部存储器包括磁带机、磁盘机以及近年来发展非常迅速的光盘存储器。

计算机及外部存储器通过输入、输出设备与外界沟通信息，输入、输出设备一般称为计算机的外围设备。所谓输入，就是把外界的信息变成计算机能够识别的电子脉冲，即由外围设备将数据送到计算机内存中。所谓输出，就是将输入过程反过来，将计算机内部编码的电子脉冲翻译成人们能够识别的字符或图形，即从计算机的内部将数据传送到外围设备。能够实现输入操作的装置就称为是输入设备，CAD 系统所使用的输入设备主要包括键盘、光笔、图形输入板、数字化仪、鼠标器、扫描仪以及声音输入装置等；能够实现输出操作的装置便是输出设备，CAD 系统所使用的输出设备主要包括字符显示器、图形显示器、打印机、绘图仪等。

CAD 系统硬件的基本配置包括计算机主机和图形输入、输出设备。

在 CAD 作业中，目前常用的图形输入设备包括键盘、鼠标、光笔、图形扫描仪、数字化仪等。

键盘是最常见、最基本的输入设备，具有输入字符和数据等功能。

鼠标作为指点设备，应用十分广泛，绘图系统一般推荐中键是滚轮的三键鼠标，因为中键往往被系统赋予特殊的控制功能。

光笔的外壳像支笔，它是一种检测光的装置，是实现人与计算机、图形显示器之间联系的一种有效工具。光笔的主要功能是指点与跟踪。指点就是在屏幕上有图形时，选取图形上的某一点作为参考点，对图形进行处理。跟踪就是用光笔拖动光标在显示屏幕上任意移动，从而在屏幕上直接输入图形。

图形扫描仪可以把图形或图像以像素点为单位输入计算机中。通常把扫描得到的像素图用专门的软件处理得到矢量图，这个过程称为矢量化处理。这种输入方法可将原有纸质图样数字化，而且效率比较高。对于用计算机做的全新设计，这种方法就没用了。

数字化仪是一种图形数据采集装置，它由固定图纸的平板、检测器和电子处理器三部分组成。工作时，将十字游标对准图纸上的某一点，按下按钮，则可输入该点的坐标。连续移动游标，可将游标移动轨迹上的一连串点的坐标输入。因此，它可以把图形转换成坐标数据的形式存储，也可以重新在图形显示器或绘图仪上复制成图。

在 CAD 作业中，常用的图形输出设备一般可以分为两大类。一类是用于交互式作用的图形显示设备，另一类是在纸上或其他介质上输出可以永久保存图形的绘图设备。常用的图形输出设备有以下几种。

1. 图形显示器

显示器是人机交互的重要设备之一，它能让设计者观察到设计结果，以便在必要时对设计进行相应的调整、修改等。显示器常用有阴极射线管（CRT）显示器和液晶显示器（LCD）显示器。

2. 打印机

打印机是一种常用的图形硬拷贝设备，它的种类繁多，一般分为撞击式与非撞击式两种。撞击式如针式打印机；非撞击式如喷墨打印机、激光打印机等，可以实现高速度、高质量低噪声的打印输出。

3. 绘图仪

绘图仪按工作原理可分为笔式绘图仪和非笔式绘图仪，按结构可分为平板（台）式绘图仪和滚筒式绘图仪。

笔式绘图仪是以墨水笔作为绘图工具，计算机通过程序指令控制笔和纸的相对运动；同时，对图形的颜色、图形中的线型以及绘图过程中抬笔、落笔动作加以控制，由此输出屏幕显示的图形或存储器中的图形。非笔式绘图仪的作图工具不是笔，有静电绘图仪、喷墨绘图仪、热敏绘图仪等几种类型。

（二）CAD 系统的软件

软件亦称软设备，是指管理及运用计算机的全部技术，一般用程序或指令来表示。从软件配置的角度来说，CAD 系统的软件分为系统软件和应用软件两大类。系统软件一般是由系统软件开发公司的软件，由专业人员负责研制开发，对于一般用户，主要关心应用软件的选用和开发。

1. 系统软件

与计算机硬件直接联系并且供用户使用的软件。系统软件起着扩充计算机功能和合理调度计算机资源的作用，具有两个重要特点：一是公用性，无论哪个应用领域和计算机用户，都要使用；二是基础性，应用软件要用系统软件来编写、实现，且在系统软件的支持下运行，因此，系统软件是应用软件赖以工作的基础。在系统软件中，最重要的有两类：一是操作系统，负责组织计算机系统的活动以完成人交给的任务，并指挥计算机系统有条不紊地应付千变万化的局面；二是各种程序设计语言、语言编译系统、数据库管理系统和数据通信软件等，负责人与计算机之间的通信。系统软件的目标在于扩大系统的功能、方便用户使用，为应用软件的开发和运行创造良好的环境，合理调度计算机的各种资源，以提高计算机的使用效率。

2. 应用软件

在系统软件的支持下，为实现某个应用领域内的特定任务而编写的软件。CAD 应用软件的范围非常广泛，为了表示清楚，将应用软件又细分为支撑软件和用户自己开发的应用软件两种。支撑软件是支持 CAD 应用软件的通用程序库和软件开发的工具，近二三十年来，由于计算机应用领域的迅速扩大，支撑软件的研究也随之有了很大的发展，出现了种类繁多的商品化支撑软件，其中比较常用的有以下几类：基本图形资源软件，二、三维图形处理软件，几何造型软件，设计计算及工程分析软件，专家系统。

3. 常用的绘图软件

目前，在 CAD 作业中，常用的几种主要绘图软件及其功能如下。

（1）AutoCAD

AutoCAD 是美国 AutoDesk 公司为微机开发的二维、三维工程绘图软件。AutoCAD 作为当今最流行的二维绘图软件，具有强大的二维绘图功能，如绘图、编辑、剖面线、图形绘制、尺寸标注以及二次开发等功能，同时还有部分三维功能。AutoCAD 还提供有 AutoLISP，ARX、VBA 等作为二次开发的工具。详细的 AutoCAD 的有关绘图功能及其使用方法，详见有关教材。

（2）SolidWorks

SolidWorks 是美国 SolidWorks 公司于 1995 年研制开发的一套基于 Windows 平台的全参数化特征造型软件，它可以十分方便地实现复杂的三维零件实体造型、复杂装配和生成工程图。图形界面友好，用户上手快。该软件采用自顶向下基于特征的实体建模设计方法，可动态模拟装配过程，自动生成装配明细表、装配爆炸图、动态装配仿真、干涉检查、装配形态控制，其先进的特征树结构使操作更加简便和直观。该软件提供了完整的、免费的开发工具(API)，用户可以用微软的VisualBasic、VisualC++或其他支持OLE的编程语言建立自己的应用方案。通过数据转换接口，SolidWorks可以很容易地将不同的机械CAD软件集成到同一个设计环境中。

(3) Pro/Engineer

Pro/Engineer系统是美国参数技术公司(PTC)的产品。Pro/Engineer采用技术指标化设计、基于特征的实体模型化系统，工程设计人员采用具有智能特性的基于特征的功能去生成模型，如腔、壳、倒角及圆角，可以随意勾画草图，轻易改变模型。Pro/Engineer系统用户界面简洁，概念清晰，符合工程技术人员的设计思想与习惯。整个系统建立在统一的数据库上，具有完整而统一的模型。

(4) Unigraphics

Unigraphics(UG)是Unigraphics Solutions公司开发的一个功能强大的CAD/CAM软件，针对整个产品开发的全过程，从产品的概念设计直到产品建模、分析和制造过程，它提供给用户一个灵活的复合建模模块，具有独特的知识驱动自动化(KDA)的功能，使产品和过程的知识能够集成在一个系统里。

(5) I-DEAS

I-DEAS是美国SDRC公司开发的CAD/CAM软件。I-DEAS可以进行核心实体造型及设计、数字化验证(CAE)、数字化制造(CAM)、二维绘图及三维产品标注。I-DEASCAMAND可以方便地仿真刀具及机床的运动，可以从简单的2轴、2.5轴加工到以7轴5联动方式来加工极为复杂的工件表面，并可以对数控加工过程进行自动控制和优化。

(6) CATIA

CATIA是由法国著名飞机制造公司Dassault开发并由IBM公司负责销售的CAD/CAM/CAE/PDM应用系统。该系统采用了先进的混合建模技术，在整个产品生命周期内具有方便修改的能力，所有模块具有全相关性，具有并行工程的设计环境，支持从概念设计到产品实行的全过程。它也是世界上第一个实现产品数字化样机开发(DMU)的软件。

(7) SolidEdge

SolidEdge是EDS公司开发的中档CAD系统。SolidEdge为机械设计量身定制，它利用相邻零件的几何信息，使新零件的设计可在装配造型内完成；模塑加强模块直接支持复杂塑料零件的造型设计；钣金模块使用户可以快速简捷地完成各种钣金零件的设计；利用二维几何图形作为实体造型的特征草图，实现三维实体造型，为从CAD绘图升至三维实体造型的设计提供简单、快速的方法。

(8) MDT

MDT是AutoDesk公司在PC平台上开发的三维机械CAD系统。它以三维设计为基础，集设计、分析、制造以及文档管理等多种功能为一体。MDT基于特征的参数化实体造型，基于NURBSdel曲面造型，可以比较方便地完成几百甚至上千个零件的大型装配，提供相关联的绘图和草图功能，提供完整的模型和绘图的双向连接。该软件与AutoCAD完全融为一体，用户可以方便地实现三维向二维的转换。MDT为AutoCAD用户向三维升级提供了一个较好的选择。

(9) CAXA

CAXA 是我国北京航空航天大学海尔软件有限公司面向我国工业界自主开发出的中文界面、三维复杂型面 CAD/CAM 软件，是我国制造业信息化 CAD/CAM/PLM 领域自主知识产权软件的优秀代表。CAXA 包括 CAXA 电子图版 V52D、CAXA 三维电子图版 V53D 等设计绘图软件。CAXA 实体设计专注于产品创新工程，为用户提供三维创新设计的 CAD 平台，支持概念设计、总体设计、详细设计、工程设计、分析仿真、数控加工的应用需求，已成为企业加快产品上市与更新速度、赢取国际化市场先机的核心工具。

(10) PICAD

PICAD 是北京凯思博宏计算机应用工程有限公司开发的具有自主版权的 CAD 软件。该软件具有智能化、参数化和较强的开放性，对特征点和特征坐标可自动捕捉及动态导航，系统提供局部图形参数化、参数化图素拼装及可扩充的参数图符库；提供交互环境下的开放的二次开发工具，智能标注系统可自动选择标注方式；该软件首先推出了全新的“所绘即所得”自动参数化技术，并具有可回溯的、安全的历史记录管理器，是真正面向对象和面向特征的 CAD 系统。

(三) CAD 系统的形式

从国内外 CAD 硬件技术的发展过程来看，可以将 CAD 系统归纳为以下四种形式。

1. 主机分时 CAD 系统

该系统的特点是由小型机以上的高性能通用计算机作为主机，以分时方式连接几十个甚至上百个图形终端以及更多的字符终端进行工作的一种集中分时的 CAD 系统。该系统的计算机来自大型计算机公司，因而可以从计算机公司得到较多的服务项目，包括较多的高级系统软件，同时较好地解决了通信、保密和数据库管理问题。但该系统的软硬件投资规模相当巨大，并且对工作环境的要求也非常严格，使得一般的中小型企业均不敢问津。

2. 小型机成套 CAD 系统

该系统有时也称为交钥匙系统，意为只要转动“钥匙”，系统就能启动，其安装、使用、维护极为方便。该系统是由 CAD 软件开发公司采用软硬件成套供应的办法为用户提供的专用 CAD 系统，当系统安装调试完成之后，用户不需要做任何开发工作，即可投入使用，但只能解决既定的产品设计问题。该系统的主机一般采用小型机或超级小型机，其中使用最多的是 VAX 系列计算机。

3. 工程工作站 CAD 系统

工作站是介于小型机和微机之间的一种机型，具有处理速度快、分布式计算能力强、网络性能灵活、图形处理能力强大以及 CAD 应用软件丰富等优越性。由于激烈的市场竞争，目前工作站的硬件价格正在逐渐降低，而其性能每隔一年甚至半年就提高一倍，较便宜的工作站已接近高档微机的价格，而性能却比微机翻了几番，因而工作站的应用范围迅速扩大，成为 CAD 系统的主要硬件。

4. 微机 CAD 系统

与工程工作站 CAD 系统相比，该系统的运算能力和图形处理能力较低，但其价格便宜，因此该系统已被许多中小型企业所广泛采用，而且随着微机硬件性能的迅速提高，该系统与工程工作站 CAD 系统的差别将会逐渐消失。

自 20 世纪 80 年代末以来，工程工作站和微型计算机在 CAD 领域的迅速崛起，使得前两种 CAD 系统受到严重冲击，许多制造厂家纷纷下马、转产或被吞并，市场逐渐萎缩；而工程工作站和微机在 CAD 应用领域的发展却日新月异。目前，具有高性能、低价格的工程工作站和微机已经成为 CAD 系统的主流机型，成为应用最为广泛的 CAD 硬件系统。CAD 硬件系统发展的一个方向就是将工程工作站、微机及其他 I/O 设备采用网络连接在一起，组成一个高性能的分布式 CAD 网络系统，在这样一个高性能的分布式 CAD 网络系统中可以实现二维和三维图形功能，可以实现硬件资源共享，以及软件、图形、数据等资源共享。

（四）CAD 系统的功能

一个比较完善的 CAD 系统，是由产品设计制造的数值计算和数据处理程序包、图形信息交换（图形的输入和输出）和处理的交互式图形显示程序包、存储和管理设计制造信息的工程数据库等三大部分构成，该系统的功能主要包括：快速生成二维图形的功能，人机交互的功能，三维几何形体造型的功能，二、三维图形转换的功能，三维几何模型显示处理的功能，工程图绘制的功能，三维运动机构的分析和仿真的功能，物体质量特性计算的功能，有限元法网格自动生成的功能，优化设计的功能以及信息处理和信息管理的功能。

第二节　工程数据的处理方法及 CAD 程序编制

在进行机械设计过程中，需要查阅大量手册、文献资料以及检索有关曲线、表格，以获得设计或校核计算时所需要的各种系数、参数等。这项工作既费时费力，又容易出错。若将此项工作交给计算机来完成，则可以大幅度地减轻设计人员烦琐的事务性劳动，使其能投入更多的精力去从事创造性的设计工作。

计算机具有大量存储与迅速检索的功能，将设计过程中所需要的表格、线图以程序或文件的方式预先存入计算机中，供设计时灵活方便地调用，必要时还可以建立或利用公共数据库，将表格和线图转化为相互关联的数据结构，以利于更方便地完成资料信息的交换。对工程数据进行处理的方法包括下列三种。

第一，将工程数据转化为程序存入计算机内存。

第二，将工程数据转化为数据文件存入计算机外存。

第三，将工程数据转化为结构存入数据库。

一、数表的分类及存取

（一）数表的分类

机械设计过程中所使用的工程技术数表种类很多，在对这些数表进行程序化处理时，应根据数表各自所具有的特点分别加以处理。通常，可以按数表中的数据之间有无函数关系而将数表分为列表函数表和简单数表两类；或按数表的维数将数表分为一维数表和二维数表两类。

1. 列表函数表

数表中所记载的一组数据彼此之间存在一定的函数关系。根据数表中数据来源的不同，列表函数表又可细分为两类。

(1) 有计算公式的列表函数表。

当初制定数表时，有精确的理论计算公式或经验公式，只是由于公式复杂，为了方便手工计算，才把这些公式以数表的形式给出，如齿轮的齿形系数、特定条件下单根 V 带所能传递的功率、轴的应力集中系数等数表。在编制 CAD 计算程序时，对于这一类数表可以直接利用编制数表的理论计算公式或经验公式来计算有关的数据。

(2) 无计算公式的列表函数表。

这类数表中的数据是通过试验进行观测并根据实践经验加以修正而得到的一些离散数据，以列表函数的形式形成参数间的函数关系。对于这一类数表可以利用程序设计语言所提供的数组进行存储，在检索时还需要利用插值的方法来检取数据。

2. 简单数表

数表中所记载的一组数据彼此之间不存在函数关系，只是记载了一些不同对象间的各个常数关系，其数据都是离散量，如各种材料的机械性能、齿轮标准模数系列、V 带轮计算直径系列、各种材料的密度等数表。对于这类数表，也是利用程序设计语言所提供的数组进行存储，由于不存在函数关系，所以在检索时不存在插值问题。

3. 一维数表

所要检取的数据只与一个变量有关的数表。

4. 二维数表

所要检取的数据同时与两个变量有关的数表。

(二) 数表的存取

数据存入计算机的形式应考虑到检索的方便，通常将数据按一定规则进行排列，然后存入数组，一维数表采用一维数组进行存储、二维数表采用二维数组进行存储。查取数据时用逻辑判断语句进行比较，选择出所需要的数据。

二、线图的分类及处理

在机械设计资料中，除数据表格以外，还经常出现线图，由线图可以直观地表现出参数间的函数关系及函数的变化趋势。这些线图在对数坐标系中常常表现为直线或折线，在普通直角坐标系中一般都是曲线。在传统手工设计过程中，可从线图直接查取所需的参数；而在 CAD 计算程序中，程序不能直接查取线图，必须将线图处理成程序能够检索的形式。对于不同类型的线图，其处理方法各不相同。根据线图中数据的来源，线图可以分为两类。

(一) 有计算公式的线图

线图所表示的各参数之间本来就有计算公式，只是由于计算公式复杂，为了便于手工计算才将公式绘制成为线图供设计时查用。对于这样的线图，在用计算机进行处理时，由于计算机具有高速运算的能力，所以应该直接使用原来的计算公式。

(二) 无计算公式的线图

线图中所表示的各个参数之间没有或找不到计算公式，对于这样的线图常用的处理方法有两种。

1. 数表化处理

首先将线图转化成数表形式，即从曲线上取一些节点，将这些节点的坐标值列成数表，然后按前述处理数表的方法进行处理。由于线图反映的是参数间的函数关系，所以转化后所获得的数表属于列表函数表，当所要查取的数据不在数表所列的节点上时，需要使用列表函数的插值方法进行插值运算。

2. 公式化处理

对于直线或折线图，可将其转化为线性方程，用以表示参数间的函数关系。直线图通常有直角坐标系的、对数坐标系的和由折线组成的区域图三种类型，可分别进行处理。

三、列表函数表的插值算法

在列表函数表中不可能列出函数关系所代表的所有对应值，而只能是每隔一定的间隔给出对应的函数值。在实际检索数表时，所要检索的数据一般不会凑巧地是数表中现有的数据，而往往处在数表中所列出的两个数据之间。这时，就需要用插值的方法来求取函数值。插值的基本思想是在插值点附近选取几个合适的节点，利用这些节点构造一个简单的函数 $g(x)$，使 $g(x)$经过所选取的节点，在此小段上用 $g(x)$来近似代替列表函数$f(x)$，即在节点之间的函数值就用 $g(x)$的值来代替。因此，插值的实质问题就是如何构造一个既简单又具有足够精度的函数 $g(x)$。

（一）一维列表函数表的插值

一维列表函数表通常由两组相对应的数据组成，一组为自变量 x_i，另一组为函数值 y_i，它们之间的关系可用如下函数式来表示：

$$y_i = f(x_i) \quad (i = 0,\ 1,\ 2,\ \cdots,\ n) \tag{2-1}$$

1. 线性插值算法

例如，一维列表函数 $y = f(x)$ 可由一元函数曲线来表示。当欲求与自变量 x 相应的函数值 y 时，首先要在曲线上找到与此插值点 P 相邻的两个节点 P_i 和 P_{i+1}，并近似地认为在此区间上的函数关系呈线性变化，即用直线 $g(x)$代替曲线$f(x)$，于是得到线性插值公式

$$y = y_i + \frac{y_{i+1} - y_i}{x_{i+1} - x_i}(x - x_i) \tag{2-2}$$

线性插值算法是一种既简单又常用的插值方法，在机械设计计算分析程序中需经常用到，为便于多次重复调用，将此算法编写成如下一维线性插值函数：

```
float lip(float, float y[], int n, float t)
{  int i;
   for(i=0; iV=n-3; i++)
      if(tV=x[i+1])goto a;
   i=n-2;
a: return(y[i]+(y[i+1]-y[i])* (t-x[i])/(x[i+1]-x[i]));
}
```

程序说明：该函数中用一维数组 $x[\ ]$、$y[\ ]$ 分别存储数表中的自变量数据和函数值数据；n 为数组元素的个数，数组元素的下标从 0 变化到 $n-1$；t 为插值点的自变量数值。算

法的关键是要寻找插值点所在的区间，设自变量按递增顺序排列，当了 $x[i] < t \leqslant x[i+1]$ 时，取中间两个节点进行插值；当 $t > x[n-2]$ 时，取最后两个节点进行插值；当 $t \leqslant x[1]$ 时，取最初的两个节点进行插值。

2. 抛物线插值算法

线性插值算法只利用了与插值点邻近的两个节点上的信息，当给定的节点比较密，而曲线的变化又比较接近直线时，这种算法才能获得比较精确的插值结果。为了提高计算精度，在插值算法中应尽可能多地利用节点信息。工程上常用的是三点抛物线插值算法，也称为拉格朗日三点插值算法。

一维列表函数的抛物线插值算法是用经过与插值点邻近的三个节点的抛物线来近似代替该区间的列表函数关系。例如，已知三个节点 $P_i(x_i, y_i)$，$P_{i+1}(x_{i+1}, y_{i+1})$，$P_{i+2}(x_{i+2}, y_{i+2})$，则经过这三个节点的抛物线方程为

$$y = y_i \frac{(x - x_{i+1})(x - x_{i+2})}{(x_i - x_{i+1})(x_i - x_{i+2})} + y_{i+1} \frac{(x - x_i)(x - x_{i+2})}{(x_{i+1} - x_i)(x_{i+1} - x_{i+2})} + y_{i+2} \frac{(x - x_i)(x - x_{i+1})}{(x_{i+2} - x_i)(x_{i+2} - x_{i+1})} \tag{2-3}$$

若一维列表函数的自变量 x_0，x_1，x_2，…，x_{n-1} 按递增顺序排列，即 $x_0 < x_1 < x_2 < \cdots < x_{n-1}$，其对应的函数值分别为 y_0，y_1，y_2，…，y_{n-1}。在进行插值运算时，首先需要寻找插值点工所在的插值区间，即寻找抛物线所经过的三个节点 $P_i(x_i, y_i)$，$P_{i+1}(x_{i+1}, y_{i+1})$、$P_{i+2}(x_{i+2}, y_{i+2})$，或 $P_{i-1}(x_{i-1}, y_{i-1})$、$P_i(x_i, y_i)$、$P_{i+1}(x_{i+1}, y_{i+1})$，然后按式(2-3)进行插值运算。插值点 x 所在的插值区间可以按下列方法进行寻找。

（1）当 $x \leqslant x_1$ 时，取 $i=0$，即抛物线经过最初的三个节点 P_0、P_1、P_2。

（2）当 $x > x_{n-3}$ 时，取 $i=n-3$，即抛物线经过最后的三个节点 P_{n-3}，P_{n-2}、P_{n-1}。

（3）当 $x_i < x \leqslant x_{i+1}$ 时，再分两种情况。

①当 $x - x_i \geqslant x_{i+1} - x$ 时，取 P_i，P_{i+1}，P_{i+2} 三个节点，即第三个节点取在插值点 P 所在区间之后(称为后插)。

②当 $x - x_i < x_{i+1} - x$ 时，取 P_{i-1}，P_i，P_{i+1} = 三个节点，即第二个节点取在插值点 P 所在区间之前(称为前插)。

将上述一维列表函数的三点抛物线插值算法编写成如下一维抛物线插值函数：

```
floatqip(float x[], float y[], int n, float t)
{  int i;
   float u, v, w;
   for(i=0; i<=n-4; i++)
      if(t<=x[i+1])goto a;
   i=n-3;
a: if(i>0&&(t-x[i])<(x[i+1]-t))i=i-1;
   u=(t-x[i+1])* (t-x[i+2])/(x[i]-x[i+1])/(x[i]-x[i+2]);
   v=(t-x[i])* (t-x[i+2])/(x[i+1]-x[i])/(x[i+1]-x[i+2]);
   w=(t-x[i])* (t-x[i+1])/(x[i+2]-x[i])/(x[i+2]-x[i+1]);
   return(u* y[i]+v* y[i+1]+w* y[i+2]);
}
```

（二）二维列表函数表的插值

二维列表函数通常采用如下函数关系式来表示：

$$z_{i,j}=f(x_i,\ y_j)\qquad (i=0,\ 1,\ 2,\ \cdots,\ m;\ j=0,\ 1,\ 2,\ \cdots,\ n) \tag{2-4}$$

当需要在二维列表函数表中查取数据时，同样可以采用线性插值和抛物线插值两种算法。

1. 线性插值算法

二维列表函数表的线性插值算法：首先从二维数表中给定的 $M\times N$ 个节点中选取最接近插值点 $T(x,\ y)$的相邻四个节点，然后分别调用三次一维线性插值算法就可以计算出与插值点 $T(x,\ y)$相对应的函数值 $Z(x,\ y)$。例如，与插值点 $T(x,\ y)$相邻的四个节点分别为 A、B、C、D，其函数值均已知。首先，由 A、B 两点用一维线性插值算法计算出 $E(x_i,\ y)$ 点的插值函数值 Z_E；再用同样方法由 C、D 两点计算出 $F(x_{i+1},\ y)$ 点的插值函数值 Z_F；最后用同样方法由 E、F 两点计算出插值点 $T(x,\ y)$的插值函数值 $Z(x,\ y)$。

由上述算法的执行过程得到二维列表函数表的线性插值算法公式：

$$z(x,\ y)=(1-a)(1-b)z_{i,j}+b(1-a)z_{i,j+1}+a(1-b)z_{i+1,j}+abz_{i+1,j+1} \tag{2-5}$$

式中，$a=\dfrac{x-x_i}{x_{i+1}-x_i}$，　$b=\dfrac{y-y_i}{y_{i+1}-y_i}$。

将二维列表函数表的线性插值算法编写成如下二维线性插值函数：

```
floattlip(float x[], float y[], float z[][8], int m, int n, float tx, float ty)
{    int i, j;
     float a, b, f;
     for(i=0; i<=m-3; i++)
         if(tx<=x[i+1])goto c;
     i=m-2;
c:       for(j=0; j<=n-3; j++)
         if(ty<=y[j+1])goto d;
     j=n-2;
d:   a=(tx-x[i])/(x[i+1]-x[i]);
     b=(ty-y[j])/(y[j+1]
     f=(1-a)* (1-b)* +b* (1-a)* +1]
     +a* (1-b)* z[i+1][j]+a* b* z[i+1][j+1];
     return(f); }
```

2. 抛物线插值算法

与一维列表函数表的插值运算相似，对于二维列表函数表的插值运算采用抛物线插值算法可以提高插值运算的精度。与二维列表函数表的线性插值算法的思路基本一致，在二维列表函数表的抛物线插值算法中四次调用一维抛物线插值算法来代替一维线性插值算法。此种算法的执行过程如下：首先，从二维数表给定的 $M\times N$ 个节点中选取最接近插值点 $T(x,\ y)$的相邻九个节点；其次，由 $Z_{i,j}$、$Z_{i,j+1}$、$Z_{i,j+2}$ 三个节点安插值点 $T(x,\ y)$在 Y 方向的位置用一维抛物线插值算法计算出 A 点的插值函数值 Z_A，再用同样的方法计算出 B、C 两点的插值函数值 Z_B、Z_C；最后，由 A、B、C 三点的插值函数安插值点 $T(x,\ y)$在 X 方向的位置用一维抛物线插值算法计算出插值点 $T(x, y)$ 的插值函数值 $Z(x, y)$。

由上述算法的执行过程得到二维列表函数表的抛物线插值算法公式：

$$z(x, y) = \sum_{r=i}^{i+2} \sum_{s=j}^{j+2} \left(\prod_{k=i, k \neq r}^{i+2} \frac{x - x_k}{x_r - x_k} \right) \left(\prod_{l=j, l \neq s}^{j+2} \frac{y - y_l}{y_s - y_l} \right) z_{r,s} \tag{2-6}$$

式中，符号 $\prod$ 表示累乘，$\prod\limits_{k=i, k\neq r}^{i+2}$ 表示乘积遍取 k 从 i 到 i+2(k=r 除外)的全部数值。

将二维列表函数表的抛物线插值算法编写成如下二维抛物线插值函数：

```
float tqip(float x[], float y[], float z[][24], int m, int n, float tx, float ty)
{    int i,
     float u[3], v[3], f;
     for(i=0; i<=m-4; i++)
        if(tx<=x[i+1])goto c;
     i=m-3;
c:   for(j=0; jV=n-4; j++)
        if(ty<=y[j+1])goto d;
     j=n-3;
d:   if(i>0&&tx-x[i]<x[i+1]-tx)
     i=i-1;
  if(j>0&&ty-y[j]<y[j+1]-ty)
     j=j-1;
  u[0]=(tx-x[i+1])* (tx-x[i+2])/(x[i]-x[i+1])/(x[i]-x[i+2]);
  u[l]=(tx-x[ij)* (tx-x[i+2])/(x[i+1]-x[i])/(x[i+1]-x[i+2]);
  u[2]=(tx-x[i])* (tx-x[i+1])/(x[i+2]-x[i])/(x[i+2]-x[i+1]);
  v[0]=(ty-y[j+1])* (ty-y[j+2])/(y[j]-y[j+1])/(y[j]-y[j+2]);
  v[l]=(ty-y[j])* (ty-y[j+2])/(y[j+l]-y[j])/(y[j+1]-+2]);
  v[2]=(ty-y[j])* (ty-y[j+l])/(y[j+2]-y[j])/(y[j+2]-y[j+1]);
  f=0.0;
  for(k=0; k<=2; k++)
  {for(1=0; IV=2; 1++)
    {  f+=u[k]* v[l]* z[i+k][j+1]; }
  }
  return(f); }
```

四、数据的公式拟合方法

在实际的工程设计问题中，往往由于问题的复杂性而得不到一个既表达了各参数之间的关系，又便于计算的理论公式，只有在特定条件下进行试验，将通过试验所得到的实测数据绘制成线图或数表作为设计时的依据。在 CAD 计算程序中，对于线图或数表可以数组形式存入计算机内存供设计时查取，但这种处理方法与直接用公式进行计算的方法相比不仅编程复杂，而且需要占用较大的内存。因此，最理想的方法是设法找出计算公式。数据公式拟合的方法就是在一系列实测数据的基础上，建立起相应的供设计时使用的经验公式，这一过程也称为数据的曲线拟合。

进行数据公式拟合的过程：首先是要决定函数的形式；然后再决定函数各项的系数。函数的形式通常采用初等函数，如对数函数、指数函数、多项式函数等。初等函数的曲线形状已知，因此可以把已知数据绘制成曲线，然后与已知初等函数的曲线进行比较以决定采用哪一种初等函数。当函数形式确定以后，接下来的工作就是要确定函数各项的系数，通常采用最小二乘法。

（一）多项式的最小二乘法拟合

已知 m 组数据 $(x_i, y_i)(i=1, 2, \cdots, m)$。若用一个 n 次多项式

$$y(x)=a_0+a_1x+a_2x^2+\cdots+a_nx^n \tag{2-7}$$

作为上述 m 组数据的未知函数近似表达式（拟合曲线），要求数据组数 m 远大于方程次数 n。把多项式的函数值与相应数据点之间的偏差记为 D_i，则

$D_i=y(x_i)-y_i$

为获得最佳拟合曲线，采用最小二乘法原理，即要求各个节点的偏差 D_i 平方的总和为最小。偏差的平方和为

$$\begin{aligned}\sum_{i=1}^{m}D_i^2&=\sum_{i=1}^{m}[y(x_i)-y_i]^2\\&=\sum_{i=1}^{m}[(a_0+a_1x_i+a_2x_i^2+\cdots+a_nx_i^n)-y_i]^2\\&=F(a_0, a_1, a_2, \cdots, a_n)\end{aligned} \tag{2-8}$$

求出 $F(a_0, a_1, a_2, \cdots, a_n)$ 为极小时 $a_0, a_1, a_2, \cdots a_n$，将这些系数代入 n 次多项式，就得到偏差平方和最小时的多项式拟合公式。

将式(2-8)分别对 $a_0, a_1, a_2, \cdots a_n$ 求偏导数，并令各偏导数分别为零，可以得到 $n+1$ 个方程式，其通式为

$$\frac{\partial F}{\partial a_j}=\sum_{i=1}^{m}2[(a_0+a_1x_i+a_2x_i^2+\cdots+a_nx_i^n)-y_i]x_i^j=0 \quad (j=0, 1, 2, \cdots, n)$$

即

$$a_0\sum_{i=1}^{m}x_i^j+a_1\sum_{i=1}^{m}x_i^{j+1}+a_2\sum_{i=1}^{m}x_i^{j+2}+\cdots+a_n\sum_{i=1}^{m}x_i^{j+\pi}=\sum_{i=1}^{m}x_i^jy_i \tag{2-9}$$

令

$$\sum_{i=1}^{m}x_i^k=s_k, \qquad \sum_{i=1}^{m}x_i^ky_i=t_k$$

式(2-9)可写成

$$\sum_{i=0}^{m}a_is_{i+j}=t_j(j=0, 1, 2, \cdots, n)$$

即

$$\begin{cases}s_0a_0+s_1a_1+s_2a_2+\cdots+s_na_n=t_0\\s_1a_0+s_2a_1+s_3a_2+\cdots+s_{n+1}a_n=t_1\\s_2a_0+s_3a_1+s_4a_2+\cdots+s_{n+2}a_n=t_2\\\cdots\\s_na_0+s_{n+1}a_1+s_{n+2}a_2+\cdots+s_{2n}a_n=t_n\end{cases} \tag{2-10}$$

式(2-10)为具有 $n+1$ 个未知量 a_0, a_1, a_2, $\cdots a_n$ 及 $n+1$ 个方程式的线性方程组,“计算方法”中求解线性方程组的各种求解方法计算出 n 次多项式的各项系数 a_0, a_1, a_2, $\cdots a_n$ 。

(二) 指数曲线的拟合

把实测数据绘制在对数坐标纸上,如果其分布呈现线性分布趋势,则可以指数曲线 $y = ax^b$ 作为拟合曲线。

(1) 用作图法确定指数 b 及系数 a

按数据分布趋势作一直线,则该直线在 y 轴上的截距即为常数 lga,该直线的斜率即为指数 b。

(2) 用最小二乘法确定指数方及系数 a

作图法不够精确,可用最小二乘法确定指数 b 及系数 a。其求解过程如下:

已知 m 组数据 (x_i, y_i) $(i = 1, 2, \cdots, m)$,所拟合的指数曲线形式为

$$y = ax^b \tag{2-11}$$

对此式两边取对数,得

$$\lg y = \lg a + b\lg x \tag{2-12}$$

令

$$u = \lg y, \quad v = \lg a, \quad w = \lg x \tag{2-13}$$

代入式(2-12),得

$$u = v + bw \tag{2-14}$$

将已知数据 (x_i, y_i) 代入式(2-13),求得相应的 (u_i, w_i) 值,再代入式(2-14)得到在对数坐标系中的一个线性方程。与多项式曲线拟合相似,采用最小二乘法就可得到式(2-14)中的系数 v 和 b,再由 $lga=v$ 求得系数 a。

五、数据文件及其应用

前面介绍的数表和线图的存取方法是将数据以数组的形式存入计算机内存中,这种方法虽然解决了数表和线图在 CAD 计算程序中的存储和检索问题,但存在下列不足。

(1) 采用数组形式存储数表或线图中的数据需要占用大量内存。当 CAD 计算程序需要用到大量的数表和线图,或数表和线图中的数据量很大时,若仍然采用前述数据的存取方法则会过多地占用计算机内存,对于内存容量较小的微机,将会由于内存容量的限制而使程序无法运行。

(2) 前述数据的存取方法,包括公式化处理,其处理后的数表和线图与特定的 CAD 计算程序相连,使得这些数表和线图只能在该程序中使用,不能被其他程序共享。

因此,前述数据的处理方法一般只适用于使用数表和线图较少的简单程序。为了克服这种方法的不足,较为完善的方法是将数据与计算程序分开,单独建立数据文件。

文件是信息(数据与字符)的集合。将数表和线图中的数据按指定的文件名存放在计算机外存储装置(磁盘、磁带等)上,就可建立用户的数据文件,当 CAD 计算程序需要使用某一个数表或线图中的数据时,只需用适当的程序语句(文件操作语句)将它们从外存中调入计算机内存。

建立数据文件的方法不仅解决了前述方法存储数据时需要占用大量内存的问题，而且由于数据文件独立于计算程序，一个数据文件可供不同的计算程序调用，较好地解决了数据的共享问题。

第三节　机械工程数据库的创建与图形处理

一、机械工程数据库的创建与应用

在从事产品设计的过程中，经常需要查阅有关产品设计手册中大量的数表，如何对这些大量的数据资源进行有效的组织和管理已经成为 CAD 系统中不可缺少的研究内容。数据库系统的诞生，为大量数据的组织和管理问题提供了有效的解决途径。随着 CAD 技术的进一步深入和发展，对数据库系统的研究越来越成为重点。

（一）数据库与数据库管理系统

数据库系统是对数据进行有效存储和维护的技术，它包括数据库（DB）和数据库管理系统（DBMS）两部分。数据库就是一个存储关联数据的数据集合。数据库管理系统是建立、管理和维护数据库的软件，其主要功能是：保证数据库系统的正常活动，维护数据库中的内容，即提供对数据的定义、建立、检索、修改和增删等操作，并对数据的安全性、完整性和保密性进行统一控制。数据库管理系统起着应用程序与数据库之间的接口作用，用户通过数据库管理系统对数据库中的数据进行处理，而不必了解数据库的物理结构。

虽然数据库系统是由文件系统发展而来的，但与文件系统相比具有许多优点。

（1）应用程序与数据相互独立。数据的物理存储独立于应用程序，应用程序的改变不会影响数据结构，数据的扩充修改也不会影响应用程序。

（2）应用程序的编制者可以不必考虑数据的存储管理和访问效率问题。

（3）数据便于共享，减少了数据的冗余度。由于同一数据可以组织在不同的文件中，因此每个数据在理论上只需要存储一次，因而减少了数据的重复存储，实现数据共享，大幅减少了数据的冗余。

（4）数据可以在记录或数据项的级别上确定地址，使用时可以按地址取得有关记录或数据项，不必把整个文件调入内存，从而减少解题过程中对内存的需求量。

（5）数据库系统实现了对数据的统一控制，保证了数据的正确性和保密性。

数据库中的信息不是数据的简单堆积，它要对数据进行最优组织，以便于收集、加工、检查、增删、修改等处理，因此数据库是相互有关的数据，通过文件组织，使之具有最小冗余性、最好的共享性和统一管理、统一控制等特点的集合。

CAD 中有图形和非图形数据，因此有的系统分别建立两种数据库，有的则合二为一。数据库中有关图形方面的内容包括基本几何图形实体——点、线、弧、二次曲线（椭圆、双曲线、抛物线）、零部件、子图、组件、曲面实体（直纹曲面、旋转曲面、薄板柱面）等。数据库中的非图形信息可以包括统计数据、零件号、价格、材料性能等任何解释性的用于图纸和设计的文本说明。

目前，实际应用中的数据库管理系统软件包括很多，从小型数据库系统（FoxPro，Access 等）到大型数据库系统（Oracle，Sybase，MS SQL Server 等），它们都拥有自己的用户群体，但这些数据库管理系统都是属于事务管理型关系数据库，其数据形式简单，往往是数字、文字符号或布尔量，其数据实体通常用几个记录就可以描述。这一类数据库管理系统更适用于管理科学的应用领域，对 CAD 系统来说并不是理想的数据库管理系统，但目前在软件市场上还没有真正成熟的、应用较为成功的、面向 CAD 系统的商品化工程数据库管理系统（EDBMS），所以在实际的 CAD 应用中事务管理型关系数据库仍然应用广泛。

众多的数据库产品给用户以充分的选择自由，如果各个数据库产品之间难以互通，将给应用程序的移植带来诸多不便。开放数据互联（ODBC）正是为了满足人们的这种需要而产生的。ODBC 的主要特性是互操作性，基于 ODBC 的应用程序可不必针对特定的数据库，为应用程序的开发带来便利。

（二）关系数据库管理系统应用实例简介

1. 电子表格处理软件 Excel

Excel 是 Microsoft Office 中的一个组件，是目前广泛使用的 Windows 下的一个电子表格处理软件，也是迄今为止市场上功能最强的电子表格处理软件，用户可以在计算机提供的海量表格上填写表格内容，同时进行大量的数据处理和数据分析。在 Excel 中为用户提供了大量的内置函数用于诸如求和、求平均值、计算三角函数等操作。

利用 Excel 可以建立数据库。一个 Excel 数据库是按行和列组织起来的信息集合，其中每行称为一个记录，每列称为一个字段。创建了数据库后，可以利用 Excel 所提供的数据库工具对数据库的记录进行查询、排序、汇总等操作。

利用 Excel 可以进行数据分析。Excel 具有强大的数据分析功能，Excel 提供了一组数据分析工具，称为“分析工具库”，可以用来在建立复杂的统计或工程分析时节省时间。只需为每一个分析工具提供必要的数据和参数，该工具就会使用适宜的统计或工程函数，在输出表格中显示相应的结果。其中的一些工具在生成输出表格时还能同时产生图表。

单击“工具”菜单中的“数据分析”命令可浏览已有的分析工具。如果“数据分析”命令没有出现在“工具”菜单上，则运行“安装”程序来加载“分析工具库”。安装完毕之后，必须通过“工具”菜单中的“加载宏”命令，在“加载宏”对话框中选择并启动它。

Excel 有三个有用的工具用来分析单变量数据：描述统计、直方图、排位与百分比排位。这些工具适用于不带时间维的数据。

在 Excel 中可从其他的数据库（Access、FoxPro、SQL Server 等）引入数据。

2. 数据库管理系统 Access

Access 是 Microsoft Office 中的一个组件，是 Windows 下的一个功能强大的桌面数据库管理系统。其主要特点包括以下内容。

（1）无须编写代码，只要通过直观的可视化操作，就能完成大部分数据管理工作。

（2）能够与 Word、Excel 等办公软件进行数据交换。

（3）在“向导”的引导下，操作者能够快速完成基本数据库系统的设计。

（4）支持开放数据库接口 OBDC，这就意味着 Access 能同其他数据库系统进行数据交换。通过文本类型数据的导入，可以实现数据库与高级程序设计语言之间的连接。

在 Access 中，创建数据库有两种方法：第一种，使用“数据库向导”，先选择一种数据库类型，在向导的引导下完成数据库的基本建设；第二种，建立空数据库，然后向其中添加表、窗口、报表等对象。无论采用哪种方法，在建立数据库之后，都需要对数据库进行修、改、增、删等操作。进行数据库设计的主要内容是根据需求确定数据库中的表、定义表之间的关系，并在此基础上完成各种查询和报表的设计。

（三）工程数据库

从工程应用的角度来讲，将事务管理型关系数据库用于 CAD 过程中会存在多方面的不足，主要表现在以下方面。

（1）以传统模型为基础的数据库管理系统不能完全满足工程环境的需要，表达复杂的实体和联系非常困难，缺乏动态模式修改能力，存取效率很低等。

（2）传统模型的数据库管理系统不适于支持整个工程应用，对不同阶段要求不同方面信息这一特点缺乏支持。例如，对图形信息和非几何信息的有机结合表达能力不足。

尽管人们曾试图用对传统数据库进行一些扩充的方法来满足需要，但由于仍受传统数据模型内在能力的限制，不能真正适应工程方面的需要。目前，国际上对新型的面向对象的数据库管理系统(OODBMS)的研究方兴未艾，并且已经有一些面向对象的数据库管理系统问世。人们普遍认为，面向对象的数据库管理系统代表了工程数据库的发展方向，是适应于各种工程应用领域的新一代工程数据库。

针对工程应用领域自身的特点，在工程数据库中必须满足下列主要要求。

（1）方便地描述和处理具有内部层次结构的数据。

（2）支持用户定义新的数据类型和相应的操作。

（3）有灵活地定义和修改系统数据模式的能力。

（4）有版本管理的能力。

（5）支持特殊的工程事务管理。

（6）提供良好的用户接口。

二、计算机图形处理与三维造型

CAD 工作中的人机交换信息，主要通过图形功能来实现。一方面，设计对象的几何形状必须采用图形进行描述；另一方面，图形又是表达和传递信息的有效形式。

目前，CAD 技术在我国的应用大体上包括以下三种基本方式。

（1）直接采用二维 CAD 软件绘制工程图。这种应用方式达到了“甩图板”的目的，产品设计的效率得到了一定程度的提高。

（2）软件二次开发。在二维 CAD 软件的基础上，采用编程的方法，为特定的产品专门开发具有参数化设计功能的软件，虽然编程的工作量较大，但应用起来十分方便，加快了特定产品的开发速度。

（3）三维参数化设计。随着微机版三维 CAD 软件的相继推出，以三维 CAD 软件作为工作平台，运用三维软件的各种基本绘图方式和三维建模功能生成所需的几何模型，再直接利用参数化尺寸驱动和约束功能，建立产品及零部件的标准参数化模块，较快地完成了

CAD 系统软件的开发工作。

(一) 计算机绘制工程图的常用方法

在 CAD 工作中，当产品的技术参数及设计方案确定后，下来就需要绘制产品的零件工作图和产品装配图，即进行计算机绘图。目前，计算机绘图的方法主要有两种。

1. 参数化绘图

这一方法通过编制绘图程序来构成产品的图形。该方法的优点是，可以根据系列化产品的参数来编写绘图程序，容易实现系列化产品的参数化设计，对同一系列不同参数值的图形不必重新编写程序，只需改变参数即可生成新的图形，因此图形生成效率较高；但缺点是，它要求用户必须掌握程序设计语言和编程方法，且编程较繁杂，显然不是每一个用户都能够胜任的。

2. 交互式绘图

该方法是采用有关的交互式绘图软件来绘制产品的图形，即通过交互式绘图软件所提供的各种绘图命令、菜单以及其他的绘图工具等，可以方便、迅速地在计算机屏幕上构成图形，当生成一幅图形后，可以将图形信息存储于计算机内供以后再用，还可以继续对图形进行编辑和修改。该方法的优点是，无须编程即可生成图形，因此该法现被用户广泛使用；此法的缺点是，所生成的图形目前还不易实现参数化，对同一系列不同参数值的图形只能重新绘图。

目前，为了给 CAD 广大用户提供良好的绘图环境，国内外已开发出了许多优秀的绘图及 CAD 软件，如二维绘图软件 AutoCAD、PICAD 等，三维实体造型软件如 Pro/Engineer、UG、CATIA、SolidEdge 等。这样，便为广大用户开展 CAD 及计算机绘图工作，提供了良好的 CAD 及绘图工具。

计算机绘图的主要任务是研究如何利用计算机来处理和绘制工程图纸，其具体包括以下内容：

(1) 图形输入。即研究如何将需要处理的图形输入计算机内，以便由计算机进行各种处理。

(2) 图形的生成、显示和输出。研究图形在计算机内的表示方法，研究如何在计算机屏幕上生成、显示和在打印机、绘图机等输出设备上输出图形。

(3) 图形处理所需要的数学处理方法及算法。研究图形几何变换、透视变换、开窗变换，图形的组合、分解和运算(包括由简单图形组成复杂图形，由复杂图形分解为简单图形，以及图形间的交、并、差运算)以及轮廓识别等。

(4) 解决工程实际应用中的图形处理问题。研究符合国家标准以及符合工程、生产实际需要的零件图、装配图、建筑施工图、电子电路图等图形的绘制及尺寸、汉字、技术要求的标注与处理。

(5) 应用软件工程的方法设计绘图软件和管理系统。一个好的绘图软件应具有良好的用户接口和界面以及可靠的图形文件档案管理系统。

(二) 坐标系

图形的描述和输入输出都是在一定的坐标系中进行的，标系以及它们之间的转换关系，最终使图形显示于屏幕上。

1. 用户坐标系

它是指由用户定义的应用坐标系，是一个二维或三维的直角坐标系，也称世界坐标系。该坐标系的取值范围是无限的，与任何物理设备无关。用户的图形定义均在这个坐标系中完成。

2. 设备坐标系

它是图形显示器或绘图机等设备自身所具有的坐标系，也称物理坐标系，通常是二维的。图形显示器的坐标系又称为屏幕坐标系，图形的输出均是在该坐标系下进行的。一般以屏幕的左下角为坐标原点，以水平向右方向为 x 轴的正方向、以垂直向上为 y 轴的正方向，坐标的刻度值为屏幕的分辨率刻度值。由于实际设备尺寸大小或分辨率不同，其有效工作范围的最大值是不同的。

3. 规格化坐标系

由于用户的图形是定义在用户坐标系里，而图形的输出定义在设备坐标系里，它依赖于具体的图形设备。由于不同的图形设备具有不同的设备坐标系，且不同设备之间坐标范围也不尽相同，例如，分辨率为 640×480 的显示器其屏幕坐标范围为：x 方向 0~639，y 方向 0~479；而分辨率为 1024×768 的显示器其屏幕坐标范围则为：x 方向 0~1023，y 方向为 0~767，显然这使得应用程序与具体的图形输出设备有关，给图形处理及应用程序的移植带来不便。为了方便图形处理，则应定义一个与设备无关的坐标系，即规格化坐标系。该坐标系其坐标方向及坐标原点与设备坐标系相同，但其最大工作范围的坐标值规范化为 1。对于既定的图形输出设备，其规范化坐标与实际坐标相差一个固定倍数，即该设备的分辨率。当开发应用于不同分辨率设备的图形软件时，首先将输出图形统一转换到规格化坐标系，以控制图形在设备显示范围内的相对位置；然后乘以相应的设备分辨率就可转换到具体的输出设备上了。

规格化坐标转化为屏幕坐标的关系为

$$\begin{cases} x_s = x_n \times s_l \\ y_s = y_n \times s_w \end{cases} \tag{2-15}$$

式中，$S_l \cdot S_w$ 为屏幕长和宽方向的像素数，即 x 和 y 方向屏幕坐标的最大值；x_n、y_n 为规格化坐标；x_s、y_s 为屏幕坐标。

（三）二维图形的几何变换

在计算机绘图和图形显示中，常常需对二维或三维图形进行各种几何变换（平移、旋转、缩放等）。利用图形变换可以用一种简单的图形组合成比较复杂的图形。图形变换也是计算机图形学中应用极为普遍的基本内容之一。

众所周知，体由若干面构成，而面则由线组成，点的运动轨迹便是线。因此，构成图形最基本的要素是点。

在解析几何中，点可以用向量表示。在二维空间中可用(x, y)表示平面上的一个点，在三维空间里则可用(x, y, z)表示空间一点。既然构成图形的基本要素是点，则可用点的集合（简称点集）来表示一个平面图形或三维立体，写成矩阵的形式为

$$\begin{bmatrix} x_1 & y_1 \\ x_2 & y_2 \\ \vdots & \vdots \\ x_n & y_n \end{bmatrix}_{n\times 2}, \quad \begin{bmatrix} x_1 & y_1 & z_1 \\ x_2 & y_2 & z_2 \\ \vdots & \vdots & \vdots \\ x_n & y_n & z_n \end{bmatrix}_{n\times 3}$$

这样，便建立了平面图形和空间立体的数学模型。

1. 齐次坐标与变换矩阵

用一个 $n+1$ 维矢量来表示一个 n 维矢量的方法，称为齐次坐标法。例如，平面中的一点 $P(x, y)$ 在齐次坐标系中表示为一个三维矢量 $P(kx, ky, k)$，其中 k 是任意不为零的实数。由此可见，一个 n 维矢量的齐次坐标表示不是唯一的。在对二维图形进行几何变换的运算过程中，齐次坐标常取为 $(x, y, 1)$。

平面内一点 $P(x, y)$，在经过若干几何变换以后到达了新的位置 $P^*(x^*, y^*)$，这一变换过程可以通过一个三元坐标行阵与一个 3×3 变换矩阵相乘的矩阵运算来完成，即

$$[x^* \quad y^* \quad 1] = [x \quad y \quad 1]\begin{bmatrix} a & d & 0 \\ b & e & 0 \\ c & f & 1 \end{bmatrix} = [ax+by+c \quad dx+ey+f \quad 1] \quad (2-16)$$

写成显式方程，得

$$x^* = ax + by + c, \qquad y^* = dx + ey + f$$

在 3×3 变换矩阵中，a、b、d、e 用以产生比例、旋转、反射和剪切等变换，c、f 用以产生平移变换。

2. 基本几何变换

（1）平移变换

将二维图形从平面的一个位置移动到另一个位置，可用平移变换。平移变换后，图形只发生位置改变，形状大小及姿态均不变化。

（2）比例变换

该变换使图形的尺寸在变换前后成比例变化。比例变换矩阵为 $\begin{bmatrix} S_x & 0 & 0 \\ 0 & S_y & 0 \\ 0 & 0 & 1 \end{bmatrix}$，其中，$S_x$ 和 S_y 分别为在 X 和 Y 方向上的比例因子，S_x、S_y 可以为大于 0 的任何数：当 S_x、$S_y<1$ 时，图形缩小；当 S_x、$S_y>1$ 时，图形放大；当 S_x、$S_y=1$ 时，图形不产生变化。

（3）旋转变换

坐标轴不动，点或平面图形绕坐标原点旋转一定角度 θ 之后成为变换后的点或图形。旋转变换矩阵为 $\begin{bmatrix} \cos\theta & \sin\theta & 0 \\ -\sin\theta & \cos\theta & 0 \\ 0 & 0 & 1 \end{bmatrix}$。逆时针方向旋转，$\theta$ 取正值；顺时针方向旋转，θ 取负值。

（4）对称变换

用于计算轴对称图形，常用的对称变换如下。

①相对于 X 轴的对称变换，其变换矩阵为 $\begin{bmatrix}1 & 0 & 0\\0 & -1 & 0\\0 & 0 & 1\end{bmatrix}$，其特点是变换前后 X 坐标值保持不变，而 Y 坐标值符号相反。

②相对于 Y 轴的对称变换，其变换矩阵为 $\begin{bmatrix}-1 & 0 & 0\\0 & 1 & 0\\0 & 0 & 1\end{bmatrix}$，其特点是变换前后 Y 坐标值保持不变，而 X 坐标值符号相反。

③相对于坐标原点的对称变换，其变换矩阵为 $\begin{bmatrix}-1 & 0 & 0\\0 & -1 & 0\\0 & 0 & 1\end{bmatrix}$，其特点是变换前后 X、Y 坐标值符号都相反。

(5) 错切变换

用于描述几何形体的扭曲和错切变形，常用的错切变换如下：

①沿 X 方向的错切变换，其变换矩阵为 $\begin{bmatrix}1 & 0 & 0\\SH_x & 1 & 0\\0 & 0 & 1\end{bmatrix}$。该变换使图形在 X 方向发生错切变形，错切变换参数 SH_x 可以为任意实数，且只在 X 方向起作用，而 Y 坐标值保持不变，图形上的每一个点在 x 方向的位移量与 Y 坐标成比例。

②沿 Y 方向的错切变换，其变换矩阵为：$\begin{bmatrix}1 & SH_y & 0\\0 & 1 & 0\\0 & 0 & 1\end{bmatrix}$。该变换使图形在 Y 方向发生错切变形，错切变换参数 SH_y 可以为任意实数，且只在 Y 方向起作用，而 X 坐标值保持不变，图形上的每一个点在 Y 方向的位移量与 X 坐标成比例。

3. 组合变换

上述基本变换是以原点为中心的简单变换。在实际应用中，一个复杂的变换往往是施行多个基本变换的结果。这种由多个基本变换组合而成的变换，称为组合变换，相应的变换矩阵称为组合变换矩阵。

(1) 平移组合变换

连续两次平移变换的组合矩阵 T 为

$$T=\begin{bmatrix}1 & 0 & 0\\0 & 1 & 0\\T_{x1} & T_{y1} & 1\end{bmatrix}\begin{bmatrix}1 & 0 & 0\\0 & 1 & 0\\T_{x2} & T_{y2} & 1\end{bmatrix}=\begin{bmatrix}1 & 0 & 0\\0 & 1 & 0\\T_{x1}+T_{x2} & T_{y1}+T_{y2} & 1\end{bmatrix} \tag{2-17}$$

上式表明，连续两次的平移变换，其平移矢量实质上是两次平移矢量的和。

(2) 比例组合变换

连续两次比例变换的组合矩阵 T 为

$$T=\begin{bmatrix}S_{x1}&0&0\\0&S_{y1}&0\\0&0&1\end{bmatrix}\begin{bmatrix}S_{x2}&0&0\\0&S_{y2}&0\\0&0&1\end{bmatrix}=\begin{bmatrix}S_{x1}\cdot S_{x2}&0&0\\0&S_{y1}\cdot S_{y2}&0\\0&0&1\end{bmatrix}\tag{2-18}$$

(3) 旋转组合变换

连续两次旋转变换的组合矩阵 T 为

$$T=\begin{bmatrix}\cos\theta_1&\sin\theta_1&0\\-\sin\theta_1&\cos\theta_1&0\\0&0&1\end{bmatrix}\begin{bmatrix}\cos\theta_2&\sin\theta_2&0\\-\sin\theta_2&\cos\theta_2&0\\0&0&1\end{bmatrix}=\begin{bmatrix}\cos(\theta_1+\theta_2)&\sin(\theta_1+\theta_2)&0\\-\sin(\theta_1+\theta_2)&\cos(\theta_1+\theta_2)&0\\0&0&1\end{bmatrix}\tag{2-19}$$

上式表明，连续两次的旋转变换，其结果是两次旋转角度的叠加。

(4) 相对于任意点的比例变换

平面图形对任意点 $(x_F,\ y_F)$ 进行比例变换，该变换需通过以下几个步骤实现：①将图形向坐标原点方向平移，平移矢量为 $(-x_F,\ -y_F)$，使任意点 $(x_F,\ y_F)$ 与坐标原点重合；②对图形施行比例变换；③将图形平移回原始位置，因此，相对于任意点的比例变换组合矩阵 T 为

$$T=\begin{bmatrix}1&0&0\\0&1&0\\-x_F&-y_F&1\end{bmatrix}\begin{bmatrix}S_x&0&0\\0&S_y&0\\0&0&1\end{bmatrix}\begin{bmatrix}1&0&0\\0&1&0\\x_F&y_F&1\end{bmatrix}=\begin{bmatrix}S_x&0&0\\0&S_y&0\\(1-S_x)x_F&(1-S_y)y_F&1\end{bmatrix}\tag{2-20}$$

(5) 绕任意点的旋转变换

平面图形绕任意点 $(x_R,\ y_R)$ 旋转 θ 角，该变换需通过以下几个步骤实现：①将旋转中心平移到原点，使任意点 $(x_R,\ y_R)$ 与坐标原点重合；②将图形绕坐标原点旋转 θ 角；③将旋转中心平移回原来位置。因此，绕任意点 $(x_R,\ y_R)$ 的旋转变换组合矩阵 T 为

$$T=\begin{bmatrix}1&0&0\\0&1&0\\-x_R&-y_R&1\end{bmatrix}\begin{bmatrix}\cos\theta&\sin\theta&0\\-\sin\theta&\cos\theta&0\\0&0&1\end{bmatrix}\begin{bmatrix}1&0&0\\0&1&0\\x_R&y_R&1\end{bmatrix}$$

$$=\begin{bmatrix}\cos\theta&\sin\theta&0\\-\sin\theta&\cos\theta&0\\(1-\cos\theta)x_R+y_R\sin\theta&(1-\cos\theta)y_R-x_R\sin\theta&1\end{bmatrix}$$

(6) 对任意直线的对称变换

假设图中所示任意直线用直线方程 $Ax+By+C=0$ 表示，该直线在 X 轴和 Y 轴上的截距分别为 $-C/A$ 和 $-C/B$，直线与 X 轴的夹角为 α，$\alpha=\arctan(-A/B)$。

该变换可通过如下几步来实现：①沿 X 轴方向平移直线，平移距离为 C/A，使直线通过原点；②绕原点旋转 $-\alpha$ 角，使直线与 x 轴重合；③对 X 轴进行对称变换；④绕原点旋转 α 角，使直线回到原来与 X 轴成 α 角的位置；⑤沿 X 轴方向平移直线，平移距离为 $-C/A$，使直线回到原来的位置。通过以上五个步骤，即可实现图形对任意直线的对称变换。故该

变换的变换矩阵 T 为

$$T=\begin{bmatrix}1&0&0\\0&1&0\\C/A&0&1\end{bmatrix}\begin{bmatrix}\cos\alpha&-\sin\alpha&0\\\sin\alpha&\cos\alpha&0\\0&0&1\end{bmatrix}\begin{bmatrix}1&0&0\\0&-1&0\\0&0&1\end{bmatrix}\begin{bmatrix}\cos\alpha&\sin\alpha&0\\-\sin\alpha&\cos\alpha&0\\0&0&1\end{bmatrix}\begin{bmatrix}1&0&0\\0&1&0\\-C/A&0&1\end{bmatrix}$$

$$=\begin{bmatrix}\cos2\alpha&\sin2\alpha&0\\\sin2\alpha&-\cos2\alpha&0\\\frac{C}{A}(\cos2\alpha-1)&\frac{C}{A}\sin2\alpha&1\end{bmatrix}$$

综上所述，组合变换是通过基本变换的组合而成的。由于矩阵的乘法不适用于交换律，即：$[A][B]\neq[B][A]$，因此，组合的顺序一般是不能颠倒的，顺序不同，则变换的结果亦不同。这一点应一定注意。

四、三维造型

20 世纪 60 年代末，CAD 研究界提出了用计算机表示机械零件三维形体的构想，以便在一个完整的几何模型上实现零件的质量计算、有限元分析、数控加工和消隐立体图的生成。经过多年来的努力探索和多种技术途径的实践验证，这一思想终于成熟起来，形成了功能强大、使用方便的实用软件，并且代表了当代 CAD 技术的发展主流。

在进行 CAD 作业过程中，必须建立产品的模型，它是由与产品对象有关的各种信息有机联系构成的，其中几何形体的数据信息是最为基本的。只有几何信息组成的模型称为几何模型。在 CAD 系统中，几何模型按其描述和存储内容的特征，可分为线框造型、表面造型以及实体造型等。

（一）线框造型

依据物体各外表面之间的交线组成物体外轮廓的框架，简称线框模型。线框造型只在计算机内存储这些框架线段信息，即利用物体的棱边和顶点来表示其几何形状的一种造型。线框造型的特点是结构简单、存储的信息少、运算简单迅速、响应速度快，它是进行曲面建模和实体建模的基础。但线框造型所建立起来的不是实体，只能表达基本的几何信息，不能有效地表达几何数据间的拓扑关系。

（二）表面造型

与线框造型相比，表面造型除存储线框线段外，还存储各个外表面的几何信息。这种造型除具有点、线信息外，还具有面的信息。可以进行面与面求交、消隐、明暗处理、渲染等操作，实现数控刀具轨迹生成、有限元网格划分等，还可以构造复杂的曲面物体。但该造型仍然缺少面、体间的拓扑关系，无法区别面的哪一侧是体内还是体外，无法进行剖切，因而它对物体仍没有构建起完整的三维几何关系。

（三）实体造型

实体造型存储物体完整的三维几何信息，除具有点、线、面、体的全部几何信息外，还具有全部点、线、面、体的拓扑信息。它可以区分物体的内部和外部，可以提取各部几何位置和相互关系的信息。实体造型有以下几种表示方法：

1. CSG 法

CSG 法的全称是 constructive solid geometry，意译为体素构造法。它是一种由简单的几何形体(通常称为体素，如立方体、圆柱、球、圆锥、棱柱体等)通过布尔运算(交、并、差)构造复杂三维物体的表示方法。它是用二叉树的形式记录一个零件所有组成体素进行拼合运算的过程，常简称为体素拼合树。这样，一个复杂物体便可以描述为一棵树，树的叶节点为基本体素，根节点和中间节点为集合运算，并以根节点作为查询和操作的基本单元，它对应于一个物体名。CSG 法所要存储的几何模型信息是：所用的基本形体的类型、参数和所采用的拼合运算过程。该法表示的物体具有唯一性和明确性，其缺点是不具备物体的面、环、边、点的拓扑关系。

2. B-rep 法

B-rep 法的全称是 boundary representation model，意译为边界表面表示法。它是以物体边界为基础来描述三维物体的方法。B-rep 法能给出完整的界面描述，它将实体外表面几何形状信息数据分为两类：几何信息数据和拓扑信息数据。数据结构一般用体表、面表、边表及顶点表 4 层描述，联系关系是物体拓扑信息的基本内容。该法优点是含有较多关于面、边、点及其相互关系的信息；缺点为数据结构复杂、存储量大，对几何形体的整体描述能力差。

3. 扫描法

该法的基本思想是，将一个平面图形在空间中按一定的规则运动，该图形的运动轨迹所形成的空间即为一实体。用扫描法形成实体可用两种方法：①平移法；②旋转法，这一物体可看作由平面图形绕回转轴回转而形成。

(四) 特征造型

上述以几何学为基础的三维几何造型，其数据结构主要适应了图形显示的要求，而没有考虑生产过程中其余环节的要求，因此几何造型很难满足 CAD/CAM 集成的需要。为此，特征造型技术应运而生。建立基于特征的产品定义造型，使用特征集来定义零件，能很好地反映设计意图并提供完整的产品信息，使 CAPP 系统能够直接获取所需的信息，实现 CAD/CAM 的集成。

特征通常可划分为如下几类。

(1) 形状特征：描述一定工程意义的功能几何形状信息。

(2) 精度特征：用于描述零件的形状位置、尺寸和粗糙度等。

(3) 管理特征：用于描述零件的管理信息，如标题栏内的信息。

(4) 技术特征：用于描述零件的性能、功能等。

(5) 材料特征：用于描述零件材料的成分和条件。

(6) 装配特征：用于描述零件在装配过程中需使用的信息。

因此，特征造型就是从 CAD/CAM 集成的角度出发，从整个生命周期各个阶段的不同需求来描述产品，能够较为完整地、系统地描述产品信息，使各应用系统可直接从该零件模型中抽取所需信息。它不仅能够提供制造所用的几何数据，而且把设计和生产过程紧密地联系在一起。

第四节　专用机械 CAD 系统的开发

国际知名的 CAD/CAM 软件如 Pro/Engineer、UG Ⅱ、I-DEAS、CATIA、SolidEdge 和 AutoCAD 等，都是商品化的通用平台，目前已基本上覆盖了整个制造行业。但由于专业针对性差，因而还不能满足各种各样具体产品的设计需要，所以 CAD 软件的二次开发就成为 CAD 技术应用中所必须解决的课题之一。所谓二次开发就是把商品化、通用化的 CAD 系统进行用户化、本地化的过程，即以优秀的 CAD 系统为基础平台，开发出符合国家标准、适合企业实际需要的用户化、专业化、集成化软件。

一、二维 CAD 软件的二次开发技术

二维 CAD 软件中应用最为广泛的是 AutoDesk 公司的 AutoCAD 系列软件。AutoCAD 是一种具有高度开放结构的 CAD 软件开发平台，它提供给编程者一个强有力的二次开发环境。在 R10 版本以前，可供使用的开发工具主要是 AutoLISP；R11 版本推出 ADS，是其最显著的特点；随着 R13 版本推出 ARX，AutoCAD 进入全新的面向对象的开发环境；自 R14 版本以后，AutoCAD 引入了面向对象的 ActiveX Automation Interface（即 ActiveX 自动化界面）技术，可方便地使用各种面向对象的高级开发语言，为开发人员提供了多种可供选择的开发工具。

（一）AutoLISP 技术

Autolisp 是一种嵌入 AutoCAD 内部的 Lisp 语言，它继承了 Lisp 语言的语法、传统约定和基本函数与数据类型，并扩充了强大的图形处理功能，语法简洁、表达能力强、函数种类多、程序控制结构灵活，既能完成常用的科学计算和数据分析，又能调用几乎全部 AutoCAD 命令，具有强大的图形处理能力，是 AutoCAD 早期版本的主要开发工具。AutoLISP 的一般程序结构为：全局变量赋初值；子函数定义（局部变量赋初值，函数体）；主函数定义（变量赋初值，函数体）。在加载函数后，可在任何需要的时候调用该函数。

AutoLISP 是嵌入 AutoCAD 的解释型过程语言，尽管具有较强的开发能力，但其运行速度较慢，程序规模小，保密性不强，不宜用于高强度的数据处理，缺乏低层和系统支持。

（二）ADS 技术

ADS（AutoCAD Development System）是 AutoCAD R11 版本开始支持的一种基于 C 语言的灵活的开发环境。ADS 可直接利用用户熟悉的 C 编译器，将应用程序编译成可执行文件后在 AutoCAD 环境下运行，从而既利用了 AutoCAD 环境的强大功能，又利用了 C 语言的结构化编程、运行效率高的优势。

与 Autolisp 相比，ADS 优越之处在于以下方面。

（1）具备错综复杂的大规模处理能力。

（2）编译成机器代码后执行速度快。

（3）编译时可以检查出程序设计语言的逻辑错误。

（4）程序源代码的可读性好于 AutoLISP。

而其不便之处在于以下方面。

(1) C 语言比 Lisp 语言难于掌握和熟练应用。

(2) ADS 程序的隐藏错误往往导致 AutoCAD，乃至操作系统崩溃。

(3) 需要编译才能运行，不易见到代码的效果。

(4) 同样功能，ADS 程序源代码比 Autolisp 代码长很多。

(三) ARX(C++)技术

ARX(AutoCAD Runtime Extension)是 AutoCAD R13 版本之后推出的一个以 C++语言为基础的面向对象的开发环境相应用程序接口。ARX 程序本质上为 Windows 动态链接库(DLL)程序与 AutoCAD 共享地址空间，直接调用 AutoCAD 的核心函数，可直接访问 AutoCAD 数据库的核心数据结构和代码，以便在运行期间扩展 AutoCAD 固有的类及其功能，创建能够全面享受 AutoCAD 固有命令特权的新命令。ARX 程序与 AutoCAD, Windows 之间均采用 Windows 消息传递机制直接通信。

Object ARX 应用程序以 C++为基本开发语言，具有面向对象编程方式的数据可封装性、可继承性及多态性的特点，用其开发的 CAD 软件具有模块性好、独立性强、连接简单、使用方便、内部功能高效实现以及代码可重用性强等特点，并且支持 MFC 基本类库，能简洁高效地实现许多复杂功能。

(四) VBA 技术

VBA(Visual Basic for Application)最早是内嵌在 Office 97 中的一种编程语言，由于易学易用，功能强大，AutoDesk 公司开始在 AutoCAD R14 版本中内置了 VBA 开发工具，同时提供了适用的对象模型和开发环境。

从语言结构上讲，VBA 是 VB(Visual Basic)的一个子集，它们的语法结构是相同的，VBA 依附于主应用程序 AutoCAD，它与主程序的通信简单而高效，由于共享内存空间，使它具有更快的执行速度，且其语法结构简洁，便于用户快速有效的开发出适用的应用软件，近期获得了广泛应用。

(五) 其他开发工具

Delphi 是 Inprise 公司推出的基于 Object Pascal 语言的可视化编程工具。作为编程语言，它是完整的面向对象语言，具有严格意义上的对象、封装、继承和重载的概念，并具有异常处理的功能。

Java 是 SUN Microsystems 公司研制的一种崭新的程序设计语言，它是面向对象的语言之一，具有独立于体系结构的特性，Java 特别适用于开发基于 Internet 的应用程序，它开发的程序能够在任何平台上运行。Visual J++是 Microsoft 研制的程序开发环境、是用于 Java 编程的 Windows 集成环境。

这两种语言都是面向对象语言，二次开发人员可以很好地利用其与 Windows 系统紧密结合的特点，开发出高效的 AutoCAD 程序。

二、三维 CAD 软件的二次开发技术

三维软件的二次开发应遵循工程化、模块化、标准化和继承性等一系列的原则，依据

工程化的思想对二次开发进行统筹规划，具体实现坚持模块化、标准化和继承性原则。

三维软件二次开发的主要研究包括以下几个方面。

（一）建立参数化图库

国外商品化 CAD 系统一般都未提供标准件库和通用件库。为适应产品快速开发的需要，建立参数化或变量化的三维实体模型库是进行产品设计所必需的环节。建立参数化图库的关键是标准件和通用件特征参数值的存储和处理，有两种方法：一种是使用数据文件的形式存放参数值；另一种是使用数据库管理系统建立新系统的数据库。使用第二种方法既安全可读，又具有很好的开放性，是用户建立参数值数据库的理想选择。

（二）二维工程图的自动生成技术

国外通用的 CAD 系统在常用符号、标注等方面都是依照国际标准，与国家标准有所不同，如尺寸标注、形位公差符号、表面粗糙度符号等，这就需要对其符号进行二次开发。处理程序可以通过软件自带的二次开发语言，也可利用其他高级语言编制。

（三）产品设计智能化开发技术

CAD 智能化是把人工智能的思想、方法和技术引入传统的 CAD 系统中，分析归纳设计/工艺知识，模拟人脑推理分析，提出设计/工艺方案，从而提高设计/工艺水平，缩短周期，降低成本。现在的 CAD 系统是人机交互式工作，把需要由知识和经验决策的设计问题留给用户，使产品设计水平受到工程师学科知识和设计经验的制约。开发基于通用化 CAD 系统的智能 CAD（intelligent CAD）可以克服这一缺点，提高设计质量和效率。它的技术核心就是以专家知识和经验建立专家系统（ES）模型，采用规则控制下的产生式系统和启发式推理来实现系统的智能化。

（四）特征映射器的开发技术

目前，优秀的机械设计自动化软件都是基于参数化或变量化的特征建模技术，将 CAD/CAM 集于一身。特征在不同的应用领域有着不同的特征模型，设计特征不可能与制造特征完全一致，这就会导致特征信息的歧义与混乱，因此需要一种特征映射机制来完成特征信息由设计域向制造域的转化，即特征映射器。特征映射器可自动将 CAD 系统的设计特征转变为 CAPP 系统所需的制造特征，从而实现 CAD/CAPP 的有效集成，其中特征提取和特征识别是开发特征映射器的技术关键。

下面以 Pro/Engineer 软件的二次开发为例，来说明其二次开发技术中的有关问题及步骤。

Pro/Engineer 软件（简称 Pro/E）采用了近年来 CAD 方面的先进理论和技术、具有较高的起点、是参数化设计技术的先驱者和领先者，它集零件设计、装配设计、加工、逆向造型、优化设计等功能于一身，目前广泛应用于工程设计的各个领域，如在模具设计和制造、汽车设计和制造、电子产品的设计和制造等方面。

Pro/E 所有模块的全相关性、基于特征的参数化造型以及单一数据库改变了 CAD/CAE/CAM 的传统观念，这些全新的概念已经成为当今世界机械 CAD/CAE/CAM 领域的新标准。它作为一个集大成者，融合了实体建模、曲面设计、模具设计、逆向工程、数控加工、关系数据库管理等技术，是一个全方位的 CAD/CAM 解决方案。Pro/E 在具体工程应用中，展示了它独具匠心之处：界面简洁实用，级联式菜单风格统一，逻辑选项和默认选项省时省力，概念清晰，建模过程符合工程技术人员的设计思想与习惯。这些人性化的考虑使得庞大的软件也易于学习和使用，具有一定工程经验的人可以很快上手。

Pro/E 是一种采用了特征建模技术，基于统一数据库的参数化的通用 CAD 系统。利用它提供的二次开发工具在 Pro/E 的基础上进行二次开发，可以比较方便地实现面向特定产品的程序自动建模功能。并且可以把较为丰富的非几何特征如材料特征、精度特征加入所产生的模型中，所有信息存入统一的数据库，是实现 CAD/CAE/CAM 集成的关键技术之一。

Pro/E 提供了丰富的二次开发工具，常用的有族表、用户定义特征（UDF）、Pro/Program、J-Link、Pro/Toolkit 等。

1. 族表

通过族表可以方便地管理具有相同或相近结构的零件，特别适用于标准零件的管理。族表通过建立通用零件为父零件，然后在其基础上对各参数加以控制生成派生零件。整个族表通过电了表格来管理，所以又被称为表格驱动。

2. 用户定义特征

用户定义特征是将若干个系统特征融合为一个自定义特征，使用时作为一个整体出现。系统将 UDF 特征 . gph 文件保存。UDF 适用特定产品中的特定结构、有利于设计者根据产品特征快速生成几何模型。

3. Pro/Program

Pro/E 软件对于每个模型都有一个主要设计步骤和参数列表——Pro/Program0 它是由类似 Basic 的高级语言构成的，用户可以根据设计需要来编辑该模型的 Program，使其作为一个程序来工作。通过运行该程序，系统通过人机交互的方法来控制系统参数、特征出现与否和特征的具体尺寸等。

4. J-Link

J-Link 是 Pro/E 中自带的基于 Java 语言的二次开发工具。用户通过 Java 编程实现在软件 Pro/E 中添加功能。

5. Pro/Toolkit

Pro/Toolkit 同 J-link 一样也是 Pro/E 自带的二次开发工具，但它基于 C 语言的 Pro/Toolkit 能实现与 Pro/E 的无缝集成，是 Pro/E 自带的功能最强大的二次开发工具。它封装了许多针对 Pro/E 底层资源调用的库函数与头文件，借助第三方编译环境进行调试。Pro/Toolkit 使用面向对象的风格，在 Pro/E 与应用程序之间通过函数调用来实现数据信息的传输。

Pro/Toolkit 采用的是功能强大的面向对象的方式来编写的。因此，用来在 Pro/E 和应用程序之间传送信息的数据结构，对应用程序来讲是不可见的，而只能通过 Pro/Toolkit 中函数来访问，在 Pro/Toolkit 中最基本的两个概念是对象（Object）和行为（Action）。在 Pro/Toolkit 中每个 C 函数完成一个特定类型对象的某个行为，每个函数的命名约定是：“Pro”前缀+对象的名字+行为的名字。一个 Pro/Toolkit 的对象是一个定义完整、功能齐全的 C 结构，能够完成与该对象有关的行为大多数对象对应的是 Pro/E 数据库中的一个元素（item），如特征、面等。然而，另外一些对象就比较抽象或是暂时的。Pro/Toolkit 中还有其他一些特点：统一的、广泛的函数出错报告；统一的函数或数据类型的命名约定等。

使用 Pro/Toolkit 开发应用程序包含三个步骤：编写源文件，生成可执行文件，可执行文件在 Pro/E 中注册并运行。

源文件包括下列类型：菜单文件、窗口信息文件和 C 程序。其中：C 程序文件包含了用户定义的菜单内容与菜单动作。在定义动作函数时可以调用本身的 Pro/Toolkit 函数，也可以调用用户自定义函数。为了将菜单文件载入，需要在 C 文件中完成菜单调入，菜单注册和菜单动作定义三个步骤。

Pro/E 为应用程序提供两种工作模式：同步模式和异步模式，由于后者使用复杂而很少使用。前者又分为 Spawn(多进程模式)或 D11(动态链接库模式)。根据工作模式不同，编译时的生成文件也不同。若采用 Spawn 模式工作，必须将源文件编译生成 exe 文件；若用 Du 模式工作，将把源文件生成动态链接库。

应用程序有两种注册方式：自动注册和手工注册。自动注册是指将注册文件放在指定的目录下(如 Pro/E 的启动目录)运行 Pro/E。此时注册文件中的所有 Pro/Toolkit 应用程序将自动注册。手工注册是指注册文件不在指定目录时，启动 Pro/E 之后在 Utilities 下选择 Auxiliary Application 菜单项，然后在对话框中选取 Register 进行注册。

第三章　有限元分析设计

第一节　有限元法中单元特性的导出方法

一、有限元分析方法的基本概念

有限元分析方法(简称有限元法)是随着计算机的发展而迅速发展起来的一种现代设计计算方法。它是20世纪50年代首先在连续体力学领域——飞机结构静、动态特性分析中应用的一种有效的数值分析方法，随后很快就被广泛地应用于求解热传导、电磁场、流体力学等连续性问题。

下面通过用有限元法分析一个机床立柱的实例，具体地介绍有限元分析方法。

在图3-1中，(*a*)是机床立柱的原形，(*b*)是用有限元法进行分析时简化的计算模型。图中是用一些方形、三角形和直线把立柱划分成网格的，这些网格称为单元。这样也就是把立柱划分成矩形板单元、三角形板单元和梁单元。网格间相互连接的交点称为节点，网格与网格的交界线称为边界。显然，图中的节点数是有限的，单元数目也是有限的，所以称为有限单元。这就是有限元一词的由来。有限元法分析计算的思路和做法可归纳如下。

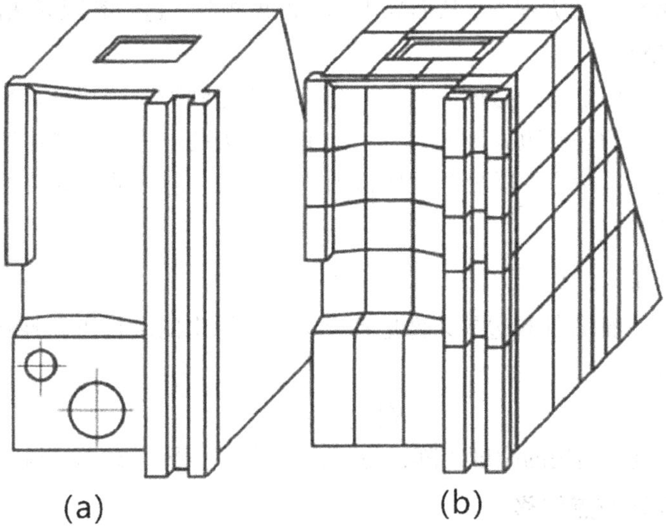

图3-1　某机床的立柱和其计算模型

(一) 物体离散化

例如，将如图3-1(a)所示的某个工程结构离散为由各种单元组成的计算模型，如图

3-1(b)(每种单元可以是一维、二维或三维的情况)所示，这一步称为单元剖分。离散后单元与单元之间利用单元的节点相互连接起来；单元节点的设置、性质、数目等应视问题的性质、描述变形形态的需要和计算精度而定(一般情况，单元划分越细则描述变形情况越精确，即越接近实际变形，但计算量越大)。所以，有限元法中分析的结构已不是原有的物体或结构物，而是同样材料的由众多单元以一定方式连接成的离散物体。这样，用有限元分析计算所获得的结果只是近似的。如果划分单元数目非常多而又合理，则所获得的结果就与实际情况相接近。

(二) 单元特性分析

1. 选择位移模式

在有限元法中，选择节点位移作为基本未知量时称为位移法；选择节点力作为基本未知量时称为力法，取一部分节点力和一部分节点位移作为基本未知量时称为混合法。位移法易于实现计算自动化，所以在有限元法中应用范围较广。

当采用位移法时，物体或结构物离散化之后，就可把单元中的一些物理量如位移、应变和应力等由节点位移来表示。这时可以对单元中位移的分布采用一些能逼近原函数的近似函数予以描述。通常，在有限元法中将位移表示为坐标变址的简单函数。这种函数称为位移模式或位移函数，如 $\{d\}=\sum_{i=1}^{n}\alpha_i\varphi_i$ ，其中 α_i 是待定系数；φ_i 是与坐标有关的某种函数。

2. 分析单元的力学性质

根据单元的材料性质、形状、尺寸、节点数目、位置及其含义等，找出单元节点力和节点位移的关系式，这是单元分析中的关键一步。此时需要应用弹性力学中的几何方程和物理方程来建立力和位移的方程式，从而导出单元刚度矩阵，这是有限元法的基本步骤之一。

3. 计算等效节点力

物体离散化后，假定力是通过节点从一个单元传递到另一个单元。但是，对于实际的连续体，力是从单元的公共边界传递到另一个单元中去的。因而，这种作用在单元边界上的表面力、体积力或集中力都需要等效地移到节点上去，也就是用等效的节点力来替代所有作用在单元上的力。

(三) 单元组集

利用结构力的平衡条件和边界条件把各个单元按原来的结构重新连接起来，形成整体的有限元方程，即

$$[K]\{q\}=\{F\} \tag{3-1}$$

式中，$\{K\}$ 是整体结构的刚度矩阵；$\{q\}$ 是节点位移列阵是载荷列阵。

(四) 求解未知节点位移

解有限元方程式(3-1)得出位移。这里，可以根据方程组的具体特点来选择合适的计算方法。

通过上述分析可以看出，有限元法的基本思想是“一分一合”，分是为了进行单元分析，合则是为了对整体结构进行综合分析。

二、有限元法中单元特性的导出方法

进行有限元分析的基本步骤之一就是要找出所剖分的单元的刚度矩阵(刚阵)、质量矩阵(质阵)、热刚阵等。一般来说，建立刚阵的方法可以采用：①直接方法；②虚功原理法，③能量变分原理方法；④加权残数法。下面主要叙述直接方法、虚功原理法及能量变分原理方法。

(一) 虚功原理法

以平面问题中的三角形单元为例，说明其方法步骤。

1. 设定位移函数

设三节点三角形单元内的位移函数为：$\{d(x, y)\} = [u(x, y) \quad v(x, y)]^{\mathrm{T}}$，它是未知的，当单元很小时，单元内一点的位移可以通过节点的位移插值来表示。可假设单元内位移为 x、y 的线性函数，即

$$u(x, y) = \alpha_1 + \alpha_2 x + \alpha_3 y$$
$$v(x, y) = \alpha_4 + \alpha_5 x + \alpha_6 y$$

或写成矩阵形式

$$\{d\} = \begin{Bmatrix} u \\ v \end{Bmatrix} = \begin{bmatrix} 1 & x & y & 0 & 0 & 0 \\ 0 & 0 & 0 & 1 & x & y \end{bmatrix} \begin{Bmatrix} \alpha_1 \\ \alpha_2 \\ \alpha_3 \\ \alpha_4 \\ \alpha_5 \\ \alpha_6 \end{Bmatrix} = [S]\{\alpha\} \tag{3-2}$$

$u(x, y)$，$v(x, y)$ 既然是单元内某点的位移表达式，当然单元的三个节点 i、j、k 上的位移也可用它来表示，所以有

$$\left.\begin{aligned} u_i &= \alpha_1 + \alpha_2 x_i + \alpha_3 y_i, \quad & v_i &= \alpha_4 + \alpha_5 x_i + \alpha_6 y_i \\ u_j &= \alpha_1 + \alpha_2 x_j + \alpha_3 y_j, \quad & v_j &= \alpha_4 + \alpha_5 x_j + \alpha_6 y_j \\ u_k &= \alpha_1 + \alpha_2 x_k + \alpha_3 y_k, \quad & v_k &= \alpha_4 + \alpha_5 x_k + \alpha_6 y_k \end{aligned}\right\}$$

写成矩阵形式为

$$\{q\} = \begin{Bmatrix} u_i \\ v_i \\ u_j \\ v_j \\ u_k \\ v_k \end{Bmatrix} = \begin{bmatrix} 1 & x_i & y_i & 0 & 0 & 0 \\ 0 & 0 & 0 & 1 & x_i & y_i \\ 1 & x_j & y_j & 0 & 0 & 0 \\ 0 & 0 & 0 & 1 & x_j & y_j \\ 1 & x_k & y_k & 0 & 0 & 0 \\ 0 & 0 & 0 & 1 & x_k & y_k \end{bmatrix} \begin{Bmatrix} \alpha_1 \\ \alpha_2 \\ \alpha_3 \\ \alpha_4 \\ \alpha_5 \\ \alpha_6 \end{Bmatrix} = [c]\{\alpha\}$$

为了能用单元节点位移 $\{q\}$ 表示单元内某点位移 $\{d\}$，即把 $d\{x, y\}$ 表达成节点位移插值函数的形式，应从上式中解出 $\{\alpha\} = [c]^{-1}\{q\}$。可用矩阵求逆法求出

$$[c]^{-1}=\frac{1}{2A}\begin{bmatrix} a_i & 0 & a_j & 0 & a_k & 0 \\ b_i & 0 & b_j & 0 & b_k & 0 \\ c_i & 0 & c_j & 0 & c_k & 0 \\ 0 & a_i & 0 & a_j & 0 & a_k \\ 0 & b_i & 0 & b_j & 0 & b_k \\ 0 & c_i & 0 & c_j & 0 & c_k \end{bmatrix}$$

式中，A 是三角形面积。

$$2A=\begin{vmatrix} 1 & x_i & y_i \\ 1 & x_j & y_j \\ 1 & x_k & y_k \end{vmatrix}=(x_i-x_j)(y_k-y_j)-(x_k-x_j)(y_j-y_k)$$

$$\left.\begin{array}{lll} a_i=x_jy_k-x_ky_j, & a_j=x_ky_i-x_iy_k, & a_k=x_iy_j-x_jy_i \\ b_i=y_j-y_k, & b_j=y_k-y_i, & b_k=y_i-y_j \\ c_i=x_k-x_j, & c_j=x_i-x_k, & c_k=x_j-x_i \end{array}\right\} \tag{3-3}$$

把 $\{\alpha\}=[c]^{-1}\{q\}$ 代入式(5-2)中，得

$$\begin{Bmatrix} u \\ v \end{Bmatrix}=\frac{1}{2A}\begin{bmatrix} 1 & x & y & 0 & 0 & 0 \\ 0 & 0 & 0 & 1 & x & y \end{bmatrix}\begin{bmatrix} a_i & 0 & a_j & 0 & a_k & 0 \\ b_i & 0 & b_j & 0 & b_k & 0 \\ c_i & 0 & c_j & 0 & c_k & 0 \\ 0 & a_i & 0 & a_j & 0 & a_k \\ 0 & b_i & 0 & b_j & 0 & b_k \\ 0 & c_i & 0 & c_j & 0 & c_k \end{bmatrix}\begin{Bmatrix} u_i \\ v_i \\ u_j \\ v_j \\ u_k \\ v_k \end{Bmatrix}$$

相乘后得

$$u(x,y)=\frac{1}{2A}[(a_i+b_ix+c_iy)u_i+(a_j+b_jx+c_jy)u_j+(a_k+b_kx+c_ky)u_k]$$

$$v(x,y)=\frac{1}{2A}[(a_i+b_ix+c_iy)v_i+(a_j+b_jx+c_jy)v_j+(a_k+b_kx+c_ky)v_k]$$

或写成

$$\left.\begin{array}{l} u(x,y)=N_iu_i+N_ju_j+N_ku_k \\ v(x,y)=N_iv_i+N_jv_j+N_kv_k \end{array}\right\} \tag{3-4}$$

可简写为

$$\{d\}=[N]\{q\} \tag{3-4a}$$

此式即为单元内某点的位移用节点位移插值表示的多项式。称$[N]$为形状函数，其中的

$$\left.\begin{array}{l} N_i=(a_i+b_ix+c_iy)/2A \\ N_j=(a_j+b_jx+c_jy)/2A \\ N_k=(a_k+b_kx+c_ky)/2A \end{array}\right\} \tag{3-4b}$$

2. 由位移函数求应变

由弹性力学知 $\varepsilon_x=\dfrac{\partial u}{\partial x}$，$\varepsilon_y=\dfrac{\partial v}{\partial y}$，$\gamma_{xy}=\dfrac{\partial u}{\partial y}+\dfrac{\partial v}{\partial x}$，可得

$$\{\varepsilon\}=\begin{Bmatrix}\dfrac{\partial u}{\partial x}\\ \dfrac{\partial v}{\partial y}\\ \dfrac{\partial u}{\partial y}+\dfrac{\partial v}{\partial x}\end{Bmatrix}=\begin{bmatrix}\dfrac{\partial}{\partial x} & 0\\ 0 & \dfrac{\partial}{\partial y}\\ \dfrac{\partial}{\partial y} & \dfrac{\partial}{\partial x}\end{bmatrix}\begin{Bmatrix}u\\ v\end{Bmatrix}=\frac{1}{2A}\begin{bmatrix}b_iu_i+b_ju_j+b_ku_k\\ c_iv_i+c_jv_j+c_kv_k\\ c_iv_i+c_jv_j+c_kv_k+b_iu_i+b_ju_j+b_ku_k\end{bmatrix}$$

或写成

$$\{\varepsilon\}=\frac{1}{2A}\begin{bmatrix}b_i & 0 & b_j & 0 & b_k & 0\\ 0 & c_i & 0 & c_j & 0 & c_k\\ c_i & b_i & c_j & b_j & c_k & b_k\end{bmatrix}\begin{Bmatrix}u_i\\ v_i\\ u_j\\ v_j\\ u_k\\ v_k\end{Bmatrix}=[B]\{q\} \tag{3-5}$$

3. 根据胡克定律，通过应变求应力

对于平面问题，有

$$\{\sigma\}=[D]\{\varepsilon\}=[D][B]\{q\} \tag{3-6}$$

式中，$[D]$对平面应力问题为

$$[D]=\frac{E}{1-\mu^2}\begin{bmatrix}1 & \mu & 0\\ \mu & 1 & 0\\ 0 & 0 & \dfrac{1-\mu}{2}\end{bmatrix} \tag{3-7}$$

4. 由虚功原理求单元的刚度矩阵

根据虚功原理，当结构受载荷作用处于平衡状态时，在任意给出的节点虚位移下，外力(节点力)$\{F\}$及内力$\{\sigma\}$所做的虚功之和应等于零，即

$$\delta A_F+\delta A_o=0$$

现给单元节点以任意虚位移

$$\{\delta q\}=[\delta u_i\quad \delta v_i\quad \delta u_j\quad \delta v_j\quad \delta u_k\quad \delta v_k]^{\mathrm{T}}$$

则单元内各点将产生相应的虚位移 δu，δv 和虚应 $\delta\varepsilon_x$、$\delta\varepsilon_y$、$\delta\gamma_{xy}$，它们都为坐标 x、y)的函数。可分别按式(3-4a)和(3-5)求得

$$\begin{Bmatrix}\delta u\\ \delta v\end{Bmatrix}=[N]\{\delta q\} \tag{3-8}$$

$$\{\delta\varepsilon\}=[B]\{\delta q\} \tag{3-9}$$

求单元节点力的虚功

$$\delta A_F=\delta u_iF_{xi}+\delta v_iF_{yi}+\delta u_jF_{xj}+\delta v_jF_{yj}+\delta u_kF_{xk}+\delta v_kF_{yk}$$

或

$$\delta A_F = \{\delta q\}^{\mathrm{T}}\{F\} \tag{3-10}$$

再求内力虚功

$$\delta A_o = -\int_V (\delta\varepsilon_x\sigma_x + \delta\varepsilon_y\sigma_y + \delta\gamma_{xy}\tau_{xy})\,\mathrm{d}V$$

式中，V 为单元体积。

上式写成矩阵形式为

$$\delta A_a = -\int_V (\delta\varepsilon)^{\mathrm{T}}\{\sigma\}\,\mathrm{d}V \tag{3-11}$$

将式(3-9)和(3-6)代入式(3-11)，得

$$\delta A_a = -\int_V (\delta q)^{\mathrm{T}}[B]^{\mathrm{T}}[D][B]\{q\}\,\mathrm{d}V$$

式中，$(\delta q)^T$ 和$\{q\}$ 可视为常值，将其移出积分号之外，即

$$\delta A_a = -\{\delta q\}^T\int_V [B]^T[D][B]\,\mathrm{d}V\{q\} \tag{3-12}$$

将式(3-10)和(3-12)代入虚功方程，得

$$\{\delta q\}^{\mathrm{T}}\{F\} = \{\delta q\}^{\mathrm{T}}\int_V [B]^{\mathrm{T}}[D][B]\,\mathrm{d}V\{q\}$$

式中，$\{\delta q\}^{\mathrm{T}}$ 是任意的，可消去，得

$$\{F\} = \int_V [B]^{\mathrm{T}}[D][B]\,\mathrm{d}V\{q\} \tag{3-13}$$

或

$$\{F\} = [K]\{q\}$$

式中

$$[K] = \int_V [B]^{\mathrm{T}}[D][B]\,\mathrm{d}V \tag{3-13a}$$

把$[B]$及$[D]$代入式(3-13a)，得平面应力问题三角形单元刚度矩阵为

$$[K_{rs}] = \frac{Et}{4(1-\mu^2)A}\begin{bmatrix} b,\ b_2 + \dfrac{1-\mu_c}{2}c_r, & \mu b_r b_s + \dfrac{1-\mu_c}{2}c,\ b_2 \\ \mu c,\ b_2 + \dfrac{1-\mu_1}{2}b_r, & c_r,\ c_1 + \dfrac{1-\mu_2}{2}b_r b_2 \end{bmatrix} \tag{3-14}$$

$$(r = i,\ j,\ k;\ s = i,\ j,\ k)$$

（二）能量变分原理方法

1. 最小位能原理

弹性体受外力作用产生变形时伴随着产生变形能 U 和外力能 W，所以系统总位能 Π 可写成为

$$\Pi = U - W \tag{3-15}$$

式中

$$U = \frac{1}{2}\int_V \{\varepsilon\}^T\{\sigma\}\,\mathrm{d}V, \qquad W = \{F\}^T\{q\}$$

而

$$\{\varepsilon\} = [\varepsilon_x \quad \varepsilon_y \quad \varepsilon_z \quad \gamma_{xy} \quad \gamma_{yz} \quad \gamma_{zx}]^{\mathrm{T}}$$

是应变列阵；

$$\{\sigma\} = [\sigma_x \quad \sigma_y \quad \sigma_z \quad \tau_{xy} \quad \tau_{yz} \quad \tau_x]^{\mathrm{T}}$$

是应力列阵。

由于 $\{\varepsilon\}$ 和 $\{\sigma\}$ 是位移 u, v, w 的函数，所以 $\Pi = U - W$ 是一个函数的函数，即泛函。这个泛函是弹性体的总位能，用变分法求能量泛函的极值方法就是能量变分原理。

$$U(u, v, w) = \frac{1}{2}\int_V \left\{ \frac{\mu E}{(1+\mu)(1-2\mu)} \left(\frac{\partial u}{\partial x} + \frac{\partial v}{\partial y} + \frac{\partial w}{\partial z} \right)^2 + 2G\left[\left(\frac{\partial u}{\partial x}\right)^2 + \left(\frac{\partial v}{\partial y}\right)^2 + \left(\frac{\partial w}{\partial z}\right)^2 \right] + G\left[\left(\frac{\partial w}{\partial y} + \frac{\partial v}{\partial z} \right)^2 + \left(\frac{\partial u}{\partial z} + \frac{\partial w}{\partial x} \right)^2 + \left(\frac{\partial v}{\partial x} + \frac{\partial u}{\partial y} \right)^2 \right] \right\} \mathrm{d}V \tag{3-16}$$

将式(3-15)对位移求变分，得最小位能原理为

$$\delta\Pi = \delta U - \delta W = 0 \tag{3-17}$$

它的意义是：在所有满足连续条件(几何关系和位移已知的边界条件)的很多组可能位移中(我们把每一组位移称为容许函数)，只有真正满足平衡方程式的那组位移 u, v, w 才能使物体的总位能为最小。该组位移 u, v, w 的值就是问题的正确解答。

现在对式(3-15)进行具体的变分计算。因为

$$\delta U = \int_V (\sigma_x \delta\varepsilon_x + \sigma_y \delta\varepsilon_y + \sigma_z \delta\varepsilon_z + \tau_{xy}\delta\gamma_{xy} + \tau_{yz}\delta\gamma_{yz} + \tau_{zx}\delta\gamma_{xx})\,\mathrm{d}V$$

$$= \int_V \{\sigma\}^{\mathrm{T}}(\delta\varepsilon)\,\mathrm{d}V = \int_V \{\delta\varepsilon\}^{\mathrm{T}}(\sigma)\,\mathrm{d}V$$

而

$$\delta W = \int_V (X\delta u + Y\delta v + Z\delta w)\,\mathrm{d}V + \int_{S_n} (\bar{X}\delta u + \bar{Y}\delta v + \bar{Z}\delta w)\,\mathrm{d}S$$

或

$$\delta W = \{F\}^{\mathrm{T}}\{\delta q\} = \{\delta q\}^{\mathrm{T}}\{F\}$$

式中，X, Y, Z 是物体在 x, y, z 方向上的体积力；$\bar{X}$, $\bar{Y}$, $\bar{Z}$ 是物体在 x, y, z 方向上的表面力。

自 $\delta\Pi = \delta U - \delta W = 0$ 的极值条件有 $\delta U = \delta W$，即

$$\int_V \{\delta\varepsilon\}^{\mathrm{T}}(\sigma)\,\mathrm{d}V = \{\delta\varepsilon\}^{\mathrm{T}}\{F\} \tag{3-18}$$

这是虚位移原理(虚功原理)。所以虚位移原理是最小位能原理的一种表达形式。只不过上述用虚功原理方法求单元刚度矩阵是直接引用虚功原理来进行的，而能量变分原理方法是从位能的泛函表达式出发进行变分求极值的结果。能量变分原理方法的应用范围可以扩大到机械结构位移场以外的其他领域。如求解热传导、电磁场、流体力学等连续性问题。

2. 位移函数

从前面的叙述中已经看到，在单元特性分析时常需设定位移函数。在有限元法中，一般设定位移函数是多项式 $y = \sum_{i=1}^{n} \alpha_i \varphi_i$ 的形式(其中 α_i 是待定系数)，并用它近似地描述实际的位移变化规律。至于在符合要求的条件下如何选择不同形式的函数，可以通过计算进

行比较，以便确定一种较为理想的函数。

从数学意义上看，设定的位移函数，至少应具有分片连续的一阶导数，这样才能使泛函积分有意义。这是因为泛函中被积函数含有应变 $\left(\frac{\partial u}{\partial x}, \frac{\partial v}{\partial y}, \frac{\partial w}{\partial z}\right)$ ，它们都是位移的一阶导数。之所以设定位移函数为多项式，主要是考虑这样会使数学运算容易。多项式可以是直线、斜线或二次曲线形式。至于多少阶次能更近似地反映真实情况，可以通过一维的情况来说明。

选择多项式的阶次应考虑几种因素，即完备性、协调性和对称性。多项式项数应等于单元节点的自由度数。一般来说，用一个由低阶算起的完全的多项式就能保证完备性。协调性则要求位移函数在单元内都是 x，y 的连续函数，而在相邻单元的交界面上，两单元间应有相同的位移。对称性是指该多项式位移函数应当与局部坐标系(单元坐标)的方位无关，即几何各向同性。也就是，位移函数的形式不应随局部坐标的更换而改变。

若从物理、几何方面考虑，要求设定的位移函数在单元内部和边界上处处都能满足力的平衡条件和变形协调条件，否则单元之间在变形后会重叠或裂开；在位移函数的设定中必须至少满足单元的常应变要求；单元变形除本身的变形外，还有其他相邻单元通过节点传来的刚体位移，这样，位移函数也应包含有代表刚体运动的项。

(三) 加权残数法

将假设的场变量的函数(称为试函数)引入问题的控制方程式及边界条件，利用最小二乘法等方法使残差最小，便得到近似的场变量函数形式。这个方法的优点是不需建立要解决的问题的泛函式。所以，即使没有泛函表达式也能解题。

第二节　有限元法的解题步骤

一、单元剖分和插值函数的确定

根据构件的几何特性、载荷情况及所要求的变形点，建立由各种单元所组成的计算模型。再按单元的性质和精度要求，写出表示单元内任意点的位移函数 $u(x, y, z)$，$v(x, y, z)$、$w(w, y, z)$ 或 $\{d\} = [S(x, y, z)]\{\alpha\}$ 。

利用节点处的边界条件，写出以 $\{\alpha\}$ 表示的节点位移 $\{q\} = [u_1 \quad v_1 \quad w_1 \quad u_2 \quad v_2 \quad w_2 \quad \cdots]^T$ 并写成

$$\{q\} = [C]\{\alpha\}$$

求 $[C]^{-1}$ 及 $\{\alpha\} = [C]^{-1}\{q\}$，并代入 $\{d\} = [S]\{\alpha\}$ ，得

$$\{d\} = [S][C]^{-1}\{q\} = [N]\{q\}$$

它是用节点位移表示单元体内任意点位移的插值函数式。

二、单元特性分析

根据位移插值函数，由弹性力学中给出的应变和位移关系，可计算出应变为

$$\{\varepsilon\} = [B]\{q\}$$

式中，$[B]$是应变矩阵。相应的变分为

$$\{\delta\varepsilon\} = [B]\{\delta q\}$$

由物理关系，得应变与应力的关系式为

$$\{\sigma\} = [D]\{\varepsilon\} = [D][B]\{q\}$$

式中，$[D]$为弹性矩阵。

由虚位移原理 $\int_V \{\delta\varepsilon\}^{\mathrm{T}}\{\sigma\}\mathrm{d}V = \{\delta q\}^{\mathrm{T}}\{F\}$ ，可得单元的有限元方程，或力与位移之间的关系式为

$$\{F\} = [K]\{q\}$$

式中，$[K]$是单元特性，即刚度矩阵，并可写成

$$[K] = \int_V [B]^{\mathrm{T}}[D][B]\mathrm{d}V$$

三、单元组集

把各单元按节点组集成与原结构相似的整体结构，得到整体结构的节点与节点位移的关系

$$\{F\} = [K]\{q\}$$

式中，$[K]$是整体结构的刚度矩阵；$\{F\}$是总的载荷列阵；$\{q\}$ 是整体结构所有节点的位移列阵。

组集载荷列阵前，应将非节点载荷离散并转移到相应单元的节点上。转移方法根据力的性质不同分别取不同的算式：$\{F\} = \int_V [N]\{p\}\mathrm{d}V$（体积力转移），或 $\{F\} = \int_s [N]\{\bar{F}\}\mathrm{d}s$（表面力转移），或$\{F\} = \{P\}[N]$（集中力转移）。

四、解有限元方程

可采用不同的计算方法解有限元方程，得出各节点的位移。在解题之前，还要对 K 进行边界条件处理，然后再解出节点位移 q。

五、计算应力

若要求计算应力测在计算出节点位移 $\{q\}$ 后，自 $\{\varepsilon\} = [B]\{q\}$ 和$\{\sigma\} = [D]\{\varepsilon\} = [D][B]\{q\}$ ，并令 $[R] = [D][B]$ 为应力矩阵测由式 $\{\sigma\} = [R]\{q\}$ 即可求出相应的节点应力。

第三节　结构动力学问题的有限元法

一、结构的动力学方程

用有限元法也可以分析结构振动问题以及动态响应问题，即在动载荷下物体的应力、

变形以及振动频率和振幅等问题。

动力学问题的有限元法也同静力学一样，要把物体离散为有限个数的单元体。不过此时物体受到载荷作用时，将要引起单元的惯性力——$\rho\{\ddot{d}\}\mathrm{d}V$ 和相应的阻尼力——$\gamma\{\dot{d}\}\mathrm{d}V$ 的作用。因此，在考虑单元特性时，不仅要考虑前述的静力学问题时的刚度矩阵$[K]$，还要考虑此刻的动力学问题引发的阻尼矩阵和质量矩阵这两个新的单元特性。

下面我们仍利用虚位移原理以有限元方法来推导弹性体结构的运动方程式。

在静力学的结构分析有限元法中，我们是把连续体剖分成通过节点连接的单元，并且把单元体内任意点的位移函数表示成

$$\{d\} = [N]\{q\}$$

并有

$$\{\varepsilon\} = [B]\{q\}$$

和

$$\{\sigma\} = [D][B]\{q\}$$

但是在结构动力学中，一般地说，$\{d\} = [N]\{q\}$ 的关系是不成立的。不过，当单元数目增多，因而有足够多的节点位移时，则 $\{d\} = [N]\{q\}$ 还是位移函数的一个很好的近似表达式。然而这时的简}应从结构系统的动力方程来确定。

现在对动载荷作用下的结构应用虚位原理。在任一特定的瞬时，可以假定位移 $\{d\}$ 得到虚位移 $\{\delta d\}$，且结构内部产生和 $\{\delta d\}$ 相协调的虚应变 $\{\delta\varepsilon\}$。这样，对于一个已知的瞬态应力分布 $\{\sigma\}$，就可以计算结构在给定瞬时的虚应变能为

$$\delta U = \int_V \{\delta\varepsilon\}^{\mathrm{T}}\{\sigma\}\mathrm{d}V \tag{3-19}$$

不过此时外力所做的虚功除 δW 外，还将包括惯性力和阻尼力所做的虚功 δW_1，即还应包括

$$\delta W_1 = -\int_V \rho\langle\delta d\rangle^{\mathrm{T}}\{\ddot{d}\}\mathrm{d}V - \int_\gamma \gamma\langle\delta d\rangle^{\mathrm{T}}\{\dot{d}\rangle\mathrm{d}V \tag{3-20}$$

根据虚位移原理，可以写出

$$\delta U = \delta W + \delta W_1$$

或

$$\int_V \{\delta\varepsilon\}^{\mathrm{T}}\{\sigma\}\mathrm{d}V = \delta W - \int_V \rho\{\delta d\}^{\mathrm{T}}\{\ddot{d}\}\mathrm{d}V - \int_\gamma \gamma\{\delta d\}^{\mathrm{T}}\{\dot{d}\}\mathrm{d}V \tag{3-21}$$

如果用 F、P 分别表示体积力和集中力，则式中的

$$\delta W = \int_V \rho\{\delta d\}^T F\mathrm{d}V + \{\delta q\}^T P$$

因为

$$\{d\} = [N]\{q\}, \quad \{\varepsilon\} = [B]\{q\}$$

则

$$\{\delta d\} = [N]\{\delta q\}, \qquad \{\delta\varepsilon\} = [B]\{\delta q\}$$

结果可得

$$\int_V \{\delta q\}^{\mathrm{T}}[^{B}]\mathrm{T}[D][B]\{q\}\mathrm{d}V = \int_V \{\delta q\}^{\mathrm{T}}[^{N}]\mathrm{T}F\mathrm{d}V + \{^{\delta}q\}\mathrm{T}P - \int_V \rho\{^{\delta}d\rangle\mathrm{T}[^{N}]\mathrm{T}\{\ddot{d}\}\mathrm{d}V - \int_\gamma \gamma\{^{\delta}q\}\mathrm{T}[^{N}]\mathrm{T}\{\dot{d}\}\mathrm{d}V \tag{3-22}$$

考虑到 $\{\delta d\}$ 的任意性，等号两边的 $\{\delta q\}^{\mathrm{T}}$ 可以消去，则得

$$\int_V [B]^{\mathrm{T}}[D][B]\{q\}\mathrm{d}V = \int_V [N]^{\mathrm{T}}F\mathrm{d}V + P - \int_V \rho[N]^{\mathrm{T}}\{\ddot{d}\}\mathrm{d}V - \int_\gamma \gamma[N]^{\mathrm{T}}\{\dot{d}\}\mathrm{d}V \tag{3-23}$$

自

$$\{d\} = [N]\{q\}$$

得($\{\dot{q}\}$ 和$\{\ddot{q}\}$ 分别代表$\{q\}$ 的一阶和二阶导数)

$$\{\dot{d}\} = [N]\{\dot{q}\}\ ,\ \{\ddot{d}\} = [N]\{\ddot{q}\}$$

所以

$$\int_V [B]^{\mathrm{T}}[D][B]\{q\}\mathrm{d}V = \int_V [N]^{\mathrm{T}}\gamma[N]\{\dot{q}\}\mathrm{d}V + \int_V [N]^{\mathrm{T}}\rho[N]\{\ddot{q}\}\mathrm{d}V = P + \int_V [N]^{\mathrm{T}}F\mathrm{d}V \tag{3-23a}$$

或写成

$$[K]\{q\} + [C]\{\dot{q}\} + [M]\{\ddot{q}\} = P + \int_V [N]^{\mathrm{T}}F\mathrm{d}V \tag{3-24}$$

式中，$[C]$称为单元的阻尼矩阵，$[C] = \int_V [N]^{\mathrm{T}}\gamma[N]\mathrm{d}V$；$[M]$称为单元的质量矩阵，它代表单元的惯性特性，$[M] = \int_V [N]^{T}\rho[N]\mathrm{d}V$；$[K]$是单元的刚度矩阵，$[K] = \int_V [B]^{\mathrm{T}}[D][B]\mathrm{d}V$；$P$是集中力的列阵；$\int_V [N]^{\mathrm{T}}F\mathrm{d}V$代表体积力引起的等效集中力。

前已指出，对于结构系统动力学问题，$\{d\} = [N]\{q\}$ 是近似的。因此单元的阻尼矩阵 $[C] = \int_V [N]^{\mathrm{T}}\gamma[N]\mathrm{d}V$ 和质量矩阵 $[M] = \int_V [N]^{\mathrm{T}}\rho[N]\mathrm{d}V$ 也是近似的。但单元剖分较细时，其精度还是足够的。另外，对于静力学问题，形状函数$[N]$是由静态位移的分布确定的，就是说它仅是位置坐标的函数，即有 $N(x, y, z)$ 。但是对做强迫振动或自由振动的结构单元，形状函数还要考虑频率 ω 的影响，即此时有 $N(x, y, z, \omega)$ 。

当考虑频率 ω 的影响时，则相应的刚阵和质阵将分别变成

$$[K] = [K_0] + \omega^4[K_4] + \cdots$$

$$[M] = [M_0] + \omega^2[K_2] + \cdots$$

其中的 $[K_0]$ 和 $[M_0]$ 代表单元的静力刚阵(与静力问题中的刚阵相似)和静力质阵。而 $[K_4]$ 和 $[M_2]$ 以及其他的高次项分别代表它们的动力修正。

用和静力学问题中求刚阵$[K]$的相似办法来求单元的质阵时，也要考虑单元的局部坐标和全结构系统的统一坐标之间的转换。这时有

$$\{d\} = [T]\{\bar{d}\}$$

和

$$\{\ddot{d}\} = [T]\{\ddot{\bar{d}}\} \text{ 及 } \{\delta d\} = [T]\{\delta \bar{d}\}$$

由虚位移原理有

$$\{\delta\bar{d}\}^{T}(-[\bar{M}]\{\ddot{\bar{d}}\}) = \{\delta d\}^{T}(-[M]\{\ddot{d}\})$$

将前述各式代入上式，从而得

$$[\bar{M}] = [T]^{T}[M][T] \tag{3-25}$$

直接把 $[M] = \int_V \rho [N]^{T}[N]\mathrm{d}V$ 代入上式得

$$[\bar{M}] = \int_V [T]^{T}[N]^{T}[N][T]\mathrm{d}V = \int_V \rho[\bar{N}]^{T}[\bar{N}]\mathrm{d}V \tag{3-26}$$

其中的 $[\bar{N}] = [N][T]$ 。

如果单元上除了均匀的质量外，在节点上还有真实的集中质量，则除单元质阵$[M]$或$[\bar{M}]$外，还应有和集中质量对应的质阵 $[M_c]$ 和 $[\bar{M}_c]$ 。它是一个对角矩阵，其阶数等于节点位移$\{q\}$的个数。对于没有任何集中质量的那些节点，则在 $[M_c]$ 和 $[\bar{M}_c]$ 的相应位置上填以“0”元素。此时单元的质阵是两者之和，即 $[M] + [M_c]$ 或$[\bar{M}]$ 和 $[\bar{M}_c]$ 。

阻尼较小的结构，其阻尼可以看成是比例阻尼。对于比例阻尼，其阻尼矩阵可以写成和质阵(或刚阵)成比例。即可以按类似于质阵$[M]$的方式来确定。例如，可选取

$$[C] = a_0[M] \tag{3-27}$$

或取为质阵$[M]$及刚阵$[K]$的比例之和

$$[C] = a_0[M] + a_1[K] \tag{3-29}$$

或甚至取

$$[C] = [M]\sum_{b=0}^{n-1} a_b([M]^{-1}[K])^{b} \tag{3-30}$$

其中，a_b 由$(b+1)$ 个频率下同类结构实验的$(b+1)$个阻尼比确定。

结构阻尼是结构内部由于材料的内摩擦引起的非黏性阻尼，它近似于线性。对于简谐振动来说，它和位移(应变)成比例，并与速度同方向。这时的阻尼矩阵也可以写成和刚阵成比例，如 $[C] = a[K]$ 。

对于某些复杂的结构，当不能确定其阻尼性质时，它的阻尼系数可按临界阻尼的某个百分数来取值，即取

$$\gamma = c\gamma_{临}$$

式中，c 是实际阻尼与临界阻尼之比，它应小于 1。临界阻尼

$$\gamma_{临} = 2\sqrt{km} = 2m\omega$$

式中，$\omega = \sqrt{\dfrac{k}{m}}$ 是结构的固有频率。

资料上推荐的阻尼比一般在 0. 02~0. 24 的范围内，这需要考虑材料和结构形式等因素

选取。

对于无阻尼的自由振动，$[C]=0$，$P=0$，运动方程式(3-24)变成(不考虑体积力的作用时)

$$[M]\{\ddot{q}\}+[K]\{q\}=0 \tag{3-31}$$

由于自由振动是简谐的，则位移可以写成

$$\{q\}=\{\delta\}e^{j\omega t} \tag{3-32}$$

式中，$\{\delta\}$ 是位移 $\{q\}$ 的振幅列阵冲；ω 是自由振动的频率；t 是时间。

把式(3-32)代入式(3-31)中，由于

$$\{\ddot{q}\}=(j\omega)^2\{\delta\}e^{j\omega t}=-\omega^2\{\delta\}e^{j\omega t}$$

所以得

$$[M](-\omega^2\{\delta\}e^{j\omega t})+[K]\{\delta\}e^{j\omega t}=0$$

或

$$(-\omega^2[M]+[K])\{\delta\}=0 \tag{3-33}$$

这就是无阻尼自由振动系统的运动方程式。

和在静力学问题中的$[K]$组成全结构刚阵 K 一样，也可以用同样方法由$[M]$和$[C]$组成全结构的质阵 M 和阻尼矩阵 C。这样，对于自由振动，结构系统的运动方程可以分别写成：

对有阻尼的自由振动

$$(-\omega^2 M+j\omega C+K)\delta=0 \tag{3-34}$$

对无阻尼的自由振动

$$(-\omega^2 M+K)\delta=0 \tag{3-35}$$

在结构动力学计算中，求解结构的自由振动特性即固有频率和振动模态(振型)是其主要内容。计算经验表明，结构的阻尼对结构的频率和振型的影响不大。所以求频率和振型时可以不考虑阻尼的影响。因此，常用无阻尼的自由振动来求结构的频率和振型。

对于无阻尼的自由振动，式(3-35)的行列式

$$|-\omega^2 M+K|=0 \tag{3-36}$$

是系统的特征方程式。从中可以求出自由振动系统的固有频率 ω^2 来。方法是把 $|-\omega^2 M+K|=0$ 展开，得出一个 ω^2 的 n 阶多项式。这个多项式的根就给出了固有频率(特征值)。正是这些固有频率才使 $(-\omega^2 M+K)\delta=0$ 中的 δ 得到非零解。这样得到的频率的数目等于质阵 M 主对角线上非零质量系数的数目。

把从特征方程中求出的特征值(固有频率 ω_i^2)代入方程 $(-\omega^2 M+K)\delta=0$ 可以求出特征向量(振动模态)3 的相对比值，从而得到给定频率的振幅(振型) δ 。

若结构系统的某些节点有刚性约束条件，就和在静力学问题中一样，根据这些约束条件进行边界条件处理，就得到和减缩刚阵 K_r 对应的减缩质阵 M_r 。这时的运动方程就变成

$$(-\omega^2 M_r+K_r)\delta=0 \tag{3-36a}$$

二、单元的质量矩阵

已给出单元的质量矩阵

$$[M]=\int_V [N]^{\mathrm{T}}\rho[-N]\mathrm{d}V \tag{3-37}$$

式中，$[N]$是单元的形状函数；ρ 是物体的密度。

根据式(3-37)可以计算出各种单元的质量矩阵$[M]$。例如，平面弯曲问题的梁单元的质量矩阵为

$$[M]=\frac{\rho AL}{420}\begin{bmatrix} 15b & 22l & 54 & -13l \\ 22l & 4l^2 & 13l & -3l^2 \\ 54 & 13l & 156 & -22l \\ -13l & -3l^2 & -22l & 4l^2 \end{bmatrix}$$

式中，A 是梁的截面积。

平面问题中的三角形单元的质量矩阵为

$$[M]=\frac{\rho AL}{12}\begin{bmatrix} 2 & 0 & 1 & 0 & 1 & 0 \\ 0 & 2 & 0 & 1 & 0 & 1 \\ 1 & 0 & 2 & 0 & 1 & 0 \\ 0 & 1 & 0 & 2 & 0 & 1 \\ 1 & 0 & 1 & 0 & 2 & 0 \\ 0 & 1 & 0 & 1 & 0 & 2 \end{bmatrix}$$

式中，A 是单元面积；t 是单元的厚度。

上面给出的质量矩阵是一致质量矩阵。如果不是用形状函数$[N]$求出的，而是把质量集中地分配在它们的节点上，则此质量矩阵称为集中质量矩阵；质量分配按静力学平行力的分解法则进行。

如两节点梁单元的集中质量矩阵为

$$\begin{array}{cc} & \begin{array}{cccc} v_i & \theta_{xi} & v_j & \theta_{xj} \end{array} \\ [M]= & \begin{bmatrix} m/2 & 0 & 0 & 0 \\ 0 & 0 & 0 & 0 \\ 0 & 0 & m/2 & 0 \\ 0 & 0 & 0 & 0 \end{bmatrix} \begin{array}{c} v_i \\ \theta_{xi} \\ v_j \\ \theta_{xj} \end{array} \end{array}$$

三节点平面三角形的集中质量矩阵为

$$[M]=\frac{m}{3}\begin{bmatrix} 1 & 0 & 0 & 0 & 0 & 0 \\ 0 & 1 & 0 & 0 & 0 & 0 \\ 0 & 0 & 1 & 0 & 0 & 0 \\ 0 & 0 & 0 & 1 & 0 & 0 \\ 0 & 0 & 0 & 0 & 1 & 0 \\ 0 & 0 & 0 & 0 & 0 & 1 \end{bmatrix}$$

上两式中，m 分别为梁单元和三角形单元的质量。从集中质量矩阵的形式可以看出，它们都是对角阵。这对结构系统固有频率的计算很有利。

第四节 有限元法的前后置处理

有限元法是一种被广泛应用于工程中的基本数值分析方法。它所分析的区域可以具有任意形状、载荷和边界条件，可以联合使用不同类型、形状和物理性质的单元，有限元网格与真实结构具有高度的物理相似，不是难以形象化的数学抽象，易于为工程技术人员所理解。

使用有限元法所要克服的最大障碍之一，是将一般的几何区域离散为有效的有限元网络以及对分析结果的处理。不仅网格生成过程枯燥、冗长和容易出错，而且有限元分析的精度和花费直接依赖于单元的尺寸、形状和单元在区域中的数量。有限元分析的结果是大量的数据，如节点位移、单元的应力和应变等，对于这些数据的分析也要做大量细致的工作。

有限元法前处理的目的是为减少数据准备的工作量，采用特殊剖分(最优剖分)以使得分析结果逼近真实解。将分析结果可视化，是有限元法后置处理所要解决的问题。

一、有限元网格自动生成

自动网格部分要求有限元分析输入文件既要能直接从几何模型中产生几何描述，又可根据事后误差估计和精化预测要求，具有自适应网格精化的能力。

因为自动网格剖分具有潜在的巨大收益，这一领域受到许多研究者的关注。目前，多数研究集中于自由网格剖分，如二维四叉树和三维八叉树、三角化或子结构化这样的技术。一般来说，这些剖分技术所产生的三角形单元的精度低于四边形单元。这些方法中的一部分已被扩展到用于生成全四边形网格。另一种方法是使用参数空间映射来生成全四边形或三角形网格。这项技术并不是完全自动的，所以在分析中必须先将几何区域分解功能与参数空间映射较好的区域。

尽管映射技术费力而且要有专门经验，但为了追求分析精度和采用较少的单元及节点，许多熟练分析人员宁可使用这种方法而不使用其他技术。对于形状简单的几何体，还可以用扫描变换这种基本的计算机图形学方法生成二维四边形单元和三维六面体单元，此时不需要生成几何模型，可以认为它是映射法的一个特例。

(一) 结构几何模型表示方法

几何模型一般由两种途径生成：一种是由其他计算机辅助设计软件生成的几何模型转换得到；另一种是由有限元前处理软件内部生成。目前除结构几何描述的单元分解法被直接运用于有限元网格剖分之外，常用的几何表示模式还有：边界表示(简称 B-ReP)及结构的立体几何表示(简称 CSG)等。

1. 单元分解表示模式

这种表示模式的思想是：将几何形体所在的空间依据一定的规则划分为许多单元，这些单元可以是四面体或六面体单元等。单元可能有以下三种情况。

(1) 单元在形体中。

（2）单元在形体边界上。

（3）单元在形体外。

对于第一种情况，单元记为实；第三种情况单元记为空；在第二种情况下，可以划分为更小的单元，直到满足形体的几何精度要求为止。

采用这种模式可以描述任何形状的几何体。然而这种表示模式是近似的，对于较复杂的形体，必须在边界上划分出很细的单元。为克服这个缺点，可在原单元的基础上增加三种单元，即含有形体顶点的单元，称为顶点单元；含有形体一条边的单元，称为边单元；含有一个面的单元，称为面单元。

2. 边界表示模式

边界表示的思想是采用描述三维几何体表面的方法来描述几何形体。一般可以认为：一个形体是由有界的平面或曲面构成的一个封闭实体；每个有界面是由有限条边围成的封闭区域；封闭区域由曲面方程等定义；而曲面也可以用多个平面多边形来组合。因此，在边界表示中，形体由面组成，面由多边形组成，多边形由边组成，边由一系列有序的顶点组成。

3. 结构立体几何表示模式

结构立体几何表示的思想是采用一些简单的体素，如圆锥体、长方体、棱锥、圆环、劈和球等，通过一系列的布尔运算——并、交、差来构成复杂形体。“并”运算可理解为“堆积”，是把若干个基本体素按一定的次序和位置堆积起来，组成一个完整的形体。“差”可理解为“挖切”，是在一个形体上按一定的次序切角、开槽、钻孔等而形成的新的形体。“交”可理解为“相贯”，是用相交的方式组合两个或两个以上的形体生成新的形体。

在边界表示中，形体的面、边及其关系的表示具有实用性。但这种表示方法要求准确地描述多边形和它的边、顶点的几何和拓扑信息，这对手工构成是很困难的。如果信息描述不准确，将会导致由这些信息生成的图形与实物不符合。例如，可能出现两个面之间有间隙，面上的多边形不闭合等。结构立体几何表示能够直观地表达形体，但对于某些图形的处理，不能提供有效的数据。

许多集成化的计算机辅助设计程序，综合采用上述后两种表示（即 CSG 和 B-ReP）模式，如在形体生成时采用 CSG 模式，当要做某些图形处理时，要对表示模式进行转换。例如，许多有限元网格剖分方法在构成剖分区域时采用的是 B-ReP 模式，这样可以充分利用两种模式的优点。

（二）映射网格生成方法

映射网格生成方法主要用于生成四边形单元，对于三条边组成的映射区域生成三角形单元。在有限元分析中，接近边界的单元特性对分析精度起到重要的作用，而四边形单元的分析精度优于三角形单元。

映射网格生成方法是基于边界的有规则网格剖分方法。最简单的映射网格生成是在平面四边形区域上生成网格，每条边是简单的直线和曲线，这样可以在每一条边上按一定的规则生成节点，然后分割区域。边界上的线段可设置分割份数，以及节点分割比例因子。

1. 线段的剖分

直线段由两顶点 p_1 及 p_2 定义。设将线段分为 N 段，即生成 $N+1$ 个节点，定义参数 $t \in$

[0, 1]，则第 i 点的参数为

$$t_i=\begin{cases} t_0+\dfrac{i}{N}(t_N-t_0) & (q=1)\\ t_0+\dfrac{1-q^i}{1-q^N}(t_N-t_0) & (q\neq 1)\end{cases} \tag{3-38}$$

式中，$i=1, 2, \cdots, N$；q 为参数分割的比例因子，且

$$q=\frac{t_{i+1}-t_i}{t_i-t_{i-1}} \tag{3-39}$$

则对应于 t_i 的分割点坐标为

$$p(t_i)=[t_i \quad 1]\begin{bmatrix}-1 & 1\\ 1 & 0\end{bmatrix}\begin{Bmatrix}p_1\\ p_2\end{Bmatrix} \tag{3-40}$$

曲线段上节点生成时，首先将其描述为参数曲线。例如，一般的三次参数曲线可表示如下：

$$\left.\begin{aligned} x(t)&=a_xt^3+b_xt^2+c_xt+d_x\\ y(t)&=a_yt^3+b_yt^2+c_yt+d_y\\ z(t)&=a_zt^3+b_zt^2+c_xt+d_z\end{aligned}\right\} \tag{3-41}$$

式中，$0\leqslant t\leqslant 1$。只要计算出分割点参数 t_i，即可由式(3-41)计算得到分割点坐标 $p(t_i)$。

2. 二维区域的剖分

一般的映射网格区域是由三条或四条边定义的。每一条边可以是简单的线段或复合线段(用 C 表示线段)。这些线段在同一个曲面上，如果没有定义曲面，则应生成一个孔斯(Coons)曲面片，允许四条边界可以是任意类型的参数曲线。

(三) 自由网格生成方法

自由网格剖分适合于全自动过程，自由网格剖分可分为拓扑分解法、基于栅格法的四叉树和八叉树技术、节点连接方法及几何分解法等。下面仅对前两种方法加以说明。

1. 拓扑分解法

二维平面区域是由直线或曲线边和顶点构成的封闭域。在剖分中，首先将区域初步分解成一组粗略的三角形单元，或者说分解为一组类似于单元的仅具有三个顶点的区域，此时并不考虑单元真正的尺寸和形状，这些粗略的单元还将要进行进一步的剖分。

①对于多连通域，即具有内环的区域，应将其转换为单连通域。先处理距离外环最近的内环，用一条直线连接外环到内环最后的顶点，将其并入外环，再处理下一个内环，直到处理完所有内环为止。当内环或外环为(或有)曲线段时，应依据一定的判据，按照映射网格生成方法中叙述的方法，对曲线段进行剖分。

②然后，利用区域边界的顶点，将区域分割为一组互不相交的粗略的三角形单元。此时应注意这些三角形单元的有效性，即所有三角形的并集应为原区域。具体做法是：每次寻找一个相邻的两条边组成一个三角形，并且这个三角形的边界和内部均不包含区域中其他的顶点和边界。可以证明，至少存在着一个这样的三角形。这种方法称为环切边界。

③粗略的三角形单元生成后，可以利用其他适用于凸区域的网格剖分方法(如映射法)进行单元细分。在这一步工作中，与映射网格部分相似，要求保证粗略的三角形单元间节点剖分一致。

拓扑分解法可以推广到三维网格剖分，其方法和二维做法相似。对于具有孔的多面体，可以先将其在孔处切开，处理为没有孔的单连通域：然后选择一个具有三条边与其相连的顶点，从角部切下一个四面体，如果没有仅与三条边相连的顶点，则取一条边，切下一个四面体，直到最后一个四面体被切除。在四面体切除中，必须检查其状态，即没有任何其他顶点或边在被切除四面体的表面上或内部。

2. 基于栅格的四叉树和八叉树技术

直接的栅格方法是几何造型中单元分解表示模式在有限元网格剖分中的应用。对于二维区域，首先生成一幅网格模板。这个模板可以是矩形或三角形的栅格。栅格可以看成是一个个单元，对于处于剖分区域以内的单元，予以保留；处于剖分区域以外的单元，则删除之；包含一个顶点或一个边的单元，要视不同情况予以处理，即对单元进行删除、裁剪、分割和调整相邻单元节点等操作。

当区域边界的某条线段长度过分小于栅格尺寸时，上述方法可能丢掉这条边，导致网格与原区域不符。为解决这一问题，可以在边界上用其他方法进行一层单元剖分，内部区域仍使用栅格，依靠调整节点坐标，形成最后的网格剖分。

四叉树技术是将待剖分的二维区域分解为四分元，四分元有矩形和三角形两种。

对于处理于区域内部的四分元一直分解到满足网格剖分密度为止。由于相邻的四分元可能具有不同的尺寸，这时，要实现不同尺寸四分元的过渡。

无限地分割四分元是难以做到，也是不必要的，这样总会有四分元包含一个顶点或一条边，与栅格法一样，需要对这些四分元进行处理。

三维八叉树技术是将三维区域分解为八分元。八分元有六面体和四面体两种，具体方法从略。

二、有限元法的后置处理

后置处理是通过直观的图形来描述有限元分析的结果，以便于对其进行分析、检查和校核。后置处理输出的图形包括网格、静态变形、振型、应力及应变等。

（一）网格图

网格图的简单显示可用线框来绘制。例如，四边形单元由四条边显示，六面体单元由十二条边显示等。所以，绘制出单元每条边即绘制出了网格图。当网格节点较多，或采用三维实体单元时，很难看出结构的几何形状，所以有时必须对网格进行消隐处理，使得网格图表达的意义更明确。

消隐处理方法的基本原理是：空间物体各个面在投影平面上投影后产生重叠，这样，某些面可能被其他面全部或部分遮挡，而变得全部或部分不可见。将相互重叠部分根据边界相交划分为多个子区域，相应物体表面的线段被划分为多个子线段；每个子线段非端点上的任意点可见性即代表该子线段的可见性，通常取子线段的中点来判断。

在有限元网格图消隐中，如果对每条线段和每个面进行上述的运算，则计算量是相当大的。对全为三维实体单元的网格，判断线段和面是否应该参与运算可按如下方法进行。

(1) 从给定节点向任一方向作射线，穿过形体表面的次数若为奇数，则表明该节点处于形体内部，因而与此节点相连的线段及面不必参与运算。这种方法必须基于几何模型，即已知形体的表面。

(2) 若与给定节点相连的每个单元面皆为两个单元的公共面，则与此节点相连的线段和面不必参与运算。

根据有限元模型的特殊性，可以用深度优先的方法来进行消隐处理。根据深度由大到小依次用区域填充的方法绘出每个单元，深度小的单元覆盖了深度大的单元，这样即得到消隐效果。但是，这种方法在某些地方(如单元尺寸相差太大，而单元又是相邻的情况下)会产生不太理想的效果，即产生不正确的消隐。这种方法也不便于直接利用绘图机输出。

(二) 节点位移的描述

用结构的变形图来描述节点位移比较直观。变形图可以表示结构在静载下的位移和自由振动的振型。显示变形图与显示网格图的方法相似，所不同的是节点的坐标位置发生了变化，变形后的节点坐标为

$$X = X_0 + \Delta X \tag{3-42}$$

式中，X_0 为节点坐标 ΔX 为变形量。

一般情况下，变形量相对于结构尺寸很小，致使按式(3-42)计算得到的坐标值难以反映结构的变形，所以必须将其改为

$$X = X_0 + \alpha\Delta X \tag{3-43}$$

式中，α 为放大系数。取合适的 α 值，即可得到表达明确的变形图。为了比较变形前与变形后的结构，可将它们重叠显示。

振型图绘制与变形图绘制相似，为了得到动态的视觉效果，可以绘制一组相应的变形图，节点坐标为

$$X_i = X_0 + \alpha\sin\left(\frac{2\pi}{N}i\right)\Delta X \tag{3-44}$$

式中，N 为显示图幅数；$i = 0, 1, \cdots, N - 1$；ΔX 振型向量，但不包括转角。

有时可能关心结构上某些节点的变形数值，这时可以用二维坐标图来表示结构的变形情况。例如，用横坐标表示节点在整体坐标系中的位置，纵坐标表示变形量。

(三) 应力图和应变图

应力图和应变图一般较多地采用等值线来描述，并且只需要绘制结构的表面或某一方向的应力和应变。设最大和最小应力和应变值为 π_{max} 和 π_{min}，等值线数为 $N>2$，则等应力值或等应变值可以按下式确定：

$$\pi_i = (\pi_{max} + \pi^*)Q^{i-1} - \pi^*(i = 1, 2, \cdots, N) \tag{3-45}$$

式中，π 为基准平移值，保证 $\pi_{min} + \pi^* > 0$；Q 为应力降低系数。

$$Q = \left(\frac{\pi_{min} + \pi^*}{\pi_{max} + \pi^*}\right)^{\frac{1}{N-1}} \tag{3-46}$$

等值线的绘制方法是：在结构表面或截面上利用插值方法得到离散的数据点，将单元坐标系下的数值，变换到整体坐标系下。确定绘制等值线的值，通过对数据进行搜索、提取，即可得到等值点，用等值线跟踪的办法即可绘出等值线。等值线应该既不相交也不分叉。

第四章 机械动态设计

第一节 机械结构振动基础

一、机械动态设计概述

（一）机械动态设计的意义

随着科学技术的进步，机械产品与设备朝着高效、精密、轻量化和自动化的方向不断发展，产品的结构趋于复杂，因此对机械产品性能的要求也越来越高。为了使这些产品和设备安全可靠地工作，其结构系统必须具有良好的静、动态特性。同时，设备在工作时的振动与噪声，会损害操作者的身心健康，并且污染环境，也是一个需要致力解决的社会问题。为此，必须对机械产品和设备进行动态分析与设计，以满足机械动态特性和低振动、低噪声等要求。

机械动态设计是一项正在发展中的技术，它包含的内容十分丰富，涉及现代动态分析方法、计算机技术、产品结构动力学、设计方法学等众多学科范围，它对结构的动态和静态性能予以全面的分析和设计，具有传统设计方法达不到的优越性。目前国内外在机械动态设计这一领域的研究十分活跃，对于这一仍然处于发展阶段的理论技术领域。

（二）机械动态设计的含义

机械动态设计是指根据机械结构工作的动力学环境以及功能、强度等方面的要求，按照结构动力学“逆问题”分析法对结构的振型、频率等动态特性参数进行求解，或按结构动力学“正问题”分析法进行结构修改和修改结构动态特性的重分析，从而得到一个具有良好动静态特性的产品。通过机械动态设计得到的产品不仅具有良好的工作工艺指标，而且能够安全、可靠地工作，并满足相应的寿命要求。

机械设备正在向大型化、自动化、智能化、集成化、数字化方向发展，工作过程中出现的动力学问题越来越多，对动力学特性的要求也越来越高。因此，对机械整体系统及其零部件按照传统的设计理论和方法进行设计是远远不够的，而应该按照现代机械的动态设计理论与方法进行较全面和系统的设计，这是保证机械设备和整个系统可靠和有效运行的重要措施和必要手段。特别是近 10 多年来，现代科学技术，诸如非线性动力学理论与方法、现代设计理论与方法和计算机技术的迅速发展，使得应用最新的科学技术，对机械进行全面和系统的动态设计已成为可能。

（三）机械动态设计的主要内容与关键技术

机械动态设计是一门综合了多种学科、具有很高工程应用价值的现代设计技术。它的一般流程包括：对满足工作性能要求的产品初步设计图样，或需要改进的产品结构实物进行动力学建模，并做动态特性分析。然后，根据工程实际情况，给出其动态特性的要求或预定的动态设计目标，再按结构动力学“逆问题”方法直接求解结构设计参数，或按结构动力学“正问题”分析法，进行结构修改设计与修改结构的动态特性预测，其结构的修改与预测过程往往需要反复多次，直到满足各项设计要求，从而得到一个具有良好动态特性的产品设计方案。因此，结构动态设计的主要内容包括如下两个方面：

①建立一个切合实际的结构动力学模型。

②选择有效的结构动态优化设计方法。

机械结构的动力学模型可采用理论建模方法和实验建模方法进行建立。理论建模方法一般都是从结构的原理及结构形状开始，提取出关键性参数从而对结构进行化简，根据力学原理，得到具有能表征结构最重要动态性能的动力学模型。实验建模方法一般是指建立实验模态模型或频响函数模型。对于复杂结构，目前常采用有限元法将连续的结构离散成有限个自由度的动力学系统来建模。随着计算机技术的高速发展，各种硬件性价比的大幅度提高，各种商业化有限元软件的发展使得有限元法建模、分析的效率更高，速度更快，大大促进了结构动态设计的发展。然而，这种理论建模方法也有不足之处，如对于复杂的、要求精度较高的模型，分析的速度慢且得到很多无用的结果。由于整体的结构阻尼及结合部的动力学特性(刚度、阻尼)等参数的不准确，使得分析的结构精确度不是很高。随着实验模态测试技术的发展，实验分辨精度的提高，软硬件技术的不断完善，实验建模方法成为最能反映机械结构动态特性的分析方法，可弥补理论建模的不足。

建立一个真正反映结构系统动态特性的动力学模型，只是进行结构动态设计的先决条件，而非最终目的，动态设计的最终目的是利用系统的动力学模型并选择一种适当的优化算法来对结构进行动态优化设计，以获得一个具有良好动态性能的产品结构设计方案。结构的动态优化方法可归纳为：“逆问题”与“正问题”两大类处理方法。所谓“逆问题”处理方法，就是给定结构某些动态特性要求，通过某种算法直接反求结构的设计变量。所谓“正问题”处理方法，就是根据实际结构可能变更的设计方案，不断修改设计参数，并通过某种算法快速重分析结构的动态特性参数，以达到动态优化的目的。因而，如何以结构的设计变量为优化变量，实现结构动力学逆问题的直接求解以及寻找一种更快速、更准确的结构动态特性模型与方法，便是结构动态设计中的关键技术。

二、机械振动的含义与分类

机械振动是指系统在某一位置(通常是平衡位置)附近所做的往复运动。振动现象在生活中普遍存在，例如，人们能听到周围的声音是由于鼓膜的振动；能看见周围的物体是由于光波的振动；人的血液流动是由于心脏的跳动；人的呼吸与肺的振动紧密相关。

机械振动通常会给人类的生活和生产带来危害。在生活中，崎岖的道路会使汽车产生振动，轮船航行时遇到海浪会引起颠簸，飞机机翼的颤振和发动机的异常振动也曾引发多次飞行事故，这些都会影响到乘客的身心健康甚至是生命安全。在生产活动中，振动会影响精密仪器的准确度；降低机械结构的强度会加剧结构的疲劳和磨损，缩短使用寿命。同时，机械振动会产生噪声，污染环境，影响人们正常的工作和休息。

然而，合理地利用振动机理也会让我们发现机械振动有利的一面。例如，从19世纪瑞士人发明的利用摆振进行计时的钟表，到现在利用晶振进行准确计时的石英钟，又如许多利用机械振动的生产设备：振动筛选机、振动研磨机、振动测量传感器等。它们的出现让人们认识到，随着对振动规律的深入理解，振动的作用会不断被挖掘出来，也必然会更好地造福于人类。

对于一般的振动问题，人们将产生振动的结构称为系统，把作用于系统的所有外激励因素称为输入，系统相应于输入的响应则称为输出。

根据研究目的的不同，可以把振动问题归纳为以下三类。

（一）已知激励和系统特性，求系统的响应

这类问题称为系统动力响应分析，是振动的正问题。当静力分析不能够满足人们对产品的设计要求时，系统动力响应问题的研究便逐渐得到重视。根据已知条件对振动系统进行简化，得到合理的数学模型后再通过一些特定的数学方法求解出人们所关心的振动结构上的位移、应力等结果，并以此考核振动结构的设计是否合理。如若不满足动态设计要求，则必须进行结构修改。许多工程问题应用这一基本分析过程都能得到满意的结果。

（二）已知激励和系统响应，求系统参数

这是振动问题的反问题，通常称为系统识别。这类问题的出现实际是源自振动的正问题，当振动系统的响应不能够满足设计要求时，需要修改结构。而通常进行结构修改只能是凭借经验，往往具有盲目性，得到的结构常常不能让人满意，效率也非常低。事实上，除少数非线性的问题外，大多数问题的输入、系统和输出具有确定性的关系，因而人们可以在线性、定常、稳定假定等基础上研究得到系统识别的多种方法。

（三）已知系统特性和系统响应，求激励

这是振动问题的第二种反问题，可以称为环境预测。在汽车、飞机的运行，由地震、风浪等引起的建筑物振动等问题中，一般已知振动结构的情况，也能够较容易地测得系统的动力响应，但激励却很难确定。为了能够在进一步的研究中得到在这些特定激励下原有结构及新设计结构的动力响应，需要确定这些激励。

也可以按其他方法进行分类。

1. 按激励的有无可以分为：自由振动与受迫振动

系统受到一个初始激励的作用，激励消失后系统所做的振动称为自由振动。在外激励的作用下系统所做的振动则称为受迫振动。

2. 按运动微分方程可以分为：线性振动与非线性振动

如果描述运动的方程是线性微分方程，则系统所做的振动称为线性振动，线性振动的一个重要特性是满足线性叠加原理。如果描述运动的方程是非线性微分方程，那么线性叠加原理不再成立，系统所做的振动称为非线性振动。

3. 按激励性质可以分为：随机振动与确定性振动

系统在非确定性随机激励下所做的振动称为随机振动。如果作用在振动系统上激励的值或幅值在任何时刻都是确定的，则系统所做的振动称为确定性振动。

二、振动分析的一般步骤

一般作用于振动系统的外激励和系统的振动响应都是随时间变化的，因此一个振动系统本质上是一个动力系统。通常振动系统所受到的外激励及系统的初始条件可以决定系统的振动响应，然而在工程实际中，大多数的系统本身十分复杂，在进行数学建模时，如若将所有的实际因素都考虑进来，那么求解问题将变得十分困难，因此只需考虑系统中那些最重要的特性，也能够精确预测振动系统在确定输入下的行为。众多工程实践表明，对于一个复杂的振动系统，仍然能够通过忽略模型的一些不重要影响因素而大致了解其动力学行为。通常分析一个振动系统包括以下四个步骤。

（一）建立物理模型

为了进行机械系统振动的研究，首先应当确定的是与所研究问题有关的系统元件和外界因素。例如，汽车在不平的道路上行驶时由于颠簸会在垂直方向产生振动。组成汽车的众多元件都或多或少地影响到它的性能。但是，相比于汽车相对道路的运动，汽车的车身和其他元件的变形要小得多，弹簧和轮胎的柔性比车身的柔性要大得多。因此，为了确定汽车由于颠簸而产生的振动，我们可以建立一个简化的理想物理系统，从工程分析的角度来看，它对外界因素作用的响应将和实际系统相接近。一般而言，对某种分析适用的一个物理模型并不一定适用于其他的分析，需要对特定的问题进行具体的分析后才能够确认物理模型的适用性。如果要提高分析的精度，就很可能需要更为精确的物理模型。

（二）建立数学模型

建立数学模型是为了揭示系统的重要特性，得到描述系统动力学行为的方程。在得到所研究系统的物理模型后，可以应用物理定律对物理模型进行分析，以导出描述系统特性的方程。一般来说，振动问题的数学模型表现为控制微分方程的形式。

（三）方程的求解

要想了解振动系统响应的特点和规律，就必须对数学模型进行求解，以得到描述系统运动的数学表达式。通常，这种表达式是振动位移、速度和加速度的表达式，表示为时间的函数，其表明了系统运动与系统性质和外界作用的关系。

（四）结果的分析

有了方程的解之后还需要做进一步分析，以便揭示分析结果对设计的某些指导作用。例如，可以根据方程解的特点与规律结合系统的设计要求及结构特点对结构的设计或修改是否合意进行判断，从而获得解决问题的最佳方案。

在上述步骤之中，数学模型的建立和方程的求解是分析振动问题的重点，而如何建立一个合理的物理模型则是分析问题的基础。

三、单自由度系统的振动

单自由度系统是最简单的振动系统，通过对单自由度系统的分析，可以简单明了地阐明机械振动的一些基本概念、原理和方法，这是研究复杂问题的基础。

(一) 无阻尼自由振动

图 4-1 表示单自由度系统的一般模型。机械系统在运动中总是会受到阻力，因而阻尼总是存在的。在一些情况下，阻尼很小，对系统运动的影响甚微，此时可以忽略阻尼的影响，而系统就成了一个无阻尼单自由度系统。通常这种分析简化也能得到满意的结果。

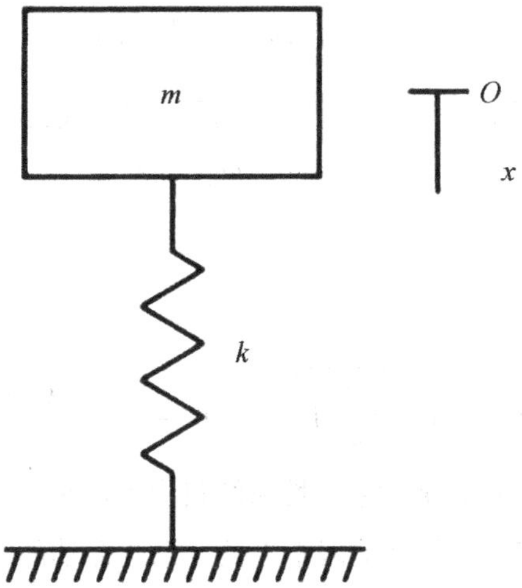

图 4-1　单自由度系统理论模型

质量为 m 的质量块和弹簧常数为 k 的弹簧组成了单自由度无阻尼系统自由振动的理论模型，系统只在垂直方向微幅振动。当未加质量块时，弹簧处于自由状态，而当质量块被静态加到弹簧上后，系统处于平衡状态，弹簧变形量为 δ_{st}。

由静力平衡条件可得

$$W = mg = k\delta_{st} \tag{4-1}$$

如果将弹簧向下压缩距离 x，弹簧的恢复力会随之增大 kx，这时受力状态可以表示为

$$W = mg < k(\delta_{st} + x) \tag{4-2}$$

显然系统已不再处于平衡状态，此后系统会以这一恢复力维持自由振动。若以给系统施加扰动的时刻为 $t=0$，并将系统静平衡位置作为空间坐标的原点建立坐标系且以质量块由平衡位置向下移动的距离为正。那么在 t 时刻，系统的位移为 x，此时由牛顿定律可以得到

$$W - k(\delta_{st} + x) = m\ddot{x} \tag{4-3}$$

经化简，得

$$m\ddot{x} + kx = 0 \tag{4-4}$$

式(4-4)即为单自由度无阻尼系统自由振动的运动方程。

若令 $\omega_n^2 = k/m$ 系统的运动方程可以表示为

$$\ddot{x} + \omega_n^2 x = 0 \tag{4-5}$$

分析方程(4-5)可知其为二阶常系数齐次线性微分方程，其通解可以表示为

$$x(t) = X_1\cos\omega_n t + X_2\sin\omega_n t \tag{4-6}$$

式中，X_1、X_2——由初始条件确定的常数。若 $t=0$ 时施加于系统的条件为初始位移 x

$(0)=x_0$，初始速度 $\dot{x}(0)=v_0$，代入式(4-6)可求得

$$X_1=x_0,\ X_2=\frac{v_0}{\omega_n} \tag{4-7}$$

因此，对于确定的初始条件，系统发生的某种确定运动为

$$x(t)=x_0\cos\omega_n t+\frac{v_0}{\omega_n}\sin\omega_n t \tag{4-8}$$

这种运动可以看作由两个同频率的简谐运动所组成，将运动进行合成可得

$$x(t)=A\sin(\omega_n t+\psi) \tag{4-9}$$

式中，A——振幅；

φ——初相角。

且有

$$A=\sqrt{x_0^2+\left(\frac{v_0}{\omega_n}\right)^2},\qquad \psi=\arctan\frac{\omega_n x_0}{v_0} \tag{4-10}$$

从式(4-9)和式(4-10)可以看出：线性系统自由振动振幅仅决定于施加给系统的初始条件和系统自身的固有频率，而与其他因素无关。系统振动的频率 $\omega_n=\sqrt{k/m}$ 只与系统自身的参数有关，与初始条件无关，因而称为无阻尼固有频率。

对于一个无阻尼系统，由于其自由振动过程既没有能量的损失，也没有能量的输入，被称为保守系统。根据能量守恒定律，保守系统的总能量 E 保持不变。系统的总能量包括两个部分，系统动能和势能，即

$$E=T+U=\text{常数} \tag{4-11}$$

式中，T、U——系统动能与势能。

由式(4-11)对时间 t 求导可得

$$\frac{d}{dt}(T+U)=0 \tag{4-12}$$

若系统在某一时刻，的位移和速度分别为和则系统的动能和势能可以分别表示为

$$T=\frac{1}{2}m\dot{x}^2(t) \tag{4-13}$$

$$U=\frac{1}{2}kx^2(t) \tag{4-14}$$

将式(4-13)和式(4-14)代入式(4-12)，可得

$$\frac{d}{dt}\left(\frac{1}{2}m\dot{x}^2+\frac{1}{2}kx^2\right)=0 \tag{4-15}$$

化简后，即得到系统的运动微分方程为

$$m\ddot{x}+kx=0 \tag{4-16}$$

从式(4-16)可以看出由能量方法得到运动方程与式(4-4)一致，除了能确定运动微分方程，能量法还可求解固有频率。

通常系统在振动时，能量会在动能与势能之间进行周期性地相互转移，但总能量保持不变。振动过程中有两种特殊位置：在静平衡位置处，系统的势能为零，动能达到最大值；

在最大位移处，动能为零，势能达到最大。由能量守恒可知动能和势能的最大值相等，即

$$T_{max} = U_{max} \tag{4-17}$$

对于无阻尼弹簧–质量系统，其最大动能与最大势能可以表示为

$$\left.\begin{aligned} T_{max} &= \frac{1}{2}m\omega_n^2A^2 \\ U_{max} &= \frac{1}{2}kA^2 \end{aligned}\right\} \tag{4-18}$$

因此，有

$$\frac{1}{2}m\omega_n^2A^2 = \frac{1}{2}kA^2 \tag{4-19}$$

则

$$\omega_n = \sqrt{\frac{k}{m}}$$

（二）有阻尼自由振动

前面在进行振动分析时都忽略了系统的阻尼，然而在实际系统中，总是存在着能量的耗散，因而系统不会持续地作等幅自由振动，而是随着时间的推移振幅逐渐减小，这样的自由振动叫作有阻尼自由振动。

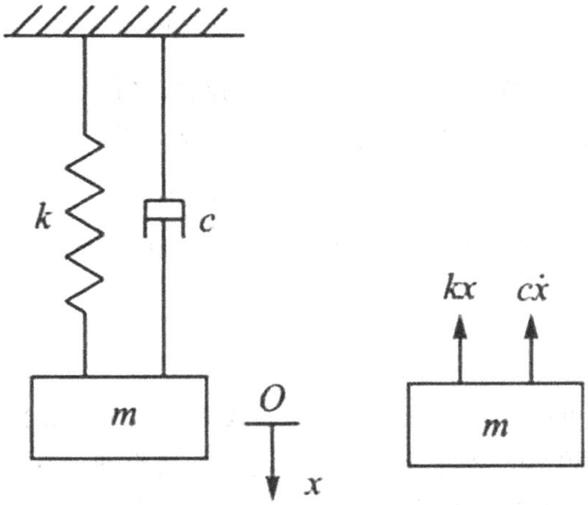

图 4–2　具有黏性阻尼的单自由度系统

图 4–2 所示的单自由度系统的运动方程可以表示为

$$m\ddot{x} + c\dot{x} + kx = 0 \tag{4-20}$$

或

$$\ddot{x} + 2\zeta\omega_n\dot{x} + \omega_n^2x = 0 \tag{4-21}$$

式中，ω_n —— $\omega_n = \sqrt{\frac{k}{m}}$ 为固有频率；

$\zeta = \frac{c}{2\sqrt{mk}}$ 称作阻尼比，是无量纲的。

设式(4-21)的通解为

$$x(t) = Xe^{\lambda t} \tag{4-22}$$

代入式(4-21)可得

$$\lambda^2 + 2\zeta\omega_n\lambda + \omega_n^2 = 0 \tag{4-23}$$

由此可解得式(4-23)的两个特征根为

$$\lambda_{1,2} = \left(-\zeta \pm \sqrt{\zeta^2 - 1}\right)\omega_n$$

由上式可以看出，特征根与阻尼比和固有频率有关，但其主要取决于阻尼比。

对于欠阻尼系统，即 $\zeta < 1$ 时，特征根为二共轭复根

$$\lambda_{1,2} = \left(-\zeta \pm j\sqrt{1 - \zeta^2}\right)\omega_n \tag{4-24}$$

方程(4-21)的解可以表示为

$$x(t) = X_1 e^{\left(-\xi + i\sqrt{1-\zeta^2}\right)\omega_n t} + X_2 e^{\left(-\xi - i\sqrt{1-\zeta^2}\right)\omega_n t} \tag{4-25}$$

根据欧拉公式展开并进行整理可得

$$x(t) = Ae^{-\xi_0 o^t}\sin(\omega_d t + \psi) \tag{4-26}$$

式中，ω_d —— $\omega_d = \sqrt{1 - \zeta^2}\,\omega_n$ 叫做有阻尼固有频率；

φ——初相角。

对于临界阻尼系统，即 $\zeta = 1$ 时，系统的运动可以表示为

$$x(t) = (X_1 + X_2 t)\,e^{-\omega_n t} \tag{4-27}$$

这是一个时间的线性函数与一个按指数衰减的函数之积。

对于过阻尼系统，即 $\zeta > 1$ 时，系统的运动可以表示为

$$x(t) = X_1 e^{\left(-\zeta + \sqrt{\zeta^2-1}\right)}\omega_n t + X_2 e^{\left(-\zeta - \sqrt{\zeta^2-1}\right)\omega_n t} \tag{4-28}$$

这是两个按指数衰减的运动之和，系统的运动将是非振荡的。

(三) 强迫振动

系统受到外界动态作用力的持续作用时，系统会产生等幅的振动，被称为强迫振动。一般作用于系统的激励可以分为谐波激励、非谐波周期性激励和任意激励。由于系统对于谐波激励的响应仍为同频率的谐波且线性系统满足叠加原理，各种复杂的激励都可以分解成一系列的谐波激励，那么系统对外力的响应便可以由叠加各个谐波响应来得到。图 4-3 表示的是单自由度系统在谐波激励下的强迫振动，其运动微分方程为

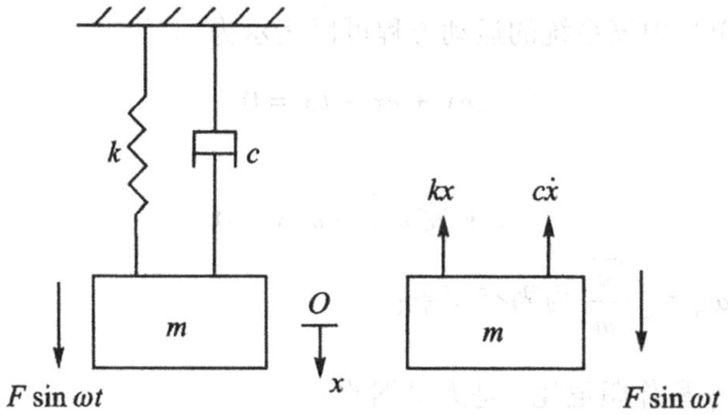

图 4-3　单自由度系统在简谐激励下强迫振动的理论模型

$$m\ddot{x}+c\dot{x}+kx=F\sin\omega t \tag{4-29}$$

式中，F——谐波激励力幅值；

ω——激励频率。

引入固有频率和阻尼比，则式(4-29)又可以表示为

$$\ddot{x}+2\zeta\omega_n\dot{x}+\omega_n^2x=\omega_n^2A\sin\omega t \tag{4-30}$$

式中，$A=F/k$ 为与力幅 F 相等的恒力作用在系统上所引起的静位移。

系统的振动由瞬态振动和稳态振动组成，随着时间的推移，瞬态振动会趋于消失，设系统的稳态响应为

$$x(t)=X\sin(\omega t-\varphi) \tag{4-31}$$

代入微分方程(4-30)并考虑到对任意 t 时刻都应该成立，可得振幅 X 和相位差 φ 分别为

$$X=\frac{A}{\sqrt{[1-(\omega/\omega_n)^2]^2+(2\xi\omega/\omega_n)^2}}$$

$$\varphi=\arctan\frac{2\xi\omega/\omega_n}{1-(\omega/\omega_n)^2}$$

可以看出，稳态响应的振幅取决于静变形 A、阻尼比 ξ 和频率比 ω/ω_n。

在工程实际中，振动系统的性能参数一般都不随时间而变化，又多属于微幅振动。这样，大多数问题可以近似地简化为线性问题来处理，因而在得到谐波激励下的系统响应后，受其他形式外激励作用的系统响应便可由叠加原理得到。

(四) 非线性系统的振动

1. 非线性问题出现的背景

对于前面所讲述的线性振动系统，无论是单自由度系统还是多自由度系统，振动系统的基本运动方程都是常系数二阶常微分方程或方程组。其常系数的物理意义为：弹性力与位移成正比，阻尼力与速度成正比，惯性力与加速度成正比。这类系统具有的最大特点是可以利用叠加原理对系统的动力响应进行求解。

然而，在工程中并不是所有的结构系统都能够满足线性系统的要求，因此时的弹性力、阻尼及惯性力无法按线性处理，这便是非线性振动系统。非线性振动系统方程一般可以表示为

$$m\ddot{x}+P(x,\dot{x})=F(t)$$

非线性系统在实际中有许多典型例证。例如，当弹簧的弹性力不与其变形成比例时，就会出现一种重要的非线性。

2. 非线性振动系统的特点

非线性振动系统与线性振动系统相比具有许多本质上的不同，这些特点包括：

(1) 固有频率特性

线性系统最重要的概念是固有频率，其“固有”的意义在于它与初始条件无关，也与振幅无关。对于非线性系统来说，由于系统自由振动的频率明显与振幅相关，固有频率便失

去了这一层意义。刚度随变形的增大而增大的硬弹簧，其固有频率随振幅的变大而变大；刚度随变形的增大而减小的软弹簧，其固有频率随振幅的变大而减小。

(2) 自激振动

运动微分方程不显含时间 t 的系统称为自治系统。对应于正阻尼、无阻尼和负阻尼的情形，线性自治系统可分为衰减型、保守型和发散型三种运动形式。线性自治系统在保守情况下的谐和运动是按能量大小形成的一组振幅连续分布的(即非孤立的)周期运动，而非线性自治系统在非保守情况下也可能出现非孤立的周期运动。当阻尼为非线性时，阻尼系数随运动而变化，因而可能在小振幅下，等效阻尼为负；在大振幅下，等效阻尼为正；在某个中间振幅，等效阻尼为零，与此对应，存在一个定常周期运动，称为自激振动。

(3) 跳跃现象

非线性系统的振幅对外扰频率的曲线可以有几个分支，缓慢地变动扰动频率，可在某些频率出现振幅的突变现象。具有非线性恢复力的系统在谐和外扰作用下的定常响应曲线，往往在有些频带上有几个分支；因而对应于同一扰频，可以有几个不同幅值的稳定的定常受迫振动。若扰力的幅值保持不变，而其频率缓慢地改变，则当扰频变到某些值时，可以在两个或几个定态振动之间发生跳跃现象。如果保持扰频不变，而缓慢地改变扰力幅度，也可能出现类似的跳跃现象，跳跃现象又称振动回滞。

(4) 同步现象

当干扰力频率接近自振系统固有频率到一定程度时，所激起的振动中只包含干扰力频率而自振频率被俘获的现象。在自振频率为 ω_0 的电子管振荡器中，在栅极回路中加上频率为 ω 的激励，则当 ω 接近 ω_0 时，按线性理论，输出信号中必然有拍频为 $|\omega-\omega_0|$ 的信号。然而，在实际中当 $|\omega-\omega_0|$ 小于某个阈值时，拍频就突然消失了，只剩下频率为 ω 的输出，即自振和受迫振动发生同步，或者说自振频率被扰频所俘获，因而这一现象也称为频率俘获。

(5) 亚谐共振

干扰力作用于非线性系统所激发的频率比干扰频率低整数倍的大幅度振动。对于线性系统，在频率为 ω 的谐和外扰作用下，只能产生频率为 ω 的定常受迫振动。但具有非线性恢复力且固有频率接近于 ω_n 的系统，在受到频率为 ω 的谐和外扰时，有可能产生频率为 ω/n 的定常受迫振动，称为亚谐共振或分频共振。亚谐共振不仅依赖于系统的参量，而且还依赖于初始条件。自振系统在谐和外扰作用下，也可能会参数亚谐共振。亚谐共振可解释为：由于外扰对自由振动高谐分量所做的功而维持的受迫振动。

(6) 参变镇定

参量周期变化使系统稳定的现象。例如倒立摆支点沿铅垂方向做适当振动时，摆的上铅垂平衡位置有可能变成稳定的。

(7) 参变激发

周期性地改变系统的某个参量从而激起系统的大幅振动。当系统的固有频率等于或接近参量变化频率的一半时，参变激发现象最易产生。

3. 非线性振动问题的求解方法

由于叠加原理不适用于非线性振动系统，因而并没有解决非线性问题的一般解法，通常采用一些特殊方法来探索非线性系统的运动。

非线性振动的分析方法可分为定性和定量两类。定性方法是研究方程解的存在性、唯一性以及解的周期性等。定量方法是研究如何求出方程的精确解或近似解。精确解是指得到一个精确的表达式，或者可以获得任何精度数值解的表达式，通常只有少数特殊类型的二阶非线性常微分方程才有可能得到精确解。非线性问题如果没有精确解，我们至少希望找到近似解。虽然对于非线性问题，解析近似解和数值近似解都是有用的，但解析方法更是人们所希望的，因为一旦获得解析解，就可以取得任何数值结果并且可以找到解的范围。对于大多数非线性振动系统，一般只能求得其近似解。

求解非线性振动系统近似解的方法有以下几种：①等效线性化法；②摄动法；③迭代法；④里兹——迦辽金法；⑤渐进法；⑥谐波平衡法；⑦能量法；⑧平均法；⑨多尺度法。此外，数值计算方法也广泛应用于非线性振动问题的研究，但数值计算不能完全取代非线性振动的解析分析，因为纯粹的数值计算不便对运动做规律性的描述，更无法表达系统各参数对运动规律的影响。因此，对于复杂的动力问题，应该采取解析分析与数值计算相结合的方法。

第二节 机械结构动力分析建模方法

一、概述

结构动力分析是研究结构的动态特性及受动载荷作用产生的动态响应的一种分析方法，它是结构动态设计中的一个重要研究内容。目前广泛应用的建立系统数学模型的方法主要有有限元建模法和实验模态分析建模方法。

在对复杂机械结构的动力分析和动态设计中，有限元法是一种应用最广的理论建模方法。在机械结构的动力分析中可以利用有限元方法建立结构的动力学模型，进而可以求解结构的固有频率、振型等模态参数以及动力响应，并可以在此基础上根据不同需要对机械结构进行动态设计。有限元方法具有精度高、适应性强以及计算格式规范统一等优点，因而已广泛应用于机械、宇航航空、汽车、船舶、土木、核工程及海洋工程等许多领域，成了现代机械产品设计中的一种重要方法。特别是随着计算机技术的发展和软、硬件环境的不断完善，有限元法在机械结构动态设计中的应用前景也越来越广阔。

一般情况下，想要建立一个与实际结构动力特性完全符合的数学模型是很困难的。由于实际工程问题极其复杂，结构系统往往由众多零部件装配而成，存在着各种结合面如螺栓联结和滑动面联结，其边界条件及刚度和阻尼特性在计算时往往难于预先确定，以致建立的模型与实际状态差异甚大。为此，发展了一种用实验的方法建立结构系统动力学模型的实验模态分析建模方法。这一方法是在结构系统上选择有限个实验点，在一点或多点进行激励，在所有点测量系统输出响应，通过对测量数据的分析和处理，建立结构系统离散的数学模型，这种模型能较准确地描述实际系统，分析结果也较可靠，因而在工程中得到广泛的应用。

二、有限元建模方法

（一）结构的离散化

有限元法的基本思想是首先假想将连续的结构划分成数目有限的小块体，称为单元，单元之间只在有限个指定的结点处相连接，组成单元的集合体近似替代原来的结构，在集合体的结点上引入等效载荷来代替实际作用于单元上的动载荷；其次，对于每个单元，根据分片近似的思想，选择一个简单的函数来近似地表示单元位移分量的分布规律，并按弹性力学中的变分原理，建立单元结点力与结点位移的关系，最后把所有单元的这种关系集合起来，就可以得到以结点位移为基本未知量的动力学方程。

（二）单元动力学方程

建立单元动力学方程的方法主要是基于弹性力学变分原理的各种方法，如虚位移原理，瞬时最小势能原理，哈密尔顿变分原理等。下面我们将介绍用虚位移原理来建立单元动力学方程。

单元上任意点的位移可以用形函数和节点位移组成的插值多项式表示，即 $\delta = N\delta^{c}$ ，单元内任意点的应变与节点位移之间的关系可以表示为 $\varepsilon = B\delta^{c}$ ，而单元内任意点的速度和加速度则分别表示为 $\dot{\delta} = N\dot{\delta}^{c}$，$\ddot{\delta} = N\ddot{\delta}^{c}$ 。

在动载荷作用下，对于任一瞬时，假定单元的任一点虚位移为 δ^{*} ，且该点产生的与虚位移相协调的虚应变为 ε^{*} 。对于一个已知的瞬态应力分布 σ ，在给定瞬时机械结构单元的全部应力在虚应变上所做的虚功为

$$\iiint_V \varepsilon^{*\mathrm{T}}\sigma\,\mathrm{d}x\mathrm{d}y\mathrm{d}z = \iiint_V \varepsilon^{*\mathrm{T}}\sigma\,\mathrm{d}V \tag{4-32}$$

此时，外力除施加在节点上且与时间有关系的激励外载荷外，还包括惯性力和阻尼力。其中惯性力与加速度成正比，方向相反，单位体积的惯性力可以表示为

$$f_{\rho} = -\rho\ddot{\delta} \tag{4-33}$$

式中，ρ ——单元材料的密度。

若假设结构受到线性黏性阻尼力，即阻尼力与速度成正比，方向相反，则单位体积的阻尼力为

$$f_{v} = -v\dot{\delta} \tag{4-34}$$

式中，v——阻尼系数。

对于一个单元，作用于其节点上的等效惯性力和节点等效阻尼力可以分别表示为

$$F_{\rho}^{c} = -\iiint_V N\rho\ddot{\delta}^{c}\,\mathrm{d}V \tag{4-35}$$

$$F_{v}^{c} = -\iiint_V N_{v}\dot{\delta}^{c}\,\mathrm{d}V \tag{4-36}$$

当单元节点上作用 F^{c} 的激振力时，F^{c} 所做的虚功为 $\delta^{*\mathrm{T}}F^{c}$ ，那么该单元的虚功方程可以表示为

$$\delta^{*\mathrm{T}}F^{c} - \iiint_V \delta^{*\mathrm{T}}\rho\ddot{\delta}\,\mathrm{d}V - \iiint_V \delta^{*\mathrm{T}}\dot{\delta}\,\mathrm{d}V = \iiint_V \varepsilon^{*\mathrm{T}}\sigma\,\mathrm{d}V \tag{4-37}$$

将式(4-37)化简并整理，可得

$$\iiint_V B^{\mathrm{T}} D B \mathrm{d}V \cdot \delta^e + \iiint_V N^{\mathrm{T}} \rho N \mathrm{d}V \cdot \ddot{\delta}^c + \iiint_V N^{\mathrm{T}} v N \mathrm{d}V \cdot \dot{\delta} = F^e \tag{4-38}$$

由式(4-38)可以看出，$\iiint_V B^{\mathrm{T}} D B \mathrm{d}V$ 即为单元的刚度矩阵 K^c，而 $\iiint_V N^{\mathrm{T}} \rho N \mathrm{d}V$ 和 $\iiint_V N^{\mathrm{T}} v N$ 两项分别具有质量和阻尼性质，因此可以令

$$M^c = \iiint_V N^{\mathrm{T}} \rho N \mathrm{d}V \tag{4-39}$$

$$C^c = \iiint_V N^{\mathrm{T}} v N \mathrm{d}V \tag{4-40}$$

式中，M^c ——单元质量矩阵；

C^c ——单元阻尼矩阵。

因而，最后可以得到单元动力学方程为

$$M^c \ddot{\delta} + C^{\delta} \dot{\delta} + K^c \delta = F^c \tag{4-41}$$

上述单元质量矩阵的构造与单元刚度矩阵的构造采用了同样的形函数矩阵，因而将这样的质量矩阵称为一致质量矩阵。一般来说，采用一致质量矩阵可以得到较精确的振型，而固有频率计算值接近结构真实频率的上界。然而一致质量矩阵是带状矩阵，故需要占用较多的计算机存储空间，同时求解特征值问题的时间和难度也会增加。通常采用集中质量矩阵可以简化计算。所谓集中质量矩阵是按静力学平行力分解原理，将单元的分布质量用集中在单元结点处的集中质量代替所得到的质量矩阵。集中质量矩阵是对角阵并且是正定的。

(三) 整体结构的动力学方程

在建立了单元动力学方程之后，接下来就可以建立整个机械结构的动力学方程。但是在此之前，首先应该将单元的质量矩阵、阻尼矩阵、刚度矩阵从局部坐标系下变换到总体坐标系下。根据单元结点位移在总体坐标系和局部坐标系之间的变换关系，采用变换矩阵 T，得到在总体坐标系下的质量矩阵可以表示为

$$\overline{M}^c = T^{\mathrm{T}} M^c T = \iiint_V T^{\mathrm{T}} N^{\mathrm{T}} \rho N T \mathrm{d}V \tag{4-42}$$

相应地，在两种坐标中单元阻尼矩阵和单元刚度矩阵的变换公式可以分别表示为

$$\overline{C}^c = T^{\mathrm{T}} C^c T \tag{4-43}$$

$$\overline{K}^c = T^{\mathrm{T}} K^c T \tag{4-44}$$

将变换到总体坐标系下的 $\overline{M}^c$、$\overline{C}^c$、$\overline{K}^c$ 和 F^c 进行组集，可以得到整个结构的总质量矩阵 M、总阻尼矩阵 C、总刚度矩阵 K 和总外加激振力矩阵 F，因此可以得到整个结构的动力学方程为

$$M\ddot{\delta} + \delta\dot{\delta} + K\delta = F \tag{4-45}$$

(四) 特征值问题的求解

机械结构无阻尼自由振动的固有频率和振型表征了结构的动态特性。在不考虑阻尼的情况下，结构的自由振动方程可表示为

$$M\ddot{\delta}(t)+K\delta(t)=0 \tag{4-46}$$

设方程(4-46)的解具有如下形式：

$$\delta=\varphi\sin\omega(t-t_0) \tag{4-47}$$

式中，ω——振动圆频率；

φ——n 阶向量；

t_0——初始时间。

将式(4-47)代入(4-46)可得广义特征值问题：

$$(K-\omega^2M)\varphi=0 \tag{4-48}$$

研究特征值问题的核心就是求解满足式(4-48)的全部或部分特征对，以确定结构的频率和振型。为此，有必要简要介绍与特征值问题相关的一些基本概念和性质。

若以特征解 ω_1，ω_2，…，ω_n 表示系统的 n 个固有频率，特征向量 φ_1，φ_2，…，φ_n 表示系统的 n 个固有振型，那么约定归一化振型矢量满足

$$\varphi_i^{\mathrm{T}}M\varphi_i=1,\quad i=1,2,\cdots,n \tag{4-49}$$

并称其为正则振型矢量。

固有振型具有正交性质，其正交性可以表示为

$$\left.\begin{aligned}\varphi_i^{\mathrm{T}}M\varphi_j&=\delta_{ij}\\ \varphi_i^{\mathrm{T}}K\varphi_j&=\omega_i^2\delta_{ij}\end{aligned}\right\} \tag{4-50}$$

式中的 δ 函数为

$$\delta_{ij}=\begin{cases}1 & i=j\\ 0 & i\neq j\end{cases} \tag{4-51}$$

若定义结构的固有振型矩阵为

$$\varphi=[\varphi_1,\varphi_2,\cdots,\varphi_n] \tag{4-52}$$

对应的固有频率为

$$\Omega^2=diag(\omega_1^2,\omega_2^2,\cdots,\omega_n^2) \tag{4-53}$$

那么特征解的性质还可以表示成

$$\varphi^{\mathrm{T}}M\varphi=I,\ \varphi^{\mathrm{T}}K\varphi=\Omega^2 \tag{4-54}$$

通过令特征矩阵的行列式等于零来求解结构的固有频率和振型是一种精确方法，但是当结构的自由度数目较大时，求解过程会十分繁琐。目前，已经有多种数值方法可以用于特征值问题的求解。

三、实验模态分析建模方法

（一）实验模态分析建模的基本过程

实验模态分析的基本过程主要有以下四个步骤：对结构进行激振、输入输出信号的采集和处理、频率响应函数的计算以及模态参数的识别。

1. 结构激振

用于结构激振的激振器可分为接触式和非接触式两类。常用接触式的激振器有机械式、电磁式以及电液压式激振器。使用力锤激振时，由于它仅与结构进行瞬间接触，因而

把它归为非接触式。

在实验中，根据结构的具体情况及拥有的实验手段来选择激振方法。对于中小型结构一般采用单点激振，大型结构采用多点激振。采用力锤激振时常将测量响应的传感器位置固定不变，逐次改变敲击点的位置，由此获得频率响应函数矩阵中的一行或者多行数据。采用电磁式激振器时，一般固定激振点的位置不变，从而获得频率响应函数矩阵中的一列元素或者多列元素。根据采用不同的激振力函数，可以将激振方式分成正弦扫描激振、随机激振和冲击激振等。

2. 数字信号采集与处理

不论采用何种测量系统，数据采集和处理时都必须遵循如下几点原则。

第一，采样定理要求采样频率 f_s 必须大于或等于测量信号上限频率 f_c 的 2 倍。由于抗混滤波器不可能是理想低通滤波器，总有一部分高于上限频率 f_c 的频率成分使滤波后的信号受到“污染”，所以由 1024 个点的傅立叶变换得到的 512 条谱线的高频部分有一部分是不精确的。因此，相应提高采样频率，就可以排除干扰。

第二，为了防止产生泄漏误差，必须采用加窗技术。通常对于随机激振采用汉宁窗，对于脉冲激振采用指数窗。需要注意的是，对于冲击激振，对响应信号采用了指数窗，使信号的衰减加快，这相当于增加了结构的阻尼，因此必须在参数辨识时将这种附加阻尼除去。

第三，不要过分地提高采样频率，应该在满足分析频率要求前提下，尽量减小采样频率，以获得较高的频率分辨率。而提高分辨率的有效方法是采用 *Zoom* 技术。

第四，在模态分析实验中，平均技术在估算频率响应函数中有着重要的作用。它不仅可以用于消除测量中的随机噪声的影响以提高信噪比，而且可以消除由于结构的弱非线性对测量数据带来的影响。

（二）频率响应函数估计

如果响应信号完全是由激励信号引起的，则响应信号中不存在任何噪声，那么经过一次测量后，可按定义来计算频率响应函数

$$H(\omega)=\frac{X(\omega)}{F(\omega)} \tag{4-55}$$

然而，实际测量得到的信号中总会有噪声干扰存在。为了排除或者降低噪声的影响，要使用平均技术对频率响应函数进行估计。

（三）模态参数识别

模态参数识别是结构振动系统建模的重要内容之一。若用模态坐标来描述一个机械结构系统的特性，则用于描述系统的参数即为模态参数，这时，系统辨识称为模态参数识别。

振动系统模态参数识别的方法很多，一般可分为频域方法和时域方法两大类。频域法是利用频响函数（或称传递函数）进行参数识别的方法；而时域法是指利用振动响应的时间历程数据，进行振动模态参数识别的方法。

1. 频域识别法

频域识别法根据所考虑系统的自由度的多少，可以分为单自由度拟合方法和多自由度

拟合方法，它们又可称为单模态识别法和多模态识别法。

单模态识别法适用于单自由度系统或者模态密度不大的多自由度系统。当模态频率较分散，其余各阶模态对于所研究的某个模态的贡献较小时，可以分别当作单自由度峰值进行处理。下面根据频响函数表示方法的不同介绍三种单自由度拟合方法：

（1）直接读数法

频率响应函数的幅值和相位可以表示为

$$|H(\omega)| = \frac{1}{k\sqrt{[1-(\omega/\omega_n)^2]+(2\xi\omega/\omega_n)^2}} \tag{4-56}$$

$$\alpha = \arctan\frac{2\zeta\omega_n\omega}{\omega_n^2-\omega^2} \tag{4-57}$$

由式(4-56)和式(4-57)可以作出幅频和相频特性曲线。

（2）最大虚部法

频率响应函数的实部和虚部可以分别表示为

$$\mathrm{Re}[H(\omega)] = \frac{1}{k}\frac{\omega_n^2(\omega_n^2-\omega^2)}{(\omega_n^2-\omega^2)^2+4\zeta^2\omega_n^2\omega^2} \tag{4-58}$$

$$\mathrm{Im}[H(\omega)] = \frac{1}{k}\frac{-2\zeta\omega_n^3\omega}{(\omega_n^2-\omega^2)^2+4\zeta^2\omega_n^2\omega^2} \tag{4-59}$$

对于模态密集的机械结构系统，单模态识别法误差较大，效果较差，此时就必须采用多模态识别法。现有的多模态识别法很多，主要有多模态迭代识别法、*Levy* 法、有理分式正交多项式拟合法等等，每一种方法都有相应计算机软件支持。

2. 时域识别法

前述频域法识别结构模态参数的方法是通过输入、输出数据得到频响函数(或传递函数)，然后由频响函数识别模态参数或结构参数。这类方法有直观、准确、物理概念清楚等优点，因此常用于结构动态特性分析中，一般在实验室内停机状态下进行。由于必须进行激振，所示实验设备比较复杂，实验周期长，在线检测困难。

时域识别法直接利用响应的时间历程曲线来识别振动参数，它是近年来随着现代控制理论发展和计算机的应用而发展起来的。该方法的优点是，不需复杂的激振设备；结构随机减量技术可以进行在线故障监测和诊断；需要的数据记录样本较短。但时域法的缺点是对噪声较敏感，要求较高的测量精度，要求很低的噪声背景水平；不直观，也不易直接判别结果的正确性，不易剔除由噪声而引入的虚假模态；数据处理工作量较大。时域识别法主要包括 ITD 法、随机减量时域法、复指数法、子空间法、ERA 法和差分方程法等。

ITD 法即 Ibrahim 时域法的理论是以黏性阻尼多自由度系统的自由响应为基础，根据对各测量点测得的自由响应信号进行一定方式的采样，得到自由度响应矩阵，由响应与特征值之间的复指数关系建立特征矩阵的数学模型，再求解特征值问题，求得数据模型的特征值与特征向量，再根据模型特征值与振动系统特征值之间的关系，求出振动系统的固有频率、振型及阻尼。

上面讨论的 ITD 法是基于自由响应数据识别模态参数。有些实际工程结构常常在随机载荷作用下产生振动，例如船舶在海洋中航行时受海浪及风作用而引起的振动，汽车行驶时由于地面不平而激起的振动等等。在随机载荷作用下，结构的响应亦是随机的，可以用随机响应信号来识别结构的模态参数。随机减量法是利用样本平均的方法，去掉响应中的随机成分，而获得一定初始激励下的自由响应，然后利用ITD法识别系统的模态参数。

第三节 机械结构动力修改和动态优化设计

一、概述

根据结构变化和动态性能变化之间的相互关系，结构动力学修改可以分为正逆两类问题：已知结构变化求动态特性变化称为动力学修改的正问题，简称再分析；已知动态性能变化求结构变化量是动力修改的逆问题，简称再设计。对于复杂的机械结构系统，用数学规划法自动地进行结构动力优化设计是非常困难的。目前常用的方法是用人机交互的方式，采用建模、性能分析，根据设计者的要求进行结构修改，然后再在计算机上进行再分析，多次反复，直到所设计的机械动态性能满足要求，这是一个再设计和再分析的修改过程。这种设计过程，是广义概念上的优化，很大程度上依赖于设计者的经验和专业知识来完成。进一步发展的方向是减少人机交互的程序，采用数学规划法或准则法，由计算机自动完成结构系统分析的优化过程。

在动力优化设计过程中，目前采用的优化方法主要有两种：数学规划法和准则法。数学规划法通常采用搜索方式，按一定的搜索方向寻优，按照目标函数值下降的算法，最终找到最优点。这类方法有严格的数学理论基础，相应的计算方法比较成熟，计算过程比较平稳，但随着设计变量的增加，迭代次数急剧增加，所以适合于较简单的优化问题。这类方法又可分为单纯形法、牛顿法、共轭梯度法、变尺度法等等。准则法按照一定的优化准则寻优，并不直接计算目标函数值，鉴于最优点一般落在约束的边界上，所以着眼于设计变量与约束条件关系的分析，根据一定的优化准则判断求得的点是否为最优点。常用的优化准则是库恩—塔克条件。准则法适用于较复杂的优化问题。

一般来说，重要的问题是先把优化设计的数学模型正确表达出来，然后便可选择相应的优化方法和软件进行优化。对动力优化设计，其常见的数学模型为

求一组设计变量 $X=(x_1, x_2, \cdots, x_n)^{\mathrm{T}}$，使得广义特征值问题

$$K(X)\Psi_i = \lambda_i M(X)\Psi_i \tag{4-60}$$

具有 $\lambda_i=\bar{\lambda}_i$；或 $\lambda_i=\bar{\lambda}_i$ 和 $\Psi_i=\widetilde{\Psi}_i$，

$$\text{s.t. } h_j(X)\leqslant 0 \quad j=1, 2, \cdots, m$$

或

$$\text{s.t. } h_j(X)\leqslant 0 \text{ 和 } \bar{\lambda}_{il}\leqslant \lambda_i \leqslant \bar{\lambda}_{iu}$$

或

$$\text{s.t. } h_j(X)\leqslant 0,\quad \bar{\lambda}_{il}\leqslant \lambda_i \leqslant \bar{\lambda}_{iu} \text{ 和 } \Psi_i=\widetilde{\Psi}_i$$

式中，$h_j(X)$ 表示几何约束或性能约束，上标~表示给定值。

在确定了动态优化设计的数学模型之后，便可采用合适的方法来实现振动系统动态特性的设计目标，因此，下面将介绍结构动力修改的有关理论和方法。

二、结构动力修改的准则

通常遇到的许多结构动力修改问题，是要求把结构的振动强度或动柔度限制在一定的范围内。有效的修改过程是先找出结构的薄弱环节，修改薄弱环节的局部结构，使整体的动特性满足要求。目前确定结构薄弱环节并以此为依据进行结构修改的方法有能量平衡法和灵敏度分析法两种，本节主要介绍灵敏度分析法。

（一）灵敏度分析结构修改原理

定义结构模态参数或动柔度 T 对设计变量 b 中第 j 个分量 b_j 的偏导数 $\partial T/\partial b_j$ 为 T 对 b_j 的灵敏度。

1. 实模态灵敏度分析

（1）特征值 λ_i 的灵敏度

令 b 为结构设计参数，即 $b=\{MK\}$，对于无阻尼多自由度结构系统，其特征矩阵为

$$(K-\omega^2 M)X=0 \tag{4-61}$$

把对应的特征值 $\lambda_i=\omega_i^2$ 及正则化实振型 φ_{N_i}，代入式(4-61)可得

$$(K-\lambda_i M)\varphi_{Ni}=0 \tag{4-62}$$

对式(4-62)设计变量求偏导，得

$$\left(\frac{\partial K}{\partial b_j}-\frac{\partial \lambda_i}{\partial b_j}M-\lambda_i\frac{\partial M}{\partial b_j}\right)\varphi_{N_i}+(K-\lambda_i M)\frac{\partial \varphi_{N_i}}{\partial b_j}=0 \tag{4-63}$$

式(4-63)左乘 $\varphi_{Ni}^{\mathrm{T}}$；并整理，可得

$$\frac{\partial \lambda_i}{\partial b_j}\varphi_{Ni}^{\mathrm{T}}M\varphi_{N_i}=\varphi_{Ni}^{\mathrm{T}}\frac{\partial K}{\partial b_j}\varphi_{N_i}-\lambda\varphi_{Ni}^{\mathrm{T}}\frac{\partial M}{\partial b_j}\varphi_{N_i}+\varphi_{Ni}^{\mathrm{T}}(K-\lambda_i M)\frac{\partial \varphi_{N_i}}{\partial b_j} \tag{4-64}$$

把式(4-62)两边转置，考虑到 M 和 K 矩阵的对称性，有

$$\varphi_{Ni}^{\mathrm{T}}(K-\lambda_i M)=0 \tag{4-65}$$

因而式(4-64)最后一项为0，故可得

$$\frac{\partial \lambda_i}{\partial b_j}\varphi_{\mathrm{N}i}^{\mathrm{T}}M\varphi_{N_i}=\varphi_{\mathrm{N}_i}^{\mathrm{T}}\frac{\partial K}{\partial b_j}\varphi_{N_i}-\lambda\varphi_{\mathrm{N}i}^{\mathrm{T}}\frac{\partial M}{\partial b_j}\varphi_{\mathrm{N}_i} \tag{4-66}$$

由于 $\varphi_{\mathrm{N}i}^{\mathrm{T}}M\varphi_{\mathrm{N}i}=1$，所以可得

$$\varphi_{\mathrm{N}i}^{\mathrm{T}}M\varphi_{\mathrm{N}i}=1 \tag{4-67}$$

式(4-67)为特征值 λ_i 对设计变量 b_j 的一阶偏导，即特征值的灵敏度。

又由于

$$\frac{\partial \lambda_i}{\partial b_j}=\frac{\partial \omega_i^2}{\partial b_j}=2\omega_i\frac{\partial \omega_i}{\partial b_j} \tag{4-68}$$

将式(4-67)代入式(4-68)可得到固有频率的灵敏度为

$$\frac{\partial \omega_i}{\partial b_j}=\frac{1}{2\omega_i}\varphi_{\mathrm{N}_i}^{\mathrm{T}}\left(\frac{\partial K}{\partial b_j}-\omega_i^2\frac{\partial M}{\partial b_j}\right)\varphi_{\mathrm{N}_i} \tag{4-69}$$

(2) 特征矢量灵敏度

设特征矢量灵敏度 $\frac{\partial \varphi_i}{\partial b_j}$ 是 $\varphi_i(i = 1, 2, \cdots, n)$ 的线性组合，即

$$\frac{\partial \varphi_i}{\partial b_j} = \Phi\alpha = \sum_{k=1}^{n} \alpha_{ijk}\varphi_k \tag{4-70}$$

式中，α_{ijk} 为线性组合系数向量，这里不再进行推导，仅列出其表达式为

$$\alpha_{ijk} = \frac{\varphi^k\left(\frac{\partial K}{\partial b_j} - \omega_i^2 \frac{\partial M}{\partial b_j}\right)\varphi_i}{\omega_i^2 - \omega_k^2} \quad (k \neq i)$$

$$\alpha_{ijk} = -\frac{1}{2}\varphi_k^{\mathrm{T}} \frac{\partial M}{\partial b_j}\varphi_i (k = i)$$

$$i, j = 1, 2, \cdots, n \tag{4-71}$$

2. 复模态灵敏度分析

(1) 复特征值灵敏度分析

对于任意黏滞阻尼系统，系统的特征方程可以表示为

$$s_i A\varphi_i + B\varphi_i = 0 \tag{4-72}$$

式中，$A = \begin{bmatrix} C & M \\ M & 0 \end{bmatrix}$，$B = \begin{bmatrix} K & 0 \\ 0 & -M \end{bmatrix}$，$\varphi_i = \begin{bmatrix} \psi_i \\ s_i\psi_i \end{bmatrix}$

若模态振型已按模态质量归一，有

$$\varphi_i^T A\varphi_i = \psi_i^{\mathrm{T}}(2s_i M + C)\psi_i = 1 \tag{4-73}$$

将式(4-72)两边对设计变量 b_j 求偏导，并左乘 φ_i^{T}，可得

$$\varphi_i^{\mathrm{T}}\left[\left(\frac{\partial s_i}{\partial b_j}\mathrm{A} + s_i \frac{\partial A}{\partial b_j} + \frac{\partial B}{\partial b_j}\right)\varphi_i + (s_i A + B)\frac{\partial \varphi_i}{\partial b_j}\right] = 0 \tag{4-74}$$

因为式(4-72)的和为对称矩阵，对式(4-72)两边转置，便有

$$\varphi_i^{\mathrm{T}}(s_i A + B) = 0 \tag{4-75}$$

则式(4-74)变为

$$\varphi_i^{\mathrm{T}}\left(\frac{\partial s_i}{\partial b_j}A + s_i \frac{\partial A}{\partial b_j} + \frac{\partial B}{\partial b_j}\right)\varphi_i = 0 \tag{4-76}$$

$$\varphi_i^{\mathrm{T}} \frac{\partial s_i}{\partial b_j}A\varphi_i + \varphi_i^{\mathrm{T}} s_i \frac{\partial A}{\partial b_j}\varphi_i + \varphi_i^{\mathrm{T}} \frac{\partial B}{\partial b_j}\varphi_i = 0 \tag{4-77}$$

把式(4-73)代入(4-77)得

$$\frac{\partial s_i}{\partial b_j} = -\varphi_i^{\mathrm{T}}\left(s_i \frac{\partial A}{\partial b_j} + \frac{\partial B}{\partial b_j}\right)\varphi_i \tag{4-78}$$

将式(4-78)展开得

$$\frac{\partial s_i}{\partial b_j} = -\psi_i^{\mathrm{T}}\left(s_i^2 \frac{\partial M}{\partial b_j} + s_i \frac{\partial C}{\partial b_j} + \frac{\partial K}{\partial b_j}\right)\psi_i \tag{4-79}$$

式(4-79)即为复频率的灵敏度表达式。当已知系统的 s_i 和 ψ_i 时，即可求得复频率对某个设计参数的灵敏度值。

如果要求复频率对结构上第 l 个点某一方向上集中质量的灵敏度，这时

$$\frac{\partial M}{\partial m_l}=\begin{bmatrix}0 & \cdots & 0\\ \vdots & 1 & \vdots\\ 0 & \underset{l}{\cdots} & 0\end{bmatrix}l \tag{4-80}$$

而

$$\frac{\partial C}{\partial m_l}=0,\ \frac{\partial K}{\partial m_l}=0 \tag{4-81}$$

将式(4-80)和式(4-81)代入式(4-79)得

$$\frac{\partial s_i}{\partial m_i}=-\psi_{li}^2\cdot s_i^2 \tag{4-82}$$

对于空间结构，某一点的质量变化在 x、y 和 z 三个坐标方向上都有影响，如果 l 点三个方向的自由度号分别为 l_x，l_y 和 l_z，则

$$\frac{\partial s_i}{\partial m_l}=-(\psi_{ixi}^2+\psi_{lyi}^2+\psi_{lit}^2)\cdot s_i^2 \tag{4-83}$$

若要求复频率对 l 和 r 两个自由度之间刚度的灵敏度，则有

$$\frac{\partial K}{\partial k_{tr}}=\begin{bmatrix}0 & \vdots & \vdots & 0\\ \vdots & 1 & 1 & \vdots\\ \vdots & 1 & 1 & \vdots\\ 0 & \vdots & \underset{lr}{} \vdots & 0\end{bmatrix}^{l}_{r}$$

得

$$\frac{\partial s_i}{\partial k_{br}}=-(\psi_{ij}-\psi_{n})^2 \tag{4-84}$$

同理，对 l、r 之间阻尼变化的灵敏度为

$$\frac{\partial s_i}{\partial c_{ir}}=-(\psi_{li}-\psi_{ri})^2 s_i \tag{4-85}$$

若将具有正虚部的 s_i 写成如下形式

$$\begin{aligned}s_i&=\alpha_i+i\beta_i\\&=-\xi_i\omega_i\pm i\omega_i\sqrt{1-\xi_i^2}\end{aligned} \tag{4-86}$$

式(4-86)两边对设计变量 b_j 求导，并比较实部和虚部，可得固有频率 ω_i 和阻尼比 ξ_i 对设计变量 b_j 的灵敏度

$$\frac{\partial\omega_i}{\partial b_j}=\frac{\sqrt{1-\xi_i^2}\cdot\dfrac{\partial\beta_i}{\partial b_j}-\dfrac{\partial\alpha_i}{\partial b_j}}{1+\xi_i+\xi_i^2} \tag{4-87}$$

$$\frac{\partial \xi_i}{\partial b_j}=\frac{\xi_i\sqrt{1-\xi_i^2}\cdot\dfrac{\partial \beta_i}{\partial b_j}+(1-\xi_i^2)\dfrac{\partial \alpha_i}{\partial b_j}}{\omega_i(1+\xi_i-\xi_i^2)} \tag{4-88}$$

(2) 复模态振型灵敏度

设复特征矢量灵敏度是复特征矢量的线性组合，即

$$\frac{\partial \varphi_i}{\partial b_j}=\sum_{k=1}^{2n}\alpha_{ijk}\varphi_k \tag{4-89}$$

为求出系数 α_{ijk}，将式(4-89)代入(4-74)，并前乘 φ_k^{T} 得

$$\varphi_k^{\mathrm{T}}\left(\frac{\partial s_i}{\partial b_j}A+s_j\frac{\partial A}{\partial b_j}+\frac{\partial B}{\partial b_j}\right)\varphi_i+\varphi_k^{\mathrm{T}}(s_iA+B)\sum_{k=1}^{2n}\alpha_{ijk}\varphi_k=0 \tag{4-90}$$

考虑到正交性，由(4-90)解得

$$\alpha_{ijk}=\frac{\varphi_k^{\mathrm{T}}\left(s_i\dfrac{\partial A}{\partial b_j}+\dfrac{\partial B}{\partial b_j}\right)\varphi_i}{s_k-s_i}=\frac{\psi_k^{\mathrm{T}}\left(s_i^2\dfrac{\partial M}{\partial b_j}+s_i\dfrac{\partial C}{\partial b_j}+\dfrac{\partial K}{\partial b_i}\right)\psi_i}{s_k-s_i}\quad(k\neq i) \tag{4-91}$$

对式(4-73)两边求导得

$$\varphi_i^{\mathrm{T}}\frac{\partial A}{\partial b_j}\varphi_i+2\varphi_i^{\mathrm{T}}A\frac{\partial \varphi_i}{\partial b_j}=0 \tag{4-92}$$

将式(4-89)代入式(4-92)，可解出

$$\alpha_{ijk}=-\frac{1}{2}\varphi_i^{\mathrm{T}}\frac{\partial A}{\partial b_j}=-\frac{1}{2}\psi_i^{\mathrm{T}}\left(2s_i\frac{\partial M}{\partial b_j}+\frac{\partial C}{\partial b_j}\right)\psi_i(k=i) \tag{4-93}$$

在式(4-89)中，一般只需知道 ψ_i 的前 n 个复振型元素的灵敏度，故可将式(4-89)改写为

$$\frac{\partial \psi_i}{\partial b_j}=\sum_{k=1}^{2n}\alpha_{ijk}\psi_k \tag{4-94}$$

将式(4-91)和式(4-93)求得的系数代入式(4-94)中，即可算出复模态振型对设计参数的灵敏度。

(3) 动柔度灵敏度

设系统的动刚度矩阵 $D(s)=s^2M+sC+K$，系统的动柔度矩阵 $H(s)=D(s)^{-1}$，则有

$$HD=I \tag{4-95}$$

式(4-95)两边对结构参数 b_j 求导

$$\frac{\partial H}{\partial b_j}D+H\frac{\partial D}{\partial b_j}=0 \tag{4-96}$$

因而有

$$\frac{\partial H}{\partial b_j}=-H\frac{\partial D}{\partial b_j}H=-H\left(s_i^2\frac{\partial M}{\partial b_j}+s_i\frac{\partial C}{\partial b_j}+\frac{\partial K}{\partial b_j}\right)H \tag{4-97}$$

式(4-97)即为动柔度灵敏度的表达式。

第四节 振动的控制与利用

一、概述

在工程技术中，设备或结构的振动是一种普遍存在且日益受到人们关注的现象，在大多数情况下，振动是有害的，它会引起动态变形和动态应力，这些变形和应力不仅幅值可能比静态工作负荷引起的要大许多，而且是一种比静态应力要危险得多的交变应力，它会引起机械或结构疲劳和破坏，或引起连接部件间的微振磨损、缩短零部件的使用寿命；振动还会破坏仪器、仪表的正常工作条件，降低其功能，甚至使其失灵。此外，振动及其产生的噪声还会严重污染工作环境，损害工作人员的健康。因此，在设计、制造和使用机械设备或工程结构时，应考虑如何避免有害的振动。

振动也有其有利的一面，许多机械设备利用振动产生预期的工作效果，或提高工作效率。这类振动机械由于结构简单、效率高、耗能少等优点，已得到广泛的应用。

二、振源抑制

抑制振源是消除或减小振动最直接有效的方法。为抑制振源，必须了解各种振源的特点，弄清振动的来源。下面介绍一些典型的激振源。

（一）旋转质量的不平衡

当旋转质量中心与其回转轴线不重合时，就会产生惯性离心力，其大小与旋转部件质量、偏心距以及角速度的平方成正比，即

$$f(t) = me\omega^2\sin\omega t \tag{4-98}$$

显然，要减小激励力的大小，减小偏心距是最有效的方法。根据式(4-98)可以得到一种判断系统是否转子不平衡的方法。即改变系统运转速度，测量系统强迫振动振幅变化。一般而言，在旋转不平衡系统中，振动加速度幅值随转速的增加而急剧增大。转子不平衡是工程机械中最常见的振源。一个转子完全平衡的充分必要条件是转子上各部分质量在旋转时的离心惯性力的合力与合力偶等于零，即满足静平衡和动平衡两个条件，有一项不能满足就会引起振动。因此，为使旋转机器的振动得到抑制，必须对机器转子进行静平衡和动平衡测试试验。

（二）工作载荷的波动

工作载荷的改变会引起各种类型的激振力，如冲床、锻床一类的设备，其工作载荷带有明显的间歇冲击特征，产生冲击激励，每一次冲击都会引起系统的自由振动。这时系统强度不仅取决于冲击频谱的宽度以及系统自身固有频率的分布，也与系统阻尼分布有很大关系。一般而言，增大系统结构阻尼有助于减小系统的振动响应，或者在离冲击力较近的区域进行隔振处理，减少振源对外围系统的影响。

（三）往复质量的不平衡

如柴油机、汽车发动机、活塞式压缩机中做往复运动的部件产生的惯性力叫作激振力。

一般而言，这种激振力由基频和倍频两种频率成分构成，同时还含有一定的高次谐波。激振力的大小取决于往复部件的质量及往复部件的对称性。

一般在此类设备中，常采用对称布置的方式，尽量减小系统往复激振力，如发动机和活塞式空气压缩机中气缸的对称布置。

（四）设计安装缺陷或故障引起的振动

制造不良安装或传动机构故障会产生周期性的激振力，如齿轮传动中的断齿、传动皮带的接缝都会引起周期性的冲击。此外，链轮、联轴器、间歇式运动机构等传动装置都有传动不均匀性，从而引起周期性的激振力。液压传动中油泵引起的流体脉动、电动机的转矩脉动也可能产生周期性激励。

上述各种因素都可能形成激振源，但究竟是哪一种因素起主导作用，则与系统本身的性质有关。因此，要抑制振源必须先找到激振源。

判断振动源的基本方法有：实测设备或结构的振动信号，分析其频率、幅值及时域中的特点，然后与估算出的上述各种可能的振源的特点相比较，从而找出起主导作用的振源。由于振源的频率较易估计，而线性系统的响应频率又等于激励的频率，因此按实测的振动频率来判断可能的振源是切实有效的方法。此外，还可以采用分别启、停机器与设备的各个部件或各种运动，并观察其振动的变化，从而找出确切的振源。

三、隔振

隔振是通过在振源和振动体之间设置隔振装置来减小振动的传递。一般隔振可以分为两类，一类是隔离机械设备通过支座传递到地基上的振动，称为主动隔振；还有一类是防止地基的振动通过支座传递到需要保护的精密仪器或设备上，称为被动隔振。

（一）主动隔振

当机器用螺栓与地基刚性连接时，地基除了承受机器重力引起的静载荷外，还受到一个由机器不平衡产生的谐波力，此激励力完全传给地基，并由地基向四周传播。此类问题可以理想化为一个单自由度系统，如图 4-4 所示。机器简化为一个刚体，质量为 m，其通过阻尼器 c 和弹簧 k 的隔振系统与地基相连，假定机器运行时产生了一个按简谐规律变化的力 $F(t)=F_0\cos\omega t$ 系统的运动微分方程为

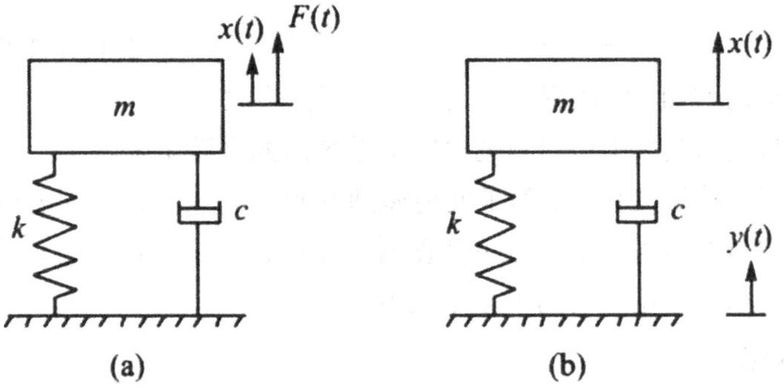

图 4-4　单自由度隔振系统的力学模型

$$m\ddot{x} + c\dot{x} + kx = F_0\cos\omega t \tag{4-99}$$

经过一段时间后瞬态响应消失，只有稳态响应会留下来。方程(4-99)的稳态解为

$$x(t) = X\cos(\omega t - \varphi) \tag{4-100}$$

其中

$$X = \frac{F_0}{[(k - m\omega^2)^2 + \omega^2 c^2]^{1/2}} \tag{4-101}$$

$$\varphi = \arctan \frac{\omega c}{k - m\omega^2} \tag{4-102}$$

经弹簧和阻尼器传递到基础的力 $F_t(t)$ 为

$$F_t(t) = kx(t) + c\dot{x}(t) = kX\cos(\omega t - \varphi) - \omega cX\sin(\omega t - \varphi) \tag{4-103}$$

这个力的幅值为

$$F_T = [k^2X^2 + w^2c^2X^2]^{1/2} = \frac{F_0(k^2 + \omega^2c^2)^{1/2}}{[(k - m\omega^2)^2 + \omega^2c^2]^{1/2}} \tag{4-104}$$

隔振系数定义为力的传递率，即传递的力的幅值与激励力幅值之比，其值为

$$T_r = \frac{F_T}{F_0}\left[\frac{k^2 + \omega^2c^2}{(k - m\omega^2)^2 + \omega^2c^2}\right] = \left[\frac{1 + (2\zeta r)^2}{(1 - r^2)^2 + (2\zeta r)^2}\right]^{1/2} \tag{4-105}$$

其中，$r = \dfrac{\omega}{\omega_n}$ 为频率比。

为了达到隔振的目的，传递到基础的力应该小于激振力。

主动隔振有如下结论：

①只有当激励频率大于系统固有频率的 $\sqrt{2}$ 倍时，才能实现振动的隔离。

②减小阻尼比可以减小传递到基础的力。由于振动隔离要求 $r > \sqrt{2}$，所以设备在启动和停车时都会通过共振区域。因此，为了避免共振时产生的大振幅，一定程度的阻尼是不可缺少的。

③虽然阻尼可以使任意频率下的振幅减小，但只有当 $r > \sqrt{2}$ 时才能减小传递到基础的力。必时随着阻尼的增加，传递到基础上的力反而会增大。

④传递到基础的力的幅值也可以通过降低系统的固有频率来减小。

⑤当设备的运转速度变化时，为了使传递到基础的力最小，应该选择一个合适的阻尼值。此阻尼值既要考虑最大限度地减少共振时的振幅，又要兼顾传递到基础上的力，从而保证正常运行时传递到基础上的力不会增大得太多。

（二）被动隔振

对于一台质量为 m 的精密仪器或者设备，它通过阻尼系数为 c、刚度为 k 的弹性支承与地基相连，以使振源即地基的谐波运动不会完全传递给 m，此时仪器 m 的控制微分方

程为

$$m\ddot{z}+c\dot{z}+kz=-m\ddot{y} \tag{4-106}$$

其中，$z=x-y$ 表示该质量相对于地基的位移。此时，质量的运动也是谐波运动，因而位移传递率可以表示为

$$T_{\mathrm{d}}=\frac{X}{Y}=\left[\frac{1+(2\zeta r)^{2}}{(1-r^{2})^{2}+(2\zeta r)^{2}}\right] \tag{4-107}$$

式(4-107)等号的右边与式(4-105)等号的右边是相同的。此外，式(4-107)也等于该质量最大稳态加速度与基础最大稳态加速度的比。

四、减振

减振是在振动的机械设备或工程结构(主系统)上附加子系统，以转移或者消耗主系统的振动能量，从而抑制其振动。下面将介绍如何应用阻尼、吸振器、冲击块来减少主系统的振动。

(一) 阻尼的应用

为了简化分析过程，阻尼常常被忽略不计，特别是在计算固有频率的时候，然而大多数系统都存在一定程度的阻尼。在强迫振动中，如果系统是无阻尼的，它的响应或者振幅在共振点附近变得很大，而阻尼的存在可以限制振幅的增大。当激励频率已知时，可以通过改变固有频率来避免共振。但是系统或者机械设备可能运行在某一个速度范围内，如变速电机或者内燃机，所以并不是在任何运行条件下都能避免共振。此时，可以通过在系统中引入阻尼来控制它的响应，例如使用内部阻尼较大的结构材料，比如铸铁或者层合材料。

在有些结构中，阻尼是通过连接引入的。比如，螺栓和铆钉连接，由于被连接的物体表面间有相对滑动，从而比焊接消耗更多的能量。因此为了增大结构的阻尼，可以使用螺栓或铆钉连接。但必须注意，螺栓和铆钉连接会降低结构的刚度，而且相对滑动还会导致磨损。尽管如此，为了得到较大的结构阻尼，还是应该考虑采用螺栓或者铆钉连接。

单自由度阻尼系统在谐波激励下的运动微分方程为

$$m\ddot{x}+k(1+i\eta)x=F_{0}\mathrm{e}^{\mathrm{j}\omega t} \tag{4-108}$$

其中，η 是损失因子，它的含义为

$$\eta=\frac{\Delta W/2\pi}{W}=\frac{\text{一次循环中消耗的能量}}{\text{循环的最大应变能}} \tag{4-109}$$

系统共振($\omega=\omega_{n}$)时响应的振幅为

$$\frac{F_{0}}{k\eta}=\frac{F_{0}}{aE\eta} \tag{4-110}$$

因此，刚度系数和弹性模量是成正比的。

黏弹性材料因其损失因子较大，通常用于增加系统的内部阻尼。使用黏弹性材料进行振动控制时，材料受剪切应变或正应变。最简单的布置方法是将一层黏弹性材料附着在弹性体上。另一种方法则是将黏弹性材料夹在两层弹性材料的中间，这种布置被称为约束层阻尼。由黏性胶覆盖金属薄片构成的阻尼带，已用于结构的振动控制。但是使用黏弹性材

料也有缺点，因为它的性质会随温度、频率和应变的变化而变化。式(4-110)说明，$E\eta$ 值越大的材料，其共振幅值越小。由于应变与位移 x 成正比，应力与 E_x 成正比，所以损失因子最大的材料承受的应力最小。下面给出一些材料的损失因子和不同结构或布置的阻尼比，分别如表 4-1 和表 4-2 所列。

表 4-1　部分材料的损失因子

材料	苯乙烯	硬橡胶	玻璃钢	软木	铝	铁和钢
损失因子 η	2.0	1.0	0.1	0.13~0.17	1×10^{-4}	$(2\sim6)\times10^{-4}$

表 4-2　不同结构或布置的阻尼比

结构形式或布置	等效黏性阻尼比
焊接结构	1~4
螺栓连接结构	3~10
钢结构	5~6
钢筋混凝土大梁上布置无约束黏弹性阻尼	4~5
钢筋混凝土大梁上布置有约束黏弹性阻尼	5~8

(二) 动力减振的原理

考虑图 4-5 所示的系统。假设原来的系统是由质量 m_1 和弹簧加组成的系统，该系统称为主系统，是一个单自由度系统。在激励力 $F\sin\omega t$ 的作用下，该系统发生了强迫振动。

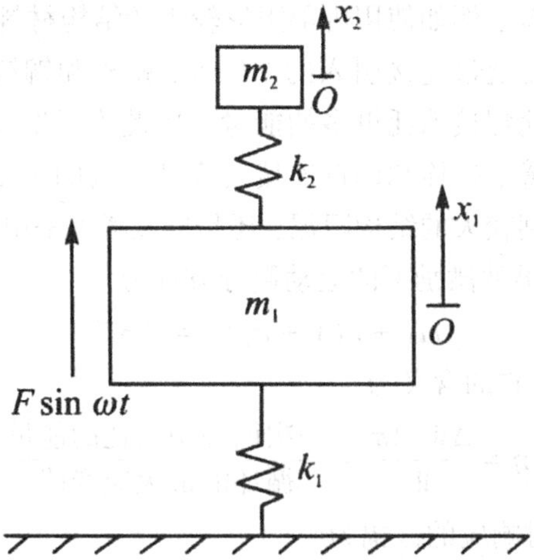

图 4-5　无阻尼吸振器的力学模型

为了减小其振动强度，不能采用改变主系统参数 m_1 和 k_1 的方法，而应设计安装一个由质量 m_2 和 k_2 弹簧组成的辅助系统(吸振器)，形成一个新的两自由度系统。

此时，运动方程可以表示为

$$\begin{bmatrix} m_1 & 0 \\ 0 & m_2 \end{bmatrix}\begin{Bmatrix} \ddot{x}_1 \\ \ddot{x}_2 \end{Bmatrix} + \begin{bmatrix} k_1 + k_2 & -k_2 \\ -k_2 & k_2 \end{bmatrix}\begin{Bmatrix} x_1 \\ x_2 \end{Bmatrix} = \begin{Bmatrix} F \\ 0 \end{Bmatrix}\sin\omega t \tag{4-111}$$

解方程(4-111)，得

$$\left.\begin{aligned}\bar{X}_1(\omega)\ \frac{(k_2-\omega^2 m_2)F}{(k_1+k_2-\omega^2 m_1)(k_2-\omega^2 m_2)-k_2^2}\\ \bar{X}_2(\omega)\ \frac{k_2 F}{(k_1+k_2-\omega^2 m_1)(k_2-\omega^2 m_2)-k_2^2}\end{aligned}\right\} \quad (4-112)$$

令

$$\omega_1=\sqrt{k_1/m_1},\ \omega_2=\sqrt{k_2/m_2}$$
$$X_0=F/k_1,\ \mu=m_2/m_1$$

式中，ω_1——主系统的固有频率；

ω_2——吸振器的固有频率；

X_0——主系统的等效静位移；

μ——吸振器与主系统质量之比。

方程(4-112)可以变换为

$$\left.\begin{aligned}\bar{X}_1(\omega)=\frac{\left[1-\left(\frac{\omega}{\omega_2}\right)^2\right]X_0}{\left[1+\mu\left(\frac{\omega_2}{\omega_1}\right)^2-\left(\frac{\omega}{\omega_1}\right)^2\right]\left[1-\left(\frac{\omega}{\omega_2}\right)^2\right]-\mu\left(\frac{\omega_2}{\omega_1}\right)^2}\\ \bar{X}_2(\omega)=\frac{X_0}{\left[1+\mu\left(\frac{\omega_2}{\omega_1}\right)^2-\left(\frac{\omega}{\omega_1}\right)^2\right]\left[1-\left(\frac{\omega}{\omega_2}\right)^2\right]-\mu\left(\frac{\omega_2}{\omega_1}\right)^2}\omega=\omega_2\end{aligned}\right\} \quad (4-113)$$

由式(4-113)可知，当$\omega=\omega_2$时，主系统质量m_1的振幅X_1等于零。这就是说，倘若我们使吸振器的固有频率与主系统的工作频率相等，则主系统的振动将被消除。当$\omega=\omega_2$时，$\bar{X}_2$可以表示为

$$\bar{X}_2(\omega)=-\left(\frac{\omega_1}{\omega_2}\right)^2\frac{X_0}{\mu}=-\frac{F}{k_2} \quad (4-114)$$

这时，吸振器质量的运动为

$$x_2(t)=-\frac{F}{k_2}\sin\omega t \quad (4-115)$$

吸振器的运动通过弹簧k_2给主系统质量m_2施加一作用力

$$k_2x_2(t)=-F\sin\omega t \quad (4-116)$$

因此，在任何时刻，吸振器施加给主系统的力都能精确地与作用于主系统的激励力$F\sin\omega t$平衡。

(三) 冲击减振

冲击减振是在振动结构的内腔中装置冲击块，利用此冲击块在内腔中的往返冲击来耗散能量，抑制振动。

图4-6为冲击减振器的力学模型。质量m_1和弹簧k_1构成一个单自由度的强迫振动系

统，m_1 上受到简谐激励力 $F(t)=F_1\sin\omega t$ 以作用。当 $\omega=\sqrt{k_1/m_1}=\omega_n$ 时，系统会产生共振。为了抑制振动，将冲击块 m_2 放置于 m_1 上的壁板间，由于 m_1 的振动，m_2 在 m_1 的壁板间移动，并与壁板产生碰撞，从而耗散 m_1 的能量。

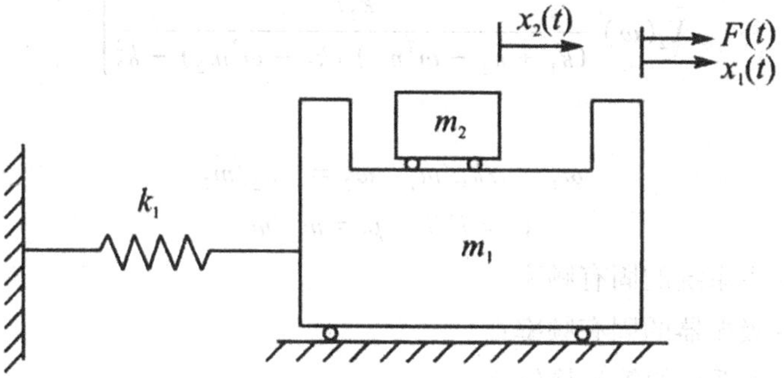

图 4-6　冲击减振器的力学模型

在稳定状态下，冲击块在一个周期内与壁板碰撞两次。对振动与碰撞做进一步的讨论，可计算出每周期内碰撞引起的能量损耗，如可以求出等效黏性阻尼系数 C_{cq} 及阻尼率 ζ_{cq} 为

$$C_{cq}=2\sqrt{m_2k_1\zeta_{cu}} \tag{4-117}$$

$$\zeta_{cq}=\frac{2}{\pi(1+1/\mu)}\cdot\frac{1+R}{1-R} \tag{4-118}$$

式中，μ ——$\mu=m_2/m_1$ 为质量比；

R——恢复系数(冲击后的相对速度/冲击前的相对速度)。

由式(4-118)可以看出，增大 μ 和 R 都可以提高 ζ_{cq}，从而提高减振效果。冲击减振器常用于涡轮叶片，飞机机翼和车刀的减振。

五、振动的利用

振动并非都是有害的，它也能给人类带来好处，创造良好的生活环境和条件。例如，拨动琴弦能发出美妙动人的乐章，使人心旷神怡；在医疗方面，利用超声波能够诊断、治疗疾病；在土建工程中，振动沉桩、振动拔桩以及混凝土灌注时的振动捣固等；在电子和通信工程方面，录音机、电视机、收音机、程控电话等诸多电子器件以及电子计时装置和通信系统使用的谐振器等都是由于振动才有效地工作的；在工程地质方面，利用超声波进行检测和地质勘探；在机械工程领域，可以利用振动技术和设备完成许多工艺过程，或用来提高某些机器的工作效率。振动的利用正在生产和建设中发挥着愈来愈重要的作用。

(一) 振动能量的利用

1. 振动破碎机的应用

物料的破碎是工矿企业应用较广的一种工艺过程，大部分开采出的矿物原料都需要进行破碎和磨碎。传统破碎机的破碎方法存在着很大的局限性，例如物料的抗压强度极限到达 2×10^8 Pa 时，破碎过程耗能较高，或难以破碎，或使物料过磨，所用设备也很复杂，而振动破碎工艺的发展则可克服传统工艺的缺陷。惯性振动圆锥破碎机利用偏心块产生的离心力来破碎矿石或其他物料，其破碎比远大于普通圆锥破碎机，而且可在很大范围内调节，在中细碎作业中，它有广泛的发展前途。

2. 振动摊铺及振动压路

振动摊铺机和振动压路机是筑路作业中的关键设备，是振动在筑路工程中的典型应用实例。振动摊铺机的工作过程是：先将物料撒布在整个宽度上，再利用熨平机构的激振器对被摊铺物料进行压实。振动系统决定了对物料摊铺的工作效率和密实效果，是决定摊铺质量的关键系统之一。振动压路机是依靠正反高速旋转的偏心块产生离心力，使振动碾作受迫振动压实路面的。装在连接板上的振动马达，带动偏心轴正反高速旋转产生离心力使振动碾振动。装在偏心轴上的调幅装置用于改变振动的振幅，振动碾由装在梅花板上的驱动马达来驱动。由于在压路机中引入振动，使路面的密实度由90%提高到95%以上，进而显著提高其工作质量与使用寿命，这在筑路作业中具有十分重要的意义。

3. 振动成型与整形工艺

利用振动对金属材料或松散物料进行成型(包括塑性加工)较之静力情况下成型可显著降低能耗、提高成形工件的质量。试验指出，在金属材料塑性加工过程中引入振动，可以降低能耗、提高工效与工件质量，是一个值得研究的方向。振动整形就是通过振动的方式强制性地将料袋形成规整的形状，以利于存放或装运。振动整形机广泛应用于化工、食品等工业部门。其工作原理是：当输送机将料袋送入整形机梯形槽体，整形机槽体在激振器作用下发生振动，槽体上方装有一固定的整形板，料袋随槽体不断振动，冲击整形板，从而达到使料袋平整的目的。

(二) 振动信息的利用

1. 工况监视与故障诊断

各种机器在运行过程中几乎是无可避免地会发生或强或弱、或快或慢的振动，这些振动信号犹如人体的脉搏，其中包含着机器的健康状态及其故障等丰富信息。现代工况监视与故障诊断技术借助于灵敏的传感器在机器的运行过程中获取其某些特定部位上的振动信号，将这些信号输入计算机，进行实时处理，抽取其特征，并利用现代模式识别或专家系统技术，判别机器的工况，及早识别正在孕育发展中的故障，以期排除隐患于早期，而防患于未然。

2. 无损检测

这里我们以采用振动法检测桩基质量为例进行简要说明。

在海港工程、桥梁及高层建筑等工程中大量使用深桩基础，为确保桩基工程的质量，需要对已经打入土层中的桩身的完整性进行检验，以确保桩基工程的质量。近年来发展起来的桩基振动检测法，通过对桩基进行激振，测量其导纳，利用导纳曲线的信息检查桩身的质量与完整性并估计其承载能力，已经得到广泛应用，并有很广阔的发展前景。对于打入土层中的长桩，可采用稳态激振或瞬态激振试验的方法，在露出地面上的桩顶激振，同时测量激振力和桩顶的运动速度，从而得到桩顶的速度导纳。对于同样的桩与同样的土层，其桩顶导纳曲线应该有一定的“规范”；若桩身出现断裂、鼓肚、颈缩等情况，必然引起导纳曲线的变化，也就是说，导纳曲线带有桩身的完好或缺陷信息。因此由测出的导纳曲线就可以判别桩基的各种缺陷。

第五章　可靠性设计

第一节　可靠性的概念和指标

一、机械可靠性设计的主要内容

可靠性学科的内容很广，但主要是以下两个方面。

（1）可靠性理论基础，如可靠性数学，可靠性物理，可靠性设计技术，可靠性环境技术，可靠性数据处理技术，可靠性基础实验以及人在操作过程中的可靠性等。

（2）可靠性应用技术，如使用要求调查，现场数据收集和分析，失效分析，零件、机器和系统的可靠性设计和预测，软件可靠性，可靠性评价和验证，包装、运输、保管和使用的可靠性规范，可靠性标准等。

上述内容大致可概括为管理、设计、分析、理论、数据、实验和评价等分支。我们这里只讨论可靠性设计的问题。

可靠性设计是可靠性学科的重要分支，它的重要内容之一是可靠性预测，其次是可靠性分配。可靠性预测是一种预报方法，即从所得的失效数据预报一个零部件或系统实际可能达到的可靠度，预报这些零部件或系统在规定的条件下和在规定的时间内，完成规定功能的概率。

二、可靠性的概念和指标

可靠性最早只是一个抽象的、定性的评价指标，如很可靠、比较可靠、不大可靠、根本不可靠等。现在可靠性有了一种具体定义，即可靠性是“产品在规定条件下和规定时间内完成规定功能的能力”。这其中的两个规定具有某种数值的概念。一个数值是“规定时间内”，它具有一定寿命的数值概念。不能认为寿命越长越好，需要有一个最经济有效的使用寿命。当然，这个规定的时间指的是产品出厂后的一段时间，这一段时间可以称为产品的保险期。另一个数值是“规定功能”，它说的是保持功能参数在一定界限值之内的能力，不能任意扩大界限值的范围。

产品丧失规定的功能称为出故障，对不可修复或不予修复的产品而言，它又称为失效。为保持或恢复产品能完成规定功能的能力而采取的技术管理措施称为维修。可以维修的产品在规定条件下使用，在规定的时间内按规定的程序和方法进行维修时，保持或恢复到能完成规定功能的能力，称为产品的维修性或维修度。我们把可以维修的产品在某时刻所具有的或能维持规定功能的能力称为可用性、可利用度或有效度。

产品完成规定功能包括：①性能不超过规定范围的性能可靠性。②结构不断裂破损的结构可靠性。这两方面的可靠性称为狭义可靠性。把狭义可靠性、可用性和保险期综合起来考虑时的可靠性则称为广义可靠性。

当所考虑的产品是由部件或子系统所组成的系统时，我们不能期望它的组成部件或子系统都是等寿命的。因为影响各组成部件或子系统的因素是复杂的，所以研究可靠性目前都应当考虑应用概率和统计的数学方法。因此，可靠性中都是用概率和统计的数学方法来对可靠性的数值指标进行描述。

可靠性的数值标准常用以下指标(或称特征值)。

(1) 可靠度。

(2) 失效率或故障率。

(3) 平均寿命。

(4) 有效寿命。

(5) 维修度。

(6) 有效度。

(7) 重要度。

它们统称为可靠性尺度。有了尺度，则在设计和生产时就可用数学方法来计算和预测，也可以用实验方法来评定产品或系统的可靠性。

(一) 可靠度、失效率、维修度和有效度

产品在规定条件下、规定时间内，保持规定工作能力的概率就是它的可靠度。也就是说，某个零部件在规定的寿命期限内和在规定的使用条件下，无故障地进行工作的概率，就是该零部件的可靠度。

在规定的使用条件下，可靠度是时间的函数。

若令 $R(t)$ 代表零件的可靠度，$Q(t)$ 代表零件失效的概率或零件的故障概率，则当对总数为 N 个零件进行实验，经过 t 时间后，有 $N_Q(t)$ 个零件失效，$N_R(t)$ 个零件仍正常工作，那么该类零件的可靠度定义为

$$R(t) = \frac{N_R(t)}{N} \tag{5-1}$$

它的故障(失效)概率定义为

$$Q(t) = \frac{N_Q(t)}{N} \tag{5-2}$$

因为 $N_R(t) + N_Q(t) = N$，所以 $R(t) + Q(t) = 1$，即

$$R(t) = 1 - Q(t) \tag{5-3}$$

为了以后设计计算的需要，下面给出随机变量取值的统计规律方面的概念。

一般在处理统计数据时，概率可以用频率来解释。例如，在可靠性中，可以用 $Q(1\,000) = 0.05$ 表示从 0 到 1 000 h 内，平均 100 件产品中大约有 5 件发生故障，有 95 件产品的寿命(或无故障工作时间)大于 1 000 h。而使用频率公式估计概率时，若假定在实验中，有 N 件产品从 0 时刻投入使用，到 t 时刻有 $N_Q(t)$ 件产品发生故障，则故障的估计式(或故障分

布函数)就是 $Q(t)=\frac{N_Q(t)}{N}$。当把这种实验所得的数据按取值的顺序间隔分组，整理出对应于每一间隔的取值频率数，画成直方图时，它将反映随机变量取值的统计规律性。如果取横坐标为某类零件的寿命间隔，纵坐标是它发生故障的个数(或频次)，则该直方图就反映了某类零件在各个寿命间隔时间内故障发生(寿命的长短)的可能性大小，即故障概率的大小。显然，直方图反映故障概率的分布状态，因此，可称为故障分布函数。在可靠性中用 $Q(t)$ 表示。故障分布函数是指随机变量，取值小于或等于某一规定数值 t 的概率分布，它是用来描述随机变量取值规律的一个函数。

(二) 维修度和有效度

把发生故障的产品或系统进行修复，使之恢复到好状态的过程称为维修。前面所提到的平均无故障工作时间(MTBF)或平均寿命，指的都是可以维修的产品或系统在一次故障发生后到下一次故障发生之前无故障工作时间的平均值。有些产品是不可修复或不必修复的，这时的平均寿命则是指从开始使用起直到发生故障之前的无故障工作时间的平均值，记为 MTTF。

由于产品或系统发生故障的原因、部位和系统所处的环境以及修理工人的水平等的不同，所以维修所需的时间通常是一个随机变量，是否可以修好，即修好的概率也是随机变量。与可靠度一样，可以给出一个描述维修时间概率规律的尺度，称为维修度。它是指产品发生故障后尽快修复到正常状态的能力。它的定义是：对可以修复的产品或系统，在规定的条件下，按规定的程序和方法，在规定时间内，通过维修保持和恢复到能完成规定功能状态的概率，并可用函数 $M(t)$ 表示。

维修度正好和可靠度对应。不同的是，维修度是从非正常状态恢复到正常状态的概率，而可靠度则是从正常状态变为不正常状态的概率。

越容易维修的系统对相同的 t 来说 $M(t)$ 就越大。$M(t)$ 是时间 t 的单调递增函数，并且可用正态分布、对数正态分布或指数分布来描述。但常用的是指数分布，即常描述为

$$M(t)=1-e^{-\mu t} \tag{5-4}$$

式中，μ 是在单位时间内完成维修的瞬时概率，称为修复率。它相当于可靠度函数 $R(t)=e^{-dt}$ 或故障概率 $Q(t)=1-e^{-\lambda t}$ 中的失效率 λ。同样，$\frac{1}{\lambda}$ 对应于平均寿命 $MTBF$，$\frac{1}{\mu}$ 则是平均维修时间或平均故障停机时间 $MTTR$ 或 MDT。

如果把系统的修理考虑进来，则除可靠度之外，还须有一个表示整个产品或系统利用状态的尺度。这个尺度就是有效度或可利用度。有效度就是产品或系统在特定的瞬时能维持其功能的概率。这称为瞬时有效率。有效度的计算除了要考虑系统的组成外，还要考虑维修组织情况(例如，一组还是两组修理工等)。对于失效率 λ，修复率为 μ 的一个单元一个修理工的单一系统，其有效度 $A(t)$)可表示为

$$A(t)=\frac{\mu}{\mu+\lambda}+\left[\frac{\lambda e^{-(\mu+\lambda)}}{\mu+\lambda}\right]=\frac{\mu}{\mu+\lambda}+\frac{\lambda}{\mu+\lambda}e^{-(\mu+\lambda)} \tag{5-5}$$

式中，常数项 $\frac{\mu}{\mu+\lambda}$ 是固有有效率，是产品或系统在长时间使用时的平均有效度。第

二项是过渡项。

可以看出，原来不考虑维修时的失效率，现在变成考虑维修以后的 $\frac{\lambda}{\mu+\lambda}$，而原来的修复率 μ 变成现在的 $\frac{\mu}{\mu+\lambda}$。即当考虑维修以后，失效率 λ 比原来减小了。

第二节 机械系统的可靠性设计

机械系统常由许多子系统组成，而每个子系统又可能由若干单元(如零部件)组成。因此，单元的功能及实现其功能的概率都直接影响系统的可靠度。在设计过程中，不仅要把系统设计得满足功能要求，还应设计得使其能有效地执行功能。因而就须对系统进行可靠性设计。系统的可靠性设计有两个方面的含义，其一是可靠性预测，其二是可靠性分配。

系统的可靠性预测是按系统的组成形式，根据已知的单元和子系统的可靠度计算求得的。它可以按单元→子系统→系统的顺序自下而上地落实可靠性指标。这是一种合成方法。

系统的可靠性分配是将已知系统的可靠性指标(容许失效概率)合理地分配到其组成的各子系统和单元上去，从而求出各单元应具有的可靠度，它比可靠性预测要复杂。可以说，它是按系统→子系统→单元的顺序自上而下地落实可靠性指标。这是一种分解方法。

为了计算系统的可靠度，不管是可靠性预测还是可靠性分配，首先都需要有系统的可靠性模型。

一、系统模型

(一) 串联系统

若产品或系统是由若干个单元(零部件)或子系统组成的，而其中的任何一个单元的可靠度都具有相互独立性，即各个单元的失效(发生故障)是互不相关的。那么，当任一个单元失效时，都会导致产品或整个系统失效，则称这种系统为串联系统或串联模型。

(二) 并联系统

在由若干个单元组成的系统中，只有一个单元仍在发挥其功能，产品或系统就能维持其功能；或者说，只有当所有单元都失效时系统才失效，称此系统为并联系统或并联模型。并联系统又称并联储备系统。例如，现代的民用客机，一般都是由多台(如3~4台)发动机驱动。只要有一台发动机还在工作，飞机就不致坠落。这就是一个并联系统的实例。

(三) 混联系统

混联系统是由一些串联的子系统和一些并联的子系统组合而成的。它可分为串——并联系统(先串联再并联的系统)和并——串联系统(先并联再串联的系统)。

(四) 备用冗余系统

一般地说，在产品或系统的构成中，把同功能单元或部件重复配置以作为备用。当其中一个单元或部件失效时，用备用的来替代(自动或手动切换)，以继续维持其功能。这种系统称为备用冗余系统或称等待系统，又称旁联系统，也有称为并联非储备系统的。这种系统的一个明显特点是有一些并联单元，但它们在同一时刻并不是全部投入运行的。例如，飞机起落架的收放系统，一般是采用液压或气动系统，并装有机械的应急释放系统。当系统中某个正在工作的单元失效时，检测装置向转换装置发出信号，备用的等待工作单元即进入工作，系统仍继续工作。

在并——串联等待系统中，并联的那些单元在同一时刻并不全都投入运行。此外，备用冗余系统是待机工作的，而并——串联系统像并联系统一样都是同机工作的，可以把它们称为工作的冗余系统(工作储备系统)。

(五) 复杂系统

非串——并联系统和桥式网络系统都属于复杂系统。

(六) 表决系统

组成系统的 n 个单元中，只要有 K 个单元不失效，系统就不会失效，这样的系统称为 n 中取 K 系统，简写成 K/n 系统。例如，有 4 台发动机的飞机，设计要求至少有 2 台发动机正常工作飞机才能安全飞行，这种发动机系统就是表决系统，它是一个 2/4 系统。

n 中取 K 系统可分成两类。一类称为 n 中取 K 好系统。此时要求组成系统的 n 个单元中有 K 个以上完好，系统才能正常工作，记为 $K/n[G]$。另一类称为 n 中取 K 坏系统。它是指组成系统的 n 个单元中有 K 个以上失效，系统就不能正常工作，记为显然，串联系统是 $K/n[G]$系统，并联系统是 $K/n[F]$系统。

严格地说，上述六种系统中，除串联系统外，都可称为冗余系统或储备系统。因为并联、混联、等待系统等，实际上也都是部分单元在工作，而另一些单元是作为备用的。

备用冗余系统又可分为冷储备系统和热储备系统两类。储备单元在储备期间没有失效的称为冷储备系统；而储备单元在储备期间可能失效时，则称为热储备系统。因此，并联系统和表决系统是热储备系统。

冗余系统近年来在机械系统中已有广泛的应用，如在动力装置、安全装置和液压系统等中都有应用。

对于冗余系统，在进行其可靠性设计时，常常需要解决这样的问题，即在确定最优的单元或部件可靠度的同时，还要确定其最优的冗余数，以便使整个系统的可靠度为最优。求解这样的问题是系统可靠性优化的问题。

二、系统的可靠性分配

系统是由若干单元组成的，因此在系统的可靠度目标确定之后，应进一步把它分配给系统的组成单元——零部件或子系统。这项工作就是可靠性分配。它对复杂产品和大型系统来说，尤其重要。系统可靠度的分配应是合理的，而不是无原则的分配。所以，就要考虑分配的方法。

(一) 等同分配法

此时，全部子系统或各组成单元的可靠度相等。因此，对串联系统，由 $R_S(t)=[R(t)]^n$ 有

$$R_i(t)=[R_S(t)]^{\frac{1}{n}} \tag{5-6}$$

或由 $\lambda_S(t)=\sum_{i=1}^{n}\lambda_i(t)$ 并且当 $\lambda_i(t)$ 相同时，有

$$\lambda_i(t)=\frac{\lambda_S(t)}{n} \tag{5-7}$$

对并联系统，由 $R_S(t)=1-[1-R_i(t)]^n$ 了有

$$R_i(t)=1-[1-R_S(t)]^{\frac{1}{n}} \tag{5-8}$$

（二）按可靠度变化率的分配方法

对已有的机械系统改进其可靠度，也是可靠度分配问题。

对串联系统，自 $R_S(t)=\prod_{i=1}^{n}R_i(t)$ 可知，$R_i(t)$ 对某单元 i 的可靠度 $R_i(t)$ 的变化率是

$$\frac{\partial R_S(t)}{\partial R_i(t)}=\prod_{\substack{j=1\\ j\neq i}}^{n}R_j(t)=\frac{R_S(t)}{R_i(t)} \tag{5-9}$$

由于各组成单元的可靠度是各不相同的，因此，$\frac{\partial R_S(t)}{\partial R_i(t)}(1\leqslant i\leqslant n)$ 中必有一个最大的。假如用第 K 个单元的可靠度代入上式，则得最大的比值为

$$\frac{R_S}{R_K}=\max_{1\leqslant i\leqslant n}\frac{R_S}{R_i} \tag{5-10}$$

这就是说，系统可靠度 R_S 对第 K 项单元可靠度的变化率最大。这个条件等效于

$$R_K=\min_{1\leqslant i\leqslant n}R_i \tag{5-11}$$

因此，如果要用改变一个单元可靠度的办法来提高串联系统的可靠度，就应当提高可靠度最低的那个单元的可靠度。

对于并联系统，若前提条件仍和上面相同，则系统可靠度 $R_S(t)$ 对某个单元 i 的可靠度 $R_i(t)$ 的变化率为

$$\frac{\partial R_S(t)}{\partial R_i(t)}=\prod_{\substack{j=1\\ j\neq i}}^{n}[1-R_j(t)]=\frac{1-R_S}{1-R_i} \tag{5-12}$$

按照前面的做法，用 R_K 代入得最集比值为

$$\frac{1-R_S}{1-R_i}=\max_{1\leqslant i\leqslant n}\frac{1-R_S}{1-R_i} \tag{5-13}$$

它等效于

$$R_K=\max_{1\leqslant i\leqslant n}R_i \tag{5-14}$$

这就是说，如果要用改变一个单元可靠度的办法来提高并联系统的可靠度，就应当提高可靠度最大的那个单元的可靠度。

这两个结论都是通过系统可靠度对单元可靠度的变化率得出的。按这样的概念进行系统的组成单元可靠度的分配的方法，就称为按可靠度变化率的分配方法。

(三) 按相对失效率比的分配方法

每个单元分配到的容许失效率应正比于预计的失效率，即预计的失效率越大，分配给它的失效率也就越大。按这个原则进行系统的组成零件失效率的分配时，就称为按相对失效率比的分配方法。

若单元 i 分配到的失效率是 $\lambda_i(t)$ 时，则对串联系统有

$$e^{-\lambda_S(t)} = e^{-\lambda_1(t)} e^{-\lambda_2(t)} \cdots e^{-\lambda_n(t)} \tag{5-15}$$

所以

$$\lambda_S(t) = \sum_{i=1}^{n} \lambda_i(t) \tag{5-16}$$

定义各子系统做失效率分配时的加权系统

$$\omega_i = \frac{\lambda_i(t)}{\lambda_S(t)} = \frac{\lambda_i}{\sum_{i=1}^{n} \lambda_i(t)} \tag{5-17}$$

按照此概念进行可靠性分配时，显然有

$$\sum_{i=1}^{n} \omega_i = 1$$

和

$$\sum_{i=1}^{n} \lambda_i = \omega_1 \lambda_S + \omega_2 \lambda_S + \cdots + \omega_n \lambda_S \tag{5-18}$$

同时，自 $R_S(t) = e^{-\int_0^t \lambda_S(t)\mathrm{d}t}$ 可计算出系统的 $\lambda_S(t)$ 。从而就能算出 $\lambda_i(i = 1, 2, \cdots, n)$ 及相应的 $R_i(t)$ 来。

(四) AGREE 法

AGREE 法又称为按重要度的分配方法。

先给出重要度的概念。

$$\text{重要度} = E_i = \frac{\text{某设备故障引起的系统故障的次数}}{\text{所倫发生故障的总数}}$$

或

$$E_i = \frac{\text{第 } i \text{ 个单元失效引起系统故障的次数}}{\text{各单元的失效总次数}}$$

AGREE 法是一种比较适用的可靠度分配方法。它考虑了各单元的复杂性、重要性及工作时间等的差别。但它要求各单元工作期间的失效率为一常数，且作为互相独立的串联系统。

AGREE 法的单元 i 的失效率分配公式为

$$\lambda_i(t) = \frac{n_i[-\ln R_S(t)]}{NE_i t_i} \tag{5-19}$$

单元 i 的可靠度分配公式为

$$R_i(t) = 1 - \frac{1 - R_S^{\frac{n_i}{N}}}{E_i} \tag{5-20}$$

式中，$R_S(t)$ 是系统要求的可靠度；E_i 是单元 i 的重要度；t_i 是系统要求单元 i 的工作时间；n_i 是单元 i 的组件数；N 是系统的总组件数。$\frac{n_i}{N}$ 反映了第 i 个单元的复杂性的因子。

式(5-19)的导出概念可叙述如下。

当考虑到某个单元 i 的重要度时，则该单元预计的可靠度将是

$$R_i = 1 - E_i[1 - R_i(t)] \quad (i = 1, 2, \cdots, N) \tag{5-21}$$

整个系统(串联系统)的可靠度为

$$\begin{aligned} R_S(t) &= \prod_{i=1}^{N} R_i(t) = \prod_{i=1}^{N} [1 - E_i(1 - R_i)] = \prod_{i=1}^{N} [1 - E_i(1 - e^{-\lambda_i t_i})] \\ &= \prod_{i=1}^{N} \{1 - E_i[1 - (1 - \lambda_i t_i)]\} = \prod_{i=1}^{N} (1 - E_i \lambda_i t_i) \\ &= \prod_{i=1}^{N} e^{-E_i \lambda_i t_i} = e^{\left(-\sum_{i=1}^{N} E_i \lambda_i t_i\right)} \end{aligned} \tag{5-22}$$

这里说明一下，在上式推导过程中，是取近似公式 $e^x \approx 1 + x$ 进行的。

如果系统的可靠度指标要求为 $R_S(t)$，并按平均分配原则分给 N 个单元，则每个单元的可靠度为

$$\sqrt[N]{R_S(t)} = e^{-E_i \lambda_i t_i} (i = 1, 2, \cdots, N) \tag{5-23}$$

两边同时取对数，则有

$$\frac{1}{N} \ln R_S(t) = - E_i \lambda_i t_i \tag{5-24}$$

从而可求得第 i 个单元的失效率分配值为

$$\lambda_i = - \frac{\ln R_S(t)}{N E_i t_i} \tag{5-25}$$

如果还要考虑复杂性因素，设第 i 个单元本身是由 n_i 个更小的单元组成的，则得

$$\lambda_i = - \frac{n_i \ln R_S(t)}{N E_i t_i} \tag{5-26}$$

(五) 按相对失效率比和重要度的分配方法

此法有时简称为 W-E 方法。顾名思义，这种方法就是利用失效率比和重要度作为参数，进行可靠度和失效率分配的方法。它适用于串联系统，且系统组成单元的故障率服从指数分配的情况。此法考虑了各单元不同的重要度 E_i 和不同的工作时间 t_i。

根据上述要求，此时有 $\lambda_S(t) = \sum_{i=1}^{n} \lambda_i(t_i)$，则系统的可靠度为 $R_S(t) = e^{-\lambda_S t}$，各组成单元的可靠度为 $R_i(t_i) = e^{-\lambda_i t_i}$。这些式中的 t 是系统的工作时间，t_i 是系统组成单元的工作时间。

按此法分配的单元 i 的失效率为

$$\lambda_i(t_i) \leqslant \frac{\omega_i \lambda_s t}{E_i t_i} \tag{5-27}$$

若按系统要求的可靠度指标 $R_S(t)$ 来分配，则各单元的可靠度为

$$R_i(t_i) \leqslant 1 - \frac{1 - R_S(t)^{\omega_i}}{E_i} \tag{5-28}$$

式(5-27)和(5-28)中，$\omega_i = \dfrac{\lambda_i(t_i)}{\lambda_S(t)}$。

在计算时，需要系统的可靠度大于或等于其目标值。

第三节　失效分析方法

失效分析方法目前有两种。一是失效模式、影响和严重度分析(FMECA)是失效树分析(FTA)。

FMECA是在系统设计过程中，通过对系统各组成单元潜在的各种失效模式及其对系统功能的影响，与产生后果的严重程度进行分析，提出可能采取的预防改进措施，以提高产品可靠度的一种设计分析方法。它是按照一定的失效模式，把一个个单元失效、分系统失效检出，是一种自下而上逐步寻查失效的顺向分析方法；也是一种对未来将要生产的产品作为对象，通过各组成单元可能产生的失效模式，来推断该产品(或系统)可能发生的失效模式及其原因的一种定性分析的方法。通过这种分析还可以发现消除产品(或系统)失效的可靠线索，提示改进可靠度的方向。

由于FMECA是用程序记录表来进行的一种定性分析方法，所以不一定非用可靠度数据；即使不熟悉可靠度知识，也能得出分析结果。因此，它具有较广的应用范围，但此法比较费时间。

FTA是20世纪60年代前后引入到可靠性设计中的一种分析方法。它是根据产品或系统可能产生的失效，去寻找一切可能导致此失效的原因的一种失效分析方法。它是把可能发生的失效结构画成树形图，沿着树形图的分析，去探索产品发生失效的原因，查明哪些单元是失效源。所以，FTA是从上而下展开的逆向分析方法。

FTA中最关键的一步是构造出失效树图，即找出系统产生失效和导致系统失效的各因素之间的逻辑关系，并用图形把它们表示出来的一种图示方法。由于FTA是用逻辑方法来分析失效发生的原因和过程，所以它也采用“与门”“或门”等逻辑符号并进行相应的逻辑运算。因此，FTA也称为逻辑图分析。

在失效树上，除一些逻辑符号外，还有用来表示失效的因果事件的符号。代表系统失效事件(或称顶事件)的符号如图5-1(a)所示，它也用来表示分系统的失效事件。引起顶事件发生的直接原因可以分为多个层次。那些原始的或最基本的原因称为初始事件或基本事件，它们是不能再分解或不必再分解的原因，如图5-1(b)所示。

有时为了简化失效树，可把树中的独立部分用一个准基本事件或称模块来代替，其符号如图5-1(c)所示。准基本事件有时也表示一个原因不明或故意不予讨论下去的失效事件。

失效树实际上是以顶事件为根的具有若干层次的干、枝的一种类似倒挂着的树的图形，所以才称为树形图。对于大型复杂系统，要画出其失效树，工作量可能很大。所以，现在已借助计算机来进行。

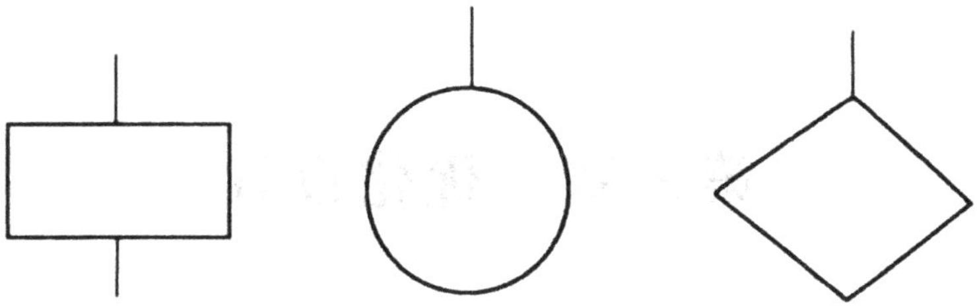

图 5-1　失效树的符号

在基本事件发生的概率已知的条件下，可以应用逻辑分析法求出顶事件发生（即系统失效）的概率。所以，FTA 是一种定量的分析方法。

第六章　优化设计

第一节　优化方法的数学基础

一、优化设计概述

（一）优化设计基本概念

优化设计(OD)是20世纪60年代随着计算机的广泛使用而迅速发展起来的一种现代设计方法。它是最优化技术和计算机技术在计算领域中应用的结果。优化设计能为工程及产品设计提供一种重要的科学设计方法，使得在解决复杂设计问题时，能从众多的设计方案中寻得尽可能完善的或最适宜的设计方案，因而采用这种设计方法能大幅提高设计质量和设计效率。

目前，优化设计方法在机械、电子电气、化工、纺织、冶金、石油、航空航天、航海、道路交通及建筑等设计领域得到了广泛应用，而且取得了显著的技术、经济效果。特别是在机械设计中，对于机构、零件、部件、工艺设备等的基本参数，以及一个分系统的设计，都有许多优化设计方法取得良好经济效果的实例。实践证明，在机械设计中采用优化设计方法，不仅可以减轻机械设备自重，降低材料消耗与制造成本，而且可以提高产品的质量与工作性能，同时能显著缩短产品设计周期。因此，优化设计已成为现代设计理论与方法中一个重要的领域，并且越来越受到广大设计人员和工程技术人员的重视。

优化设计是将工程设计问题转化为最优化问题，利用数学规划的方法，借助计算机的高速运算和强大的逻辑判断能力，从满足设计要求的一切可行方案中，按照预定的目标自动寻找最优设计的一种设计方法。

优化设计过程一般分为如下四步。

1. 设计课题分析

首先确定设计目标，它可以是单项指标，也可以是多项设计指标的组合。从技术经济观点出发，就机械设计而言，机器的运动学和动力学性能、体积与重量、效率、成本、可靠性等，都可以作为设计所追求的目标。然后分析设计应满足的要求，主要的有：某些参数的取值范围；某种设计性能或指标按设计规范推导出的技术性能；工艺条件对设计参数的限制等。

2. 建立数学模型

将实际设计问题用数学方程的形式进行全面、准确的描述，其中包括：确定设计变量，即哪些设计参数参与优选；构造目标函数，即评价设计方案优劣的设计指标；选择约束函数，即把设计应满足的各类条件以等式或不等式的形式表达。建立数学模型要做到准确、齐全这两点，即必须严格地按各种规范进行相应的数学描述，必须把设计中应考虑的各种因素全部包括进去，这对于整个优化设计的效果是至关重要的。

3. 选择优化方法

根据数学模型的函数性态、设计精度要求等选择使用的优化方法，并编制出相应的计算机程序。

4. 上机寻优计算

将所编程序及有关数据输入计算机，进行运算，求解得最优值，然后对所算结果进行分析判断，得到设计问题的最优设计方案。

上述优化设计过程步骤的核心是进行如下两项工作：一是分析设计任务，将实际问题转化为一个最优化问题，即建立优化问题的数学模型；二是选用适用的优化方法在计算机上求解数学模型，寻求最优设计方案。

（二）优化设计的数学模型

1. 设计变量

在优化设计过程中需要调整和优选的参数称为设计变量。例如，在工程及工业产品设计中，一个零部件或一台机器的设计方案，常用一组基本参数来表示。概括起来参数可分为两类：一类是按照具体设计要求事先给定，且在设计过程中保持不变的参数，称为设计常量；另一类是在设计过程中须不断调整，以确定其最优值的参数，则为设计变量。也就是说，设计变量是优化设计要优选的量。优化设计的任务，就是确定设计变量的最优值以得到最优设计方案。

由于设计对象不同，选取的设计变量也不同。它可以是几何参数，如零件外形尺寸、截面尺寸、机构的运动尺寸等；也可以是某些物理量，如零部件的重量、体积、力与力矩、惯性矩等；还可以是代表工作性能的导出量，如应力、变形等。总之，设计变量必须是对该项设计性

设计变量是一组相互独立的基本参数。一般用向量 X 来表示。设计变量的每一个分量都是相互独立的。以 n 个设计变量为坐标轴所构成的实数空间称为设计空间，或称 n 维实欧氏空间，用 R^n 表示。当 $n=2$ 时，$X=[x_1, x_2]^T$ 是二维设计向量；当 $n=3$ 时，$X=[x_1,\ x_2,\ x_3]^T$ 为三维设计向量，设计变量 x_1，x_2，x_3 组成一个三维空间；当 $n>3$ 时，设计空间是一个想象的超越空间，称为 n 维实数空间。

设计空间是所有设计方案的集合，用符号 $X \in R^n$ 表示。任何一个设计方案，都可以看作从设计空间原点出发的一个设计向量 $X^{(k)}$，该向量端点的坐标值就是这一组设计变量 $X^{(k)}=[x_1^{(k)}, x_2^{(k)}, \cdots, x_n^{(k)}]^T$。因此，一组设计变量表示一个设计方案，它与一向量的端点相对应，也称为设计点。而设计点的集合即构成了设计空间。

根据设计变量的多少，一般将优化设计问题分为三种类型：设计变量数目 $n<10$ 的称为小型优化问题；$n=10\sim50$ 的称为中型优化问题；$n>50$ 的称为大型优化问题。

在工程优化设计中，根据设计要求，设计变量常有连续量和离散量之分。大多数情况下，设计变量是有界连续变化型量，称为连续设计变量。但在一些情况下，有些设计变量是离散型量，则称为离散设计变量，如齿轮的齿数、模数、钢管的直径、钢板的厚度等。对

于离散设计变量，在优化设计过程中常先把它视为连续量，再求得连续量的优化结果后再进行圆整或标准化，以求得一个实用的最优设计方案。

2. 目标函数

目标函数又称评价函数，是用来评价设计方案优劣的标准。任何一项机械设计方案的好坏，总可以用一些设计指标来衡量，这些设计指标可表示为设计变量的函数，该函数就称为优化设计的目标函数。n 维设计变量优化问题的目标函数记为 $f(X) = f(x_1, \quad x_2, \cdots, x_n)$ 。它代表设计中某项最重要的特征，如机械零件设计中的重量、体积、效率、可靠性、承载能力，机械设计中的运动误差、动力特性，产品设计中的成本、寿命等。

目标函数是一个标量函数。目标函数值的大小，是评价设计质量优劣的标准。优化设计就是要寻求一个最优设计方案，即最优点 X^* ，从而使目标函数达到最优值 $f(X^*)$ 。在优化设计中，一般取最优值为目标函数的最小值。

确定目标函数，是优化设计中最重要的决策之一。因为这不仅直接影响优化方案的质量，而且影响优化过程。目标函数可以根据工程问题的要求从不同角度来建立，如成本、重量、几何尺寸、运动轨迹、功率、应力、动力特性等。

一个优化问题，可以用一个目标函数来衡量，称为单目标优化问题；也可以用多个目标函数来衡量，称为多目标优化问题。单目标优化问题，由于指标单一，易于衡量设计方案的优劣，求解过程比较简单明确；而多目标优化问题求解比较复杂，但可获得更佳的最优设计方案。

目标函数可以通过等值线(面)在设计空间中表现出来。所谓目标函数的等值线(面)，就是当目标函数 $f(X)$ 的值依次等于一系列常数 $c_i(i=1, 2, \cdots)$ 时，设计变量 X 取得一系列值的集合。

3. 约束条件

设计空间是一切设计方案的集合，只要在设计空间确定一个点，就确定了一个设计方案。但是，实际上并不是任何一个设计方案都可行，因为设计变量的取值范围有限制或必须满足一定的条件。在优化设计以，这种对设计变量取值时的限制条件，称为约束条件(或称设计约束)。前述销轴直径 d 和长度 l 的选取，就是约束的例子。

按照约束条件的形式不同，约束有不等式约束和等式约束两类，一般表达式为

$$g_u(X) \leqslant 0 \quad (u=1, 2, \cdots, m)$$

$$h_v(X) = 0 \quad (v=1, 2, \cdots, p; p < n)$$

式中，$g_u(X)$ 和 $h_v(X)$ 都是设计变量的函数；m 为不等式约束的数目；p 为等式约束的数目，而且等式约束的个数必须小于设计变量的个数量 n。因为一个等式约束可以消去一个设计变量，当 $p=n$ 时，即可由 p 个方程组解得唯一的一组设计变量 $x_1, x_2, \cdots, x_n$ 。这样，只有唯一确定的方案，无优化可言。

当不等式约束条件要求为 $g_u(X) \leqslant 0$ 时，可以用 $-g_u(X) \geqslant 0$ 的等价形式来代替。

按照设计约束的性质不同，约束有性能约束和边界约束两类。性能约束是根据设计性能或指标要求而确定的一种约束条件，例如，零件的工作应力、变形的限制条件以及对运动学参数(如位移、速度、加速度)的限制条件均属性能约束。边界约束则是对设计变量取

值范围的限制，例如，对齿轮的模数，齿数的上、下限的限制以及对构件长度尺寸的限制都是边界约束。

任何一个不等式约束条件，若将不等号换成等号，即形成一个约束方程式。该方程的图形将设计空间划分为两部分：一部分满足约束，即 $g_j(X) < 0$；另一部分则不满足约束，即 $g_j(X) > 0$。故将该分界线或分界面称为约束边界(或约束面)。等式约束本身也是约束边界，但此时只有约束边界上的点满足约束，而边界两边的所有部分都不满足约束。

约束的几何意义是它将设计空间一分为二，形成可行域和非可行域。每一个不等式约束或等式约束都将设计空间分为两部分，满足所有约束的部分形成一个交集，该交集称为此约束问题的可行域，记作 D。不满足约束条件的设计点构成该优化问题的不可行域。可行域也可看作满足所有约束条件的设计点的集合，因此可用集合表示如下：

$$D = \{X \mid g_u(X) \leqslant 0,\ h_v(X) = 0 \quad (u = 1, 2, \cdots, m;\ v = 1, 2, \cdots, p;\ p < n)\} \tag{6-1}$$

根据是否满足约束条件可以把设计点分为可行点(或称内点)和非可行点(或称外点)。处于不等式约束边界上(即不等式约束的极值条件 $g_j(X) = 0$)的设计点，称为边界设计点。边界设计点也是可行点，但它是一个为该项约束所允许的极限设计方案，所以又称为极限设计点。非可行点即为不允许采用的非可行设计方案。当优化设计问题除有 m 个不等式约束条件外，还应满足 p 个等式条约时，即对设计变量的选择又增加了限制。当有一个等式约束条件 $h(x_1, x_2) = 0$ 时，这时的可行点(可行设计方案)只允许在 D 域内的等式约束函数曲线的 AB 段上选择。

根据设计点是否在约束边界上，又可将约束条件分为起作用约束和不起作用约束。所谓起作用约束就是对某个设计点特别敏感的约束，即该约束的微小变化可能使设计点由边界点变成可行域的内点，也可能由边界点变成可行域的外点。

综上所述，优化数学模型是对实际问题的数学描述和概括，是进行优化设计的基础。因此，根据设计问题的具体要求和条件建立完备的数学模型是关系优化设计成败的关键。这是因为优化问题的计算求解完全是围绕数学模型进行的。也就是说，优化计算所得的最优解实际上只是数学模型的最优解。此解是否满足实际问题的要求，是否就是实际问题的最优解，完全取决于数学模型和实际问题的符合程度。

由此可见，建立数学模型是一项重要而复杂的工作：一方面希望建立一个尽可能完善的数学模型，以求精确地表达实际问题，得到满意的结果；另一方面又力求使所建立的数学模型尽可能简单，以方便计算求解。

(三) 优化问题的分类

与一般工业产品设计相类似，产品及工程优化设计可以分为两个层次：总体方案优化和设计参数优化。这两者之间既有密切的联系，又存在实质性的区别。前者是指总体布局、结构或系统的类型以及几何形式的优化设计；后者是在总体方案选定后，对具体设计参数(几何参数、性能参数等)的优化设计。总体方案设计是一种创造性活动，必须依靠思考与推理，综合运用多学科的专门知识和丰富的实践经验，才能获得正确、合理的设计。因此，总体方案优化的大量工作是依据知识和经验进行演绎与推理，可用人工智能方法(特别是专家系统技术)求解这类问题。设计参数优化是择优确定具体的设计参数，属于数值计算型工作，比较容易总结出可供计算分析用的数学模型，因而一般采用数学规划方法来求解。

根据优化问题的数学模型是否含有设计约束，可将工程优化问题分为约束优化问题和无约束优化问题。工程优化设计问题中的绝大多数问题都是约束优化问题。

无约束优化问题的目标函数如果是一元函数，则称为一维优化问题；如果是二元或二元以上函数，则称为多维无约束优化问题。

对于约束优化问题，可按其目标函数与约束函数的特性，分为线性规划问题和非线性规划问题。如果目标函数和所有的约束函数都是线性函数，则称为线性规划问题；否则称为非线性规划问题。对于目标函数是二次函数而约束函数都是线性函数这一类问题，一般称为二次规划问题。如果目标函数和所有的约束函数都是凸函数，则称为凸规划问题。凸规划的一个重要的性质就是，凸规划的任何局部极小解一定是全局最优解。

线性规划和非线性规划是数学规划中的两个重要分支，在工程设计问题中均得到广泛应用。

（四）优化设计的迭代算法

对于优化问题数学模型的求解，目前可采用的求解方法有三种：数学解析法、图解法和数值迭代法。

数学解析法就是把优化对象用数学模型描述出来后，用数学解析法（如微分法、变分法等）求出最优解，如高等数学中求函数极值或条件极值的方法。数学解析法是优化设计的理论基础，但它仅限于维数较少且易求导的优化问题的求解。

图解法就是直接用作图的方法来求解优化问题，通过画出目标函数和约束函数的图形，求出最优解。该方法的特点是简单直观，但仅限于 $n \leqslant 2$ 的低维优化问题的求解。

数值迭代法完全是依赖于计算机的数值计算特点而产生的，它是具有一定逻辑结构并按一定格式反复迭代计算，逐步逼近优化问题最优解的一种方法。采用数值迭代法可以求解各种优化问题（包括数学解析法和图解法不能适用的优化问题）。

1. 数值迭代法的迭代格式

数值迭代法的基本思想是：搜索、迭代、逼近。为了寻找目标函数 $f(X)$ 的极小值点 X^*，首先在设计空间中给出一个估算的初始设计点 $X^{(0)}$，然后从该点出发，按照一定的规则确定适当的搜索方向 $S^{(0)}$ 和搜索步长 $\alpha^{(0)}$，求得第一个改进设计点 $X^{(1)}$，它应满足条件：$f(X^{(1)}) < f(X^{(0)})$，至此完成第一次迭代。之后，又以 $X^{(1)}$ 为新的初始点，重复上述步骤，求得 $X^{(2)}$，…，如此反复迭代，从而获得一个不断改进的点列 $\{X^{(k)}, k=0, 1, 2, \cdots\}$ 以及相应的递减函数值数列 $\{f(X^{(k)}), k=1, 2, \cdots\}$。这一迭代过程用数学式来表达，即得数值迭代法的基本迭代格式为

$$X^{(k+1)} = X^{(k)} + \alpha^{(k)} S^{(k)} (k=0, 1, 2, \cdots)$$

$$f(X^{(k+1)}) < f(X^{(k)})$$

$$g_u(X^{(k+1)}) \leqslant 0 \quad (u=1, 2, \cdots, m) \tag{6-2}$$

式中，$X^{(k)}$ 为前一步已取得的设计方案（迭代点）；$X^{(k+1)}$ 为新的改进设计方案（新的迭代点）；$S^{(k)}$ 为第 k 次迭代计算的搜索方向；$\alpha^{(k)}$ 为第 k 次迭代计算的步长因子。

这样一步一步地重复数值计算，不断用改进了的新设计点迭代前次设计点，逐步改进目标函数值并最终逼近极值点，即极小值点 X^*。

由以上分析可见，优化迭代过程所得一系列迭代点都是以统一基本迭代格式进行重复运算所获得的，因而在计算机上很容易实现，而且由于每一次迭代取得的新的可行迭代点目标函数值有所下降，于是迭代点不断地向约束最优点靠拢，最后必将到达十分逼近理论最优点的近似最优点 X^*。

要运用数值迭代法寻找目标函数的极小值 X^*，这里关键要解决三个问题：一是如何确定迭代步长 $=\alpha^{(k)}$；；二是怎样选定搜索方向 $S^{(b)}$；三是如何判断是否找到了最优点，以终止迭代。由于在优化技术中，关于迭代方法有多种，它们之间的区别就在于确定 $\alpha^{(k)}$ 和 $S^{(b)}$ 的方式不同。特别是 $S^{(b)}$ 的确定，在各种方法中起关键性作用。

2. 迭代计算的终止准则

数值迭代法的求解过程是逐步向理论最优点靠拢，接近理论最优的近似最优。因此，迭代过程不可能无限制地进行。那么，什么时候终止迭代呢？这就有一个迭代终止的准则问题。

对于无约束优化问题，通常采用的迭代终止准则有以下几种。

（1）点距足够小准则

相邻两迭代点之间的距离已达到充分小，即

$$\| X^{(k+1)} - X^{(k)} \| \leqslant \varepsilon \tag{6-3}$$

式中，ε 为给定的计算精度，它是一个足够小的正数。

（2）函数下降量足够小准则

相邻两迭代点的函数值下降量已达到充分小，即

$$|f(X^{(k+1)}) - f(X^{(k)})| \leqslant \varepsilon \tag{6-4}$$

式中，ε 为给定的计算精度（足够小的正数）。

（3）函数梯度充分小准则

目标函数在迭代点的梯度已达到充分小，即

$$\| \nabla f(X^{(k+1)}) \| \leqslant \varepsilon \tag{6-5}$$

式中，ε 为给定的计算精度（足够小的正数）。

这是由于函数极值点的必要条件是函数在这一点的梯度值的模为零。因此，当迭代点的函数梯度的模已充分小时，则认为迭代可以终止。

通常，上述三个准则都可以单独使用。只要其中一个得到满足，就可以认为达到了近似最优解，迭代计算到此结束。对于约束优化问题，不同的优化方法有各自的终止准则，在此不再介绍。

二、二次型与正定矩阵

在介绍优化方法时，常常先将二次型函数作为对象。其原因除二次型函数在工程优化问题中有较多的应用且比较简单之外，还因为任何一个复杂的多元函数都可采用泰勒二次展开式做局部逼近，使复杂函数简化为二次函数。因此，有必要讨论有关二次函数的问题。

二次函数是最简单的非线性函数，在优化理论中具有重要的意义。二次函数可以写成如下向量形式：

$$f(X)=\frac{1}{2}X^{\mathrm{T}}AX+B^{\mathrm{T}}X+C \tag{6-6}$$

式中，B 为常数向量；H 为 2×2 常数矩阵；X^TAX 称为二次型，A 称为二次型矩阵，相当于函数的二阶导数矩阵。

矩阵有正定和负定之分。对于所有非零向量 X：

（1）若有 $X^TAX>0$，则称矩阵 A 是正定的。

（2）若有 $X^TAX\geqslant 0$，则称矩阵 A 是半正定的。

（3）若有 $X^TAX<0$，则称矩阵 A 是负定的。

（4）若有 $X^TAX\leqslant 0$，则称矩阵 A 是半负定的。

（5）若有 $X^TAX=0$，则称矩阵 A 是不定的。

由线性代数可知，矩阵 H 的正定性除可以用上面的定义判断外，还可以用矩阵的各阶主子式进行判别。所谓主子式，就是包含第一个元素在内的左上角各阶子矩阵所对应的行列式。

如果矩阵 A 的各阶主子式均大于零，即

一阶主子式

$$|a_{11}|>0$$

二阶主子式

$$\begin{vmatrix} a_{11} & a_{12} \\ a_{21} & a_{22} \end{vmatrix}>0$$

……

n 阶主子式

$$\begin{vmatrix} a_{11} & a_{12} & \cdots & a_{1n} \\ a_{21} & a_{22} & \cdots & a_{2n} \\ \vdots & \vdots & & \vdots \\ a_{n1} & a_{n2} & \cdots & a_{nn} \end{vmatrix}>0$$

则矩阵 A 是正定的。

如果矩阵 A 的各阶主子式负正相间，即有

$$|a_{11}|<0,\quad \begin{vmatrix} a_{11} & a_{12} \\ a_{21} & a_{22} \end{vmatrix}>0,\quad \cdots,\quad (-1)^n\begin{vmatrix} a_{11} & a_{12} & \cdots & a_{1n} \\ a_{21} & a_{22} & \cdots & a_{2n} \\ \vdots & \vdots & & \vdots \\ a_{n1} & a_{n2} & \cdots & a_{mn} \end{vmatrix}>0$$

即奇数阶主子式小于 0，偶数阶主子式大于 0，则矩阵 A 是负定的。

如果式(6-6)中的二次型矩阵 A 是正定的，则函数 $f(X)$ 称为正定二次函数。在最优化理论中，正定二次函数具有特殊的作用。这是因为许多优化理论和优化方法都是根据正定二次函数提出并加以证明的，而且所有对正定二次函数适用并有效的优化算法，经证明对一般非线性函数也是适用和有效的。

可以证明，正定二次函数具有以下性质。

(1) 正定二次函数的等值线或等值面是一簇同心椭圆或同心椭球。椭圆簇或椭球簇的中心就是该二次函数的极小值点。

(2) 非正定二次函数在极小值点附近的等值线或等值面近似于椭圆或椭球。因此在求极值时，可近似地按二次函数处理，即用二次函数的极小值点近似函数的极小值点，反复进行，逐渐逼近函数的极小值点。

三、函数的方向导数和梯度

目标函数的等值线(或面)仅从几何方面定性直观地表示出函数的变化规律。这种表示方法虽然直观，但不能定量表示，且多数只限于二维函数。为了能够定性地表明函数特别是多维函数在某一点的变化形态，需要引出函数的方向导数及梯度的概念。

(一) 方向导数

由多元函数的微分学可知，对于一个连续可微多元函数$f(X)$，在某一点$X^{(k)}$的一阶偏导数为

$$\frac{\partial f(X^{(k)})}{\partial x_1},\quad \frac{\partial f(X^{(k)})}{\partial x_2},\quad \cdots,\quad \frac{\partial f(X^{(k)})}{\partial x_n} \tag{6-7}$$

可简记为

$$\frac{\partial f(X^{(k)})}{\partial x_i}\quad (i=1,\ 2,\ \cdots,\ n) \tag{6-8}$$

它描述了该函数$f(X)$在点$X^{(k)}$沿各坐标轴$x_i(i=1,\ 2,\ \cdots,\ n)$这一特定方向的变化率。现以二元函数$f(x_1,\ x_2)$为例，求其沿任一方向$S$(它与各坐标轴之间的夹角为$\alpha_1$、$\alpha_2$)的函数变化率。

该二元函数$(x_1,\ x_2)$在点$X^{(k)}$沿任意方向S(其模为$\|S\|=\rho=\sqrt{\Delta x_1^2+\Delta x_2^2}$)的变化率可用函数在该点的方向导数表示。记作

$$\begin{aligned}\frac{\partial f(X^{(k)})}{\partial S}&=\lim_{\rho\to 0}\frac{f(X^{(k+1)})-f(X^{(k)})}{\rho}\\&=\lim_{\rho\to 0}\frac{f(x_1^{(k)}+\Delta x_1,\ x_2^{(k)}+\Delta x_2)-f(x_1^{(k)},\ x_2^{(k)})}{\rho}\\&=\lim_{\substack{\Delta x_1\to 0\\ \Delta x_2\to 0}}\left[\frac{f(x_1^{(k)}+\Delta x_1,\ x_2^{(k)}+\Delta x_2)-f(x_1^{(k)},\ x_2^{(k)}+\Delta x_2)}{\Delta x_1}\cdot\frac{\Delta x_1}{\rho}\right.\\&\quad\left.+\frac{f(x_1^{(k)},\ x_2^{(k)}+\Delta x_2)-f(x_1^{(k)},\ x_2^{(k)})}{\Delta x_2}\cdot\frac{\Delta x_2}{\rho}\right]\\&=\frac{\partial f(X^{(k)})}{\partial x_1}\cdot\cos\alpha_1+\frac{\partial f(X^{(k)})}{\partial x_2}\cdot\cos\alpha_2\end{aligned} \tag{6-9}$$

同理，仿此可以推导出多元函数$f(X)$在$X^{(k)}$点沿方向S的方向导数为

$$\frac{\partial f(X^{(k)})}{\partial S}=\frac{\partial f(X^{(k)})}{\partial x_1}\cdot\cos\alpha_1+\frac{\partial f(X^{(k)})}{\partial x_2}\cdot\cos\alpha_2+\cdots+\frac{\partial f(X^{(k)})}{\partial x_n}\cdot\cos\alpha_n$$

$$=\sum_{i=1}^{n}\frac{\partial f(X^{(k)})}{\partial x_i}\cdot\cos\alpha_i \tag{6-10}$$

式中，$\partial f(X^{(k)})/\partial x_i$ 为函数 $f(X)$ 对坐标轴 x_i 的偏导数；$\cos\alpha_i=\Delta x_i/\rho$ 为 S 方向的方向余弦。

由式(6-10)可知，在同一点(如 $X^{(k)}$ 点)，沿不同的方向(α_1 或 α_2 不同)，函数的方向导数值是不等的，也就是表明函数沿不同的方向上有不同的变化率。因此，方向导数是函数在某点沿给定方向的变化率。

(二) 梯度

函数在某一确定点沿不同方向的变化率是不同的。为求得函数在点 $X(1)$ 的方向导数为最大的方向，需要引入梯度的概念。

将式(6-10)写成矩阵形式，则有

$$\frac{\partial f(X^{(k)})}{\partial S}=\frac{\partial f(X^{(k)})}{\partial x_1}\cdot\cos\alpha_1+\frac{\partial f(X^{(k)})}{\partial x_2}\cdot\cos\alpha_2=\begin{bmatrix}\frac{\partial f(X^{(k)})}{\partial x_1} & \frac{\partial f(X^{(k)})}{\partial x_2}\end{bmatrix}\begin{bmatrix}\cos\alpha_1\\ \cos\alpha_2\end{bmatrix}$$

若令

$$\nabla f(X^{(k)})=\begin{bmatrix}\frac{\partial f(X^{(k)})}{\partial x_1}\\ \frac{\partial f(X^{(k)})}{\partial x_2}\end{bmatrix},\qquad S=\begin{bmatrix}\cos\alpha_1\\ \cos\alpha_2\end{bmatrix} \tag{6-11}$$

于是可将方向导数 $\partial f(X^{(k)})/\partial S$ 表示为

$$\frac{\partial f(X^{(k)})}{\partial S}=\nabla f(X^{(k)})^{\mathrm{T}}\cdot S=\|\nabla f(X^{(k)})\|\cdot\|S\|\cdot\cos\theta \tag{6-12}$$

式中，$\nabla f(X^{(k)})$ 和 $\|S\|$ 分别为向量 $\nabla f(X^{(k)})$ 和向量 S 的模，其值分别为

$$\nabla f(X^{(k)})=\left[\sum_{i=1}^{2}\left(\frac{\partial f(X^{(k)})}{\partial x_i}\right)^2\right]^{1/2} \tag{6-13}$$

和

$$\|S\|=\left[\sum_{i=1}^{2}(\cos\alpha_i)^2\right]^{1/2}=1 \tag{6-14}$$

θ 为向量 $\nabla f(X^{(k)})$ 和 S 之间的夹角。

由式(6-12)可以看出，由于 $\leqslant -1\leqslant\cos\theta\leqslant 1$，故当 $\cos\theta=1$，即向量 $\nabla f(X^{(k)})$ 与 S 的方向相同时，方向导数由 $\partial f(X^{(k)})/\partial S$ 值最大，其值为 $\nabla f(X^{(k)})$。这表明向量 $\nabla f(X^{(k)})$ 就是点 $X^{(k)}$ 处的方向导数最大的方向，即函数变化率最大的方向，称 $\nabla f(X^{(k)})$ 为函数在该点的梯度，可记作 $grad f(X^{(k)})$。

上述梯度的概念可以推广到多元函数中去，对于 n 元函数 $f(X)$ 的梯度可为

$$\nabla f(X)=\left[\frac{\partial f(X)}{\partial x_1},\quad\frac{\partial f(X)}{\partial x_2},\quad\cdots,\quad\frac{\partial f(X)}{\partial x_n}\right]^{\mathrm{T}} \tag{6-15}$$

函数的梯度 $\nabla f(X)$ 在优化设计中具有十分重要的作用。由于梯度是一个向量，而梯度方向是函数具有最大变化率的方向。亦即梯度 $\nabla f(X)$ 方向是指函数 $f(X)$ 的最速上升方向，而负梯度 $-\nabla f(X)$ 则为函数 $f(X)$ 的最速下降方向。

梯度向量 $\nabla f(X^{(k)})$ 与过 $X^{(k)}$ 点的等值线(或等值面)的切线是正交的。式(6-12)表明，函数 $f(X)$ 在某点 $X^{(k)}$ 沿方向 S 的方向导数等于该点的梯度在方向 S 上的投影。

由此可见，只要知道函数在一点的梯度，就可以求出函数在该点上沿任意方向的方向导数。因此，可以说函数在一点的梯度是函数在该点变化率的全面描述。

四、多元函数的泰勒近似展开式和海森矩阵

在优化方法的讨论中，为便于数学问题的分析和求解，往往需要将一个复杂的非线性函数简化成线性函数或二次函数。简化方法可以采用泰勒展开式。

由高等数学可知，一元函数 $f(x)$ 若在点了 $X^{(k)}$ 的邻域内 n 阶可导，则函数可在该点的邻域内进行如下泰勒展开：

$$f(x)=f(x^{(k)})+f'(x^{(k)})\cdot(x-x^{(k)})+\frac{1}{2!}f''(x^{(k)})\cdot(x-x^{(k)})^2+\cdots+R^n \quad (6\text{-}16)$$

式中，R^n 为高阶余项。

多元函数 $f(X)$ 在点 $X^{(k)}$ 也可以作泰勒展开，展开式一般取三项，其形式与一元函数展开式的前三项相似，即

$$f(X)\approx f(X^{(k)})+[\nabla f(X^{(k)})]^{\mathrm{T}}[X-X^{(k)}]+\frac{1}{2}[X-X^{(k)}]^{\mathrm{T}}\nabla^2 f(X^{(k)})[X-X^{(k)}] \quad (6\text{-}17)$$

式(6-17)称为函数 $f(X)$ 的泰勒二次近似式。其中，$\nabla^2 f(X^{(k)})$ 是由函数在点 $X^{(k)}$ 的所有二阶偏导数组成的矩阵，称为函数 $f(X)$ 在点 $X^{(k)}$ 的二阶偏导数矩阵或黑塞(*Hessian*)矩阵，经常记作 $H(X^{(k)})$。二阶偏导数矩阵的组成形式如下：

$$H(X^{(k)})=\nabla^2 f(X^{(k)})=\begin{bmatrix}\dfrac{\partial^2 f(X^{(k)})}{\partial x_1^2} & \dfrac{\partial^2 f(X^{(k)})}{\partial x_1\partial x_2} & \cdots & \dfrac{\partial^2 f(X^{(k)})}{\partial x_1\partial x_n}\\ \dfrac{\partial^2 f(X^{(k)})}{\partial x_2\partial x_1} & \dfrac{\partial^2 f(X^{(k)})}{\partial x_2^2} & \cdots & \dfrac{\partial^2 f(X^{(k)})}{\partial x_2\partial x_n}\\ \vdots & \vdots & & \vdots\\ \dfrac{\partial^2 f(X^{(k)})}{\partial x_n\partial x_1} & \dfrac{\partial^2 f(X^{(k)})}{\partial x_n\partial x_2} & \cdots & \dfrac{\partial^2 f(X^{(k)})}{\partial x_n^2}\end{bmatrix} \quad (6\text{-}18)$$

由于 n 元函数的偏导数有 $n\times n$ 个，而且偏导数的值与求导次序无关，所以函数的二阶偏导数矩阵是一个 $n\times n$ 对称矩阵。

取泰勒展开式的前两项时，可得到函数的泰勒线性近似式为

$$f(X)\approx f(X^{(k)})+[\nabla f(X^{(k)})]^{\mathrm{T}}[X-X^{(k)}] \quad (6\text{-}19)$$

五、无约束优化问题的极值条件

求解无约束优化问题的实质是求解目标函数 $f(X)$ 在 n 维空间 R^n 中的极值。

由高等数学可知，任何一个单值、连续并可微的一元函数 $f(X)$ 在点 $X^{(k)}$ 取得极值的必要条件是函数在该点的一阶导数等于零，充分条件是对应的二阶导数不等于零，即

$$f'(x^{(k)})=0,\qquad f''(x^{(k)})\neq 0$$

当 $f''(x^{(k)})>0$ 时，函数 $f(X)$ 在点 $X^{(k)}$ 取得极小值；当 $f''(x^{(k)})<0$ 时，函数 $f(X)$ 在点

$X^{(k)}$ 取得极大值。极值点和极值分别记作 $x^* = x^{(k)}$ 和 $f^* = f(x^*)$。

与此相似，多元函数 $f(X)$ 在点 $X^{(k)}$ 取得极值的必要条件是函数在该点的所有方向导数等于零，也就是说函数在该点的梯度等于零，即

$$\nabla f(X^{(k)}) = 0$$

把函数在点 $X^{(k)}$ 展开成泰勒二次近似式，并将上式代入，整理得

$$f(X) - f(X^{(k)}) = \frac{1}{2}[X - X^{(k)}]^{\mathrm{T}} \nabla^2 f(X^{(k)}) [X - X^{(k)}]$$

当 $X^{(k)}$ 为函数的极小值点时，因为有 $f(X) - f(X^{(k)}) > 0$，故必有

$$[X - X^{(k)}]^{\mathrm{T}} \nabla^2 f(X^{(k)}) [X - X^{(k)}] > 0$$

此式说明函数的二阶导数矩阵必须是正定的，这就是多元函数极值的充分条件。由此可知，多元函数在点取得极小值的条件是：函数在该点的梯度为零，二阶导数矩阵为正定，即

$$\nabla f(X^*) = 0 \tag{6-20}$$

$$\nabla^2 f(X^*) \text{ 为正定} \tag{6-21}$$

同理，多元函数在点 $X^{(k)}$ 取得极大值的条件是：函数在该点的梯度为零，二阶导数矩阵为负定。

一般说来，式(6-21)对优化问题只有理论上的意义。因为就实际问题而言，由于目标函数比较复杂，二阶导数矩阵不容易求得，二阶导数矩阵的正定性的判断更加困难。因此，具体的优化方法是只将式(6-20)作为极小值点的判断准则。

第二节　一维优化与多维无约束优化

一、一维优化方法

求解一维目标函数 $f(X)$ 最优解的过程，称为一维优化(或一维搜索)，所使用的方法称为一维优化方法。

一维优化方法是优化方法中最简单、最基本的优化方法。它不仅用来解决一维目标函数的求最优问题，而且更常用于多维优化问题在既定方向上寻求最优步长的一维搜索。

由前述内容可知，求多维优化问题目标函数的极值时，迭代过程每一步的格式都是从某一定点 $X^{(k)}$ 出发，沿着某一使目标函数下降的规定方向 $S^{(k)}$ 搜索，以找出此方向的极小值点 $X^{(k+1)}$。这一过程是各种最优化方法的一种基本过程。在此过程中因 $X^{(k)}$、$S^{(k)}$ 已确定，要使目标函数值为最小，只需找到一个合适的步长 $\alpha^{(k)}$。这也就是说，在任何一次迭代计算过程中，当起步点 $X^{(k)}$ 和搜索方向确定之后，就把求多维目标函数极小值这个多维问题，化解为求一个变量(步长因子 α)的最优值 $\alpha^{(k)}$ 的一维问题。

从点 $X^{(k)}$ 出发，在方向 $S^{(k)}$ 上的一维搜索可用数学表达式为

$$\min f(X^{(k)} + \alpha S^{(k)}) = f(X^{(k)} + \alpha^{(k)} S^{(k)}) \tag{6-22}$$

$$X^{(k+1)} = X^{(k)} + \alpha^{(k)} S^{(k)} \tag{6-23}$$

该式表示对包含唯一变量 α 的一元函数 $f(X^{(k)} + \alpha S^{(k)})$ 求极小，得到最优步长因子

$\alpha^{(k)}$ 和方向 $S^{(k)}$ 上的一维极小值点 $X^{(k+1)}$ 。

一维搜索方法一般分两步进行：首先在方向 $S^{(k)}$ 上确定一个包含函数极小值点的初始区间，即确定函数的搜索区间，该区间必须是单峰区间；然后采用缩小区间或插值逼近的方法得到最优步长，即求出该搜索区间内的最优步长和一维极小值点。

一维搜索方法主要有：分数法、黄金分割法(0.618 法)、二次插值和三次插值法等。这里介绍最常用的黄金分割法和二次插值法。

(一) 搜索区间的确定

根据函数的变化情况，可将区间分单峰区间和多峰区间。所谓单峰区间，就是在该区间内的函数变化只有一个峰值，即函数的极小值。设区间 $[\alpha_1, \alpha_3]$ 为单峰区间，α_2 为该区间内的一点，若有

$$\alpha_1 < \alpha_2 < \alpha_3 (\text{或} \alpha_1 > \alpha_2 > \alpha_3)$$

成立，则必有

$$f(\alpha_1) > f(\alpha_2) < f(\alpha_3)$$

同时成立。即在单峰区间内的极小值点 $X*$ 的左侧，函数呈下降趋势，而在极小值点 X^* 的右侧，函数呈上升趋势。也就是说，单峰区间的函数值是“高-低-高”的变化特征。

若在进行一维搜索之前，可估计极小值点所在的大致位置，则可以直接给出搜索区间；否则，需采用试算法确定。常用的方法是进退试算法。

进退试算法的基本思想是：按照一定的规律给出若干试算点，依次比较各试算点的函数值的大小，直到找到相邻三点的函数值按“高-低-高”变化的单峰区间。

进退试算法的运算步骤如下：

(1) 给定初始点 α_0 和初始步长 h，设搜索区间 $[a, b]$ 。

(2) 将 α_0 及 α_0+h 代入目标函数进行计算并比较它们的大小。

(3) 若 $f(\alpha_0)>f(\alpha_0+h)$，则表明极小值点在试算点的右侧，需前进试算。在做前进运算时，为加速计算，可将步长 h 增加 2 倍，并取计算新点为 $\alpha_0 + h + 2h = \alpha_0 + 3h$ 。若 $f(\alpha_0 + h) \leqslant f(\alpha_0 + 3h)$ ，则所计算的相邻三点的函数值已具高-低-高特征，这时可确定搜索区间为

$$a = \alpha_0, \qquad b = \alpha_0 + 3h$$

否则，将步长再加倍，并重复上述运算。

(4) 若 $f(\alpha_0) < f(\alpha_0 + h)$ ，则表明极小值点在试算点的左侧，须后退试算。在做后退运算时，应将后退的步长缩短为原步长 h 的 1/4，则取步长为 $h/4$，并从 α_0 点出发，得到后退点为 $\alpha_0 - h/4$，若 $f\left(\alpha_0 - \frac{h}{4}\right) > f(\alpha_0)$ ，则搜索区间可取为

$$a = \alpha_0 - \frac{h}{4}, \qquad b = \alpha_0 + h$$

否则，将步长再加倍，继续后退，重复上述步骤，直到满足单峰区间条件。

(二) 黄金分割法

黄金分割法又称 0.618 法，它是一种等比例缩短区间的直接搜索方法。该方法的基本思路是：通过比较单峰区间内两点函数值，不断舍弃单峰区间的左端或右端一部分，使区

间按照固定区间缩短率(缩小后的新区间与原区间长度之比)逐步缩短，直到极小值点所在的区间缩短到给定的误差范围内，而得到近似最优解。

为了达到缩短区间之目的，可在已确定的搜索区间(单峰区间)内，选取计算点，计算函数值，并比较它们的大小，以消去不可能包含极小值点的区间。

在已确定的单峰区间 $[a, b]$ 内任取两个内分点 α_1、α_2，并计算它的函数值 $f(\alpha_1)$，$f(\alpha_2)$，比较它们的大小，可能发生以下情况。

(1) 若 $f(\alpha_1) < f(\alpha_2)$，则由于函数的单峰性，极小值点必位于区间 $[a, \alpha_2]$ 内，因而可以去掉区间 $[a_2, b]$，得到缩短后的搜索区间 $[a, \alpha_2]$；

(2) 若 $f(\alpha_1) > f(\alpha_2)$，显然，极小值点必位于 $[\alpha_1, b]$ 内，因而可去掉区间 $[a, \alpha_1]$，得到新区间 $[\alpha_1, b]$；

(3) 若 $f(\alpha_1) = f(\alpha_2)$，极小值点应在区间 $[\alpha_1, \alpha_2]$ 内，因而可去掉 $[a, \alpha_1]$ 或 $[\alpha_2, b]$，甚至将此二段都去掉。

对于上述缩短后的新区间，可在其内再取一个新点 α_3，然后将此点和该区间内剩下的那一点进行函数值大小的比较，以再次按照上述方法，进一步缩短区间，这样不断进行下去，直到所保留的区间缩小到给定的误差范围内，而得到近似最优解。按照上述方法，就可得到一个不断缩小的区间序列，故称为序列消去原理。

黄金分割法的内分点选取原则是：每次区间缩短都取相等的区间缩短率。按照这一原则，其区间缩短率都是取 $\lambda = 0.618$，即该法是按区间全长的 0.618 倍的关系来选取两个对称内分点 α_1、α_2 的。

设原区间 $[a, b]$ 长度为 L，区间缩短率为私为了缩短区间，黄金分割法要求在区间 $[a, b]$ 上对称地取两个内分点 α_1 和 α_2，设两个对称内分点交错离两端点距离为 Z，则首次区间缩短率为

$$\lambda = \frac{l}{L}$$

再次区间缩短率为

$$\lambda = \frac{(L - l)}{l}$$

根据每次区间缩短率相等的原则，有

$$\lambda = \frac{l}{L} = \frac{(L - l)}{l}$$

由此可得

$$l^2 - L(L - l) = 0$$

即 $\left(\frac{l}{L}\right)^2 + \frac{l}{L} - 1 = 0$，或 $\lambda^2 + \lambda - 1 = 0$，解此方程，取其正根可得

$$\lambda = \frac{\sqrt{5} - 1}{2} = 0.6180339887\cdots \approx 0.618$$

这意味着，只要取 $\lambda = 0.618$，就以满足区间缩短率不变的要求。即每次缩短区间后，所得到的区间是原区间的 0.618 倍，舍弃的区间是原区间的 0.382 倍。黄金分割法迭代过

程中，除初始区间要找两个内分点外，每次缩短的新区间内，只需再计算一个新点函数值就够了。

根据以上结果，黄金分割法两个内分点的取点规则为

$$\begin{cases}\alpha_1 = a + (1-\lambda)(b-a) = a + 0.382(b-a)\\ \alpha_2 = a + \lambda(b-a) = a + 0.618(b-a)\end{cases} \tag{6-24}$$

综上所述，黄金分割法的计算步骤如下。

(1) 给定初始单峰区间 $[a, b]$ 和收敛精度 ε。

(2) 在区间 $[a, b]$ 内取两个内分点并计算其函数值：

$$\alpha_1 = a + 0.382(b-a),\ f_1 = f(\alpha_1)$$
$$\alpha_2 = a + 0.618(b-a),\ f_2 = f(\alpha_2)$$

(3) 比较函数值 f_1 和 f_2 的大小。若 $f_1 < f_2$，则取 $[a, a_2]$ 为新区间，而幻则作为新区间内的第一个试算点，即令

$$b \Leftarrow \alpha_2,\quad \alpha_2 \Leftarrow \alpha_1,\quad f_2 \Leftarrow f_1$$

而另一试算点可按下式计算出

$$\alpha_1 = a + 0.382(b-a),\quad f_1 = f(\alpha_1)$$

若 $f_1 \geqslant f_2$，则取 $[\alpha_1, b]$ 为新区间，而 α_2 作为新区间内的第一个试算点，即令

$$a \Leftarrow \alpha_1,\quad \alpha_1 \Leftarrow \alpha_2,\quad f_1 \Leftarrow f_2$$

而另一试算点可按下式计算出来：

$$\alpha_2 = a + 0.618(b-a),\quad f_2 = f(\alpha_2)$$

(4) 若满足迭代终止条件 $b - a \leqslant \varepsilon$，则转下一步，否则返回步骤(3)，进行下一次迭代计算，进一步缩短区间。

(5) 输出最优解：

$$x^* = \frac{a+b}{2},\quad f^* = f(x^*)$$

(三) 二次插值法

二次插值法又称近似抛物线法。它的基本思想是：在给定的单峰区间中，利用目标函数上的三个点来构造一个二次插值函数 $p(X)$，以近似地表达原目标函数 $f(X)$，并求这个插值函数的极小值点近似作为原目标函数的极小值点。它是以目标函数的二次插值函数的极小值点作为新的中间插入点，进行区间缩小的一维搜索方法。

设一元函数 $f(X)$，在单峰区间 $[\alpha_1, \alpha_3]$ 内取一点 α_2，且 $\alpha_1 < \alpha_2 < \alpha_3$，这三点对应的函数值分别为

$$f_1 = f(\alpha_1),\quad f_2 = f(\alpha_2),\quad f_3 = f(\alpha_3)$$

于是通过原函数曲线上的三个点 (α_1, f_1)、(α_2, f_2) 和 (α_3, f_3) 可以构成一个二次插值函数。设该次插值函数为

$$p(\alpha) = A + B\alpha + C\alpha^2$$

此函数可以很容易地求得它的极小值点 α_p^* 。令其一阶导数等于零，即

$$\frac{\mathrm{d}p(\alpha)}{\mathrm{d}\alpha} = B + 2C\alpha = 0$$

解得

$$\alpha_p^* = -\frac{B}{2C} \tag{6-25}$$

为求得 α_p^*，应设法求得式(6-25)中的待定系数 B 和 C。

由于所构造的二次插值函数曲线通过原函数 $f(X)$ 上的三个点，因此将三个点 (α_2, f_2)、(α_1, f_1) 及 (α_3, f_3) 代入方程(6-24)可得

$$\begin{cases} p(\alpha_1) = A + B\alpha_1 + C\alpha_1^2 = f_1 \\ p(\alpha_2) = A + B\alpha_2 + C\alpha_2^2 = f_2 \\ p(\alpha_3) = A + B\alpha_3 + C\alpha_3^2 = f_3 \end{cases} \tag{6-26}$$

解得系数

$$B = \frac{(\alpha_2^2 - \alpha_3^2)f_1 + (\alpha_3^2 - \alpha_1^2)f_2 + (\alpha_1^2 - \alpha_2^2)f_3}{(\alpha_1 - \alpha_2)(\alpha_2 - \alpha_3)(\alpha_3 - \alpha_1)}$$

$$C = -\frac{(\alpha_2 - \alpha_3)f_1 + (\alpha_3 - \alpha_1)f_2 + (\alpha_1 - \alpha_2)f_3}{(\alpha_1 - \alpha_2)(\alpha_2 - \alpha_3)(\alpha_3 - \alpha_1)}$$

将 B、C 之值代入式(6-25)，可求得

$$\alpha_p^* = -\frac{B}{2C} = \frac{1}{2}\frac{(\alpha_2^2 - \alpha_3^2)f_1 + (\alpha_3^2 - \alpha_1^2)f_2 + (\alpha_1^2 - \alpha_2^2)f_3}{(\alpha_2 - \alpha_3)f_1 + (\alpha_3 - \alpha_1)f_2 + (\alpha_1 - \alpha_2)f_3} \tag{6-27}$$

由上述内容可知，在已知一个单峰搜索区间内的 α_1，α_2，α_3 三点值后，便可通过二次插值法求得极小值点的近似值 $\bar{X} = \alpha_p$。由于在求 α_p^* 时，是采用原函数的近似函数，因而求得的 α_p^* 不一定与原函数的极值点 X^* 重合。为了求得满足预定精度要求的原函数的近似极小值点，一般要进行多次迭代。为此，可根据前述的序列消去原理，在已有的四个点 α_1，α_2，α_3 及 α_p^*；中选择新的三个点，得到一个缩小了的单峰区间，并利用此单峰区间的三个点，再一次进行插值。如此进行下去，直至达到给定的精度。

二次插值法的计算步骤如下。

(1) 给定初始搜索区间 $[\alpha_1, \alpha_3]$ 和计算精度 ε。

(2) 在区间 $[\alpha_1, \alpha_3]$ 内取一内点 α_2，有下面两种取法：

$$\alpha_2 = \begin{cases} \dfrac{\alpha_1 + \alpha_3}{2}(\text{等距原则取点}) \\ \dfrac{2\alpha_1 + \alpha_3}{3}(\text{不等距原则取点}) \end{cases}$$

计算三点的函数值 $f_1 = f(\alpha_1)$，　$f_2 = f(\alpha_2)$，　$f_3 = f(\alpha_3)$。

(3) 计算二次插值多项式 $p(\alpha)$ 的极小值点 α_p^* 与极小值 $f(\alpha_p^*)$。

(4) 进行收敛判断：若满足 $|\alpha_p^* - \alpha_2| \leqslant \varepsilon$，则停止迭代，并将点 α_2 与 α_p^* 中函数值较小的点作为极小值点输出，结束一维搜索；否则，转下步骤(5)。

(5) 缩小区间，以得到新的单峰区间，然后转步骤(3)，继续迭代，直到满足精度要求。

二、多维无约束优化方法

多维无约束优化问题的一般数学表达式为

$$\min f(X)=f(x_1,\ x_2,\ \cdots,\ x_n) \qquad (X\in R^n) \tag{6-28}$$

求解这类问题的方法，称为多维无约束优化方法。它也是构成约束优化方法的基础算法。

多维无约束优化方法是优化技术中最重要和最基本的内容之一。因为它不仅可以直接用来求解无约束优化问题，而且实际工程设计问题中的大量约束优化问题，有时也是通过对约束条件进行适当处理，转化为无约束优化问题来求解的。因此，无约束优化方法在工程优化设计中有十分重要的作用。

根据其确定搜索方向所使用的信息和方法不同，多维无约束优化方法可分为两大类：

一是需要利用目标函数的一阶偏导数或二阶偏导数来构造搜索方向，如梯度法、共轭梯度法、牛顿法和变尺度法等。这类方法由于需要计算偏导数，因此计算量大，但收敛速度较快，一般称为间接法。另一类是通过几个已知点上目标函数值的比较来构造搜索方向，如坐标轮换法、随机搜索法和共轭方向法等。这类方法只需要计算函数值，因此对于无法求导或求导困难的函数，有突出的优越性，但是其收敛速度较慢，一般称之为直接法。

各种优化方法之间的主要差异在于构造的搜索方向，因此关于搜索方向 S ©的选择问题，是最优化方法要讨论的重要内容。下面介绍几种经典的无约束优化方法。

（一）坐标轮换法

坐标轮换法是求解多维无约束优化问题的一种直接法，它不需求函数导数而直接搜索目标函数的最优解。该法又称降维法。

坐标轮换法的基本原理是：它将一个多维无约束优化问题转化为一系列一维优化问题来求解，即依次沿着坐标轴的方向进行一维搜索，求得极小值点。当对 n 个变量 x_1，x_2，…，x_n 依次进行过一次搜索之后，即完成一轮计算。若未收敛到极小值点，则又从前一轮的最末点开始，进行下一轮搜索，如此继续下去，直至收敛到最优点。

对于 n 维问题，是先将 $n-1$ 个变量固定不动，只对第一个变量进行一维搜索，得到极小值点 $X_1^{(1)}$；然后，再保持 $n-1$ 个变量固定不动，对第二个变量进行一维搜索，得到极小值点 $x_2^{(1)}$，…，依次把一个 n 维的问题转化为求解一系列一维的优化问题。当沿 x_1，x_2，…，x_n 坐标方向依次进行一维搜索之后，得到 n 个一维极小值点 $X_1^{(1)}$，$X_2^{(1)}$，…，$X_n^{(1)}$，即完成第一轮搜索。接着，以最后一维的极小值点为始点，重复上述过程，进行下轮搜索，直到求得满足精度的极小值点 X^*，则可停止搜索迭代计算。

根据上述原理，对于第 k 轮计算，坐标轮换法的迭代计算公式为

$$X_i^{(k)}=X_{i-1}^{(k)}+\alpha_i S_i^{(k)}(i=1,\ 2,\ \cdots,\ n) \tag{6-29}$$

其中，搜索方向 $S_i^{(k)}$ 是轮流取 n 维空间各坐标轴的单位向量：

$$S_i^{(k)}=e_i=1 \qquad (i=1,\ 2,\ \cdots,\ n)$$

即

$$e_1 = \begin{bmatrix} 1 \\ 0 \\ 0 \\ \vdots \\ 0 \end{bmatrix}, \quad e_2 = \begin{bmatrix} 0 \\ 1 \\ 0 \\ \vdots \\ 0 \end{bmatrix}, \quad \cdots, \quad e_n = \begin{bmatrix} 0 \\ 0 \\ 0 \\ \vdots \\ 1 \end{bmatrix}$$

也就是其中第 i 个坐标方向上的分量为 1，其余均为零。其中步长 α_i 取正值或负值均可，正值表示沿坐标正方向搜索，负值表示逆坐标轴方向搜索，但无论正负，必须使目标函数值下降，即

$$f(X_i^{(k)}) < f(X_{i-1}^{(k)})$$

关于坐标轮换法的迭代步长 α_i，常用如下两种取法。

(1) 最优步长。

(2) 加速步长，即在每一维搜索时，先选择一个初始步长 α_i，若沿该维正向第一步搜索成功(即该点函数值下降)，则以倍增的步长继续沿该维向前搜索，步长的序列为

$$\alpha_i, \quad 2\alpha_i, \quad 4\alpha_i, \quad 8\alpha_i, \quad \cdots$$

直到函数值出现上升时，取前一点为本维极小值点，然后改换为沿下一维方向进行搜索，依次循环继续前进，直至到达收敛精度。

坐标轮换法的特点是：计算简单，概念清楚，易于掌握；但搜索路线较长，计算效率较低，特别当维数很高时计算时间很长，所以坐标轮换法只能用于低维($n<10$)优化问题的求解。此外，该法的效能在很大程度上取决于目标函数的性态，即等值线的形态与坐标轴的关系。

(二) 鲍威尔法

为了克服坐标轮换法收敛速度很慢的缺点，鲍威尔(*Powell*)的改革，提出了鲍威尔法，又称共轭方向法。

在上述坐标轮换法中，之所以收敛速度很慢，原因在于其搜索方向总是平行于坐标轴，不适应函数的变化情况。若把上一轮的搜索末点 $X_2^{(k)}$（即本轮搜索的起点 $X_0^{(k+1)}$）和本轮的搜索末点 $X_2^{(k+1)}$ 连接起来，形成一个新的搜索方向 $S^{(2)} = X_2^{(k)} - X_2^{(k+1)}$，并沿此方向进行一维搜索，它可极大地加快收敛速度。那么，方向 $S^{(2)}$ 具有什么性质，它与 S_2 方向有何关系？为了利用这种搜索方向，则应首先弄清楚这些问题。

1. 共轭方向的概念与形成

设 A 为一 $n \times n$ 实对称正定矩阵，若有一组非零向量 $S^{(1)}, S^{(2)}, \cdots, S^{(n)}$ 满足

$$[S^{(i)}]^{\mathrm{T}} A S^{(j)} = 0 \quad (i \neq j) \tag{6-30}$$

则称这组向量关于矩阵 A 共轭。

当 A 为单位矩阵(即 $A=I$)时，则有

$$[S^{(i)}]^{\mathrm{T}} S^{(j)} = 0 \quad (i \neq j)$$

此时称向量 $S^{(i)}(i = 1, 2, \cdots, n)$ 相互正交。可见，向量正交是向量共轭的特例，或者说向量共轭是向量正交的推广。

共轭方向有两种形成方法，它们是平行搜索法和基向量组合法。现说明平行搜索法如下：从任意不同的两点出发，分别沿同一方向 $S^{(1)}$ 进行两次一维搜索(或者说进行两次平行

搜索)，得到两个一维极小值点 $X^{(1)}$ 和 $X^{(2)}$，则连接此两点构成的向量

$$S^{(2)} = X^{(2)} - X^{(1)}$$

便是与原方向 $S^{(1)}$ 共轭的另一方向。沿此方向做两次平行搜索，又可得到第三个共轭方向。如此继续下去，便可得到一个包含 n(维数)个共轴方向的方向组。

2. 基本鲍威尔法

在明确了共轭方向的概念后，不难知道鲍威尔法是在坐标轮换法的基础上发展起来的，其实质是共轭方向的方法。它采用坐标轮换的方法来产生共轭方向，因不必利用导数的信息，因此是一种直接法。

基本鲍威尔法的基本原理是：首先采用坐标轮换法进行第一轮迭代。然后以第一轮迭代的最末一个极小值点和初始点构成一个新的方向，并且以此新的方向作为最末一个方向，而去掉第一个方向，得到第二轮迭代的 n 个方向。仿此进行下去，直至求得问题的极小值点。

现以二维问题为例来说明基本鲍威尔法的迭代过程及在迭代过程中，共轭方向是如何形成的。取初始点 $X^{(0)}$，作为迭代计算的出发点，即令 $X_0^{(1)} = X^{(0)}$，先沿坐标轴 X_1 的方向 $S_1^{(1)} = e_1 = [1,\ 0]^{\mathrm{T}}$ 进行一维搜索，求得此方向上的极小值点 $X_1^{(1)}$。再沿 X_2 坐标方向 $S_2^{(1)} = e_2 = [0,\ 1]^{\mathrm{T}}$ 进行一维搜索，求得该方向上的极小值点 $X_2^{(1)}$。然后利用两次搜索得到的极小值点 $X_0^{(1)}$ 及 $X_2^{(1)}$ 构成一个新的迭代方向 $S^{(1)}$：

$$S^{(1)} = X_2^{(1)} - X_0^{(1)}$$

并沿此方向进行一维搜索，得到该方向上一维极小值点 $X^{(1)}$，至此完成第一轮搜索。进行第二轮迭代时，去掉第一个方向 $S_1^{(1)} = e_1$，将方向 $S^{(1)}$ 作为最末一个迭代方向，即从 $X^{(1)} = X_0^{(2)}$ 出发，依次沿着方向 $S_1^{(2)} \Leftarrow S_2^{(1)} = e_2$ 及 $S_2^{(2)} \Leftarrow S^{(1)} = X_2^{(1)} - X_0^{(1)}$ 进行一维搜索，得到极小值点 $X_1^{(2)}$，$X_2^{(2)}$；然后利用 $X_2^{(2)}$，$X_0^{(2)}$ 构成另一个迭代方向 $S^{(2)}$：

$$S^{(2)} = X_2^{(2)} - X_0^{(2)}$$

并沿此方向搜索得到 $X^{(2)}$。为形成第三轮迭代的方向，将 $S^{(2)}$ 加到第二轮方向组中，并去掉第二轮迭代的第一个方向 $S_1^{(2)} = e_2$，即令

$$S_1^{(3)} \Leftarrow S_2^{(2)} = S^{(1)}, \qquad S_2^{(3)} \Leftarrow S^{(2)} = X_2^{(2)} - X_0^{(2)}$$

即第三轮迭代的方向实际上是 $S^{(1)}$ 和 $S^{(2)}$，由于 $S^{(2)}$ 是连接两个平行线的方向 $S^{(1)}$ 搜索得到的两极小值点 X 撰、$X*$ 所构成的，根据上述共轭方向的概念可知，$S^{(1)}$ 和 $S^{(2)}$ 是互为共轭的方向。如果所考察的二维函数是二次的，即对于二维二次函数，经过沿共轭方向 $S^{(1)}$、$S^{(2)}$ 的两次一维搜索所得到的极小值点 $X^{(2)}$ 就是该目标函数的极小值点 X^*(即椭圆的中心)。而对于二维非二次函数，这个极小值点 $X^{(2)}$ 还不是该函数的极小值点，需要继续按照上述方向进行进一步搜索。

由上述内容可知，共轭方向是在更替搜索方向反复进行一维搜索中逐步形成的。对于二元函数，经过两轮搜索，就产生了两个互相共轭的方向。仿此，对于三元函数经过三轮搜索以后，就可以得到三个互相共轭的方向。而对于 n 元函数，经过 n 轮搜索以后，一共可产生 n 个互相共轭的方向 $S^{(1)}$，$S^{(2)}$，…，$S^{(n)}$。得到了一个完整的共轭方向组(即所有的搜索方向均为共轭方向)以后，再沿最后一个方向 $S^{(n)}$ 进行一维搜索，就可得到 n 元二次函

数的极小值点。而对于非二次函数，一般尚不能得到函数的极小值点，而需要进一步搜索，得到新的共轴方向组，直到最后得到问题的极小值点。

上述基本鲍威尔法的基本要求是，各轮迭代中的方向组的向量应该是线性无关的。然而，很不理想的是，上述方法每次迭代所产生的新方向可能出现线性相关，使搜索运算蜕化到一个较低维的空间进行，从而导致计算不能收敛而无法求得真正的极小值点。为了提高沿共轭方向搜索的效果，鲍威尔针对上述算法提出了改进，则改进后的算法称为修正鲍威尔法。

3. 修正鲍威尔法

为了避免迭代方向组的向量线性相关现象发生，改进后的鲍威尔法，放弃了原算法中不加分析地用新形成的方向 $S^{(k)}$ 替换上一轮搜索方向组中的第一个方向的做法。该算法规定，在每一轮迭代完成产生共轭方向 $S^{(k)}$ 后，在组成新的方向组时不一律舍去上一轮的第一个方向 $S_1^{(k)}$，而是先对共轭方向的好坏进行判别，检验它是否与其他方向线性相关或接近线性相关。若共轭方向不好，则不用它作为下一轮的迭代方向，而仍采用原来的一组迭代方向；若共轭方向好，则可用它替换前轮迭代中使目标函数值下降最多的一个方向，而不一定是替换第一个迭代方向。这样得到的方向组，其收敛性更好。

为了确定函数值下降最多的方向，应先将一轮中各相邻极小值点函数值之差计算出来，并令

$$\Delta_m^{(k)} = \max_{1 \leqslant m \leqslant n} \{f(X_{m-1}^{(k)}) - f(X_m^{(k)})\} \tag{6-31}$$

按式(6-31)求得 $\Delta_m^{(k)}$ 后，即可确定对应于 $\Delta_m^{(k)}$ 的两点构成的方向 $S_m^{(k)}$ 为这一轮中函数值下降最多的方向。

修正鲍威尔法对于是否用新的方向来替换原方向组的某一方向的判别条件如下：

在第 k 轮搜索中，若

$$\begin{cases} F_3 < F_1 \\ (F_1 - 2F_2 + F_3)(F_1 - F_2 - \Delta_m^{(k)})^2 < \dfrac{1}{2}\Delta_m^{(k)}(F_1 - F_3)^2 \end{cases} \tag{6-32}$$

同时成立，则表明方向 $S^{(k)}$ 与原方向组线性无关，因此可将新方向 $S^{(k)}$ 作为下一轮的迭代方向，并去掉方向 $S_m^{(k)}$ 而构成第 k+1 轮迭代的搜索方向组；否则，仍用原来的方向组进行第 k+1 轮迭代。

式(6-32)中 $F_1 = f(X_0^{(k)})$ 为第为轮起始点函数值；$F_2 = f(X_n^{(k)})$ 为第 k 轮方向组一维搜索终点函数值；$F_3 = f(2X_n^{(k)} - X_0^{(k)})$ 为 $X_0^{(k)}$ 对 $X_n^{(k)}$ 的映射点函数值；$\Delta_m^{(k)}$ 为第 k 轮方向组中沿诸方向一维搜索所得的各函数值下降量中最大者，其相对应的方向记为 $S_m^{(k)}$。

实践证明，上述修正鲍威尔法保证了非线性函数寻优计算可靠的收敛性。修正的鲍威尔法的迭代计算步骤如下。

(1) 给定初始点 $X^{(0)}$ 和收敛精度 ε。

(2) 取 n 个坐标轴的单位向量 $e_i(i = 1, 2, \cdots, n)$ 为初始搜索方向 $S_i^{(k)} = e_i$，置 k=1 以为迭代轮数)。

(3) 从 $X_0^{(k)}$ 出发，依次沿 $S_i^{(k)}(i = 1, 2, \cdots, n)$ 进行 n 次一维搜索，得到 n 个一维极小值点，即

$$X_i^{(k)} = X_{i-1}^{(k)} + \alpha_i^{(k)} S_i^{(k)} (i = 1,\ 2,\ \cdots,\ n)$$

（4）连接 $X_0^{(k)}$，$X_n^{(k)}$，构成新的共轭方向 $S^{(k)}$，即

$$S^{(k)} = X_n^{(k)} - X_0^{(k)}$$

沿共轭方向 $S^{(k)}$ 计算 $X_0^{(k)}$ 的新映射点，即

$$X_{n+1}^{(k)} = 2X_n^{(k)} - X_0^{(k)}$$

（5）计算 k 轮中各相邻极小值点目标函数的差值，并找出其中的最大差值及其相应的方向：

$$\Delta_m^{(k)} = \max_{1 \leqslant m \leqslant n} \{f(X_{i-1}^{(k)}) - f(X_i^{(k)})\} \qquad (i = 1,\ 2,\ \cdots,\ n)$$

$$S_m^{(k)} = X_{m-1}^{(k)} - X_m^{(k)}$$

（6）计算 k 轮初始点、终点和映射点的函数值：

$$F_1 = f(X_0^{(k)}), \qquad F_2 = f(X_n^{(k)}), \qquad F_3 = f(X_{n+1}^{(k)})$$

（7）用判别条件式(6-32)检验原方向组是否需要替换，若同时满足

$$F_3 < F_1$$

和

$$(F_1 - 2F_2 + F_3)(F_1 - F_2 - \Delta_m^{(k)})^2 < \frac{1}{2}\Delta_m^{(k)}(F_1 - F_3)^2$$

则由 $X_n^{(k)}$ 出发沿方向 $S^{(k)}$ 进行一维搜索，求出该方向的极小值点 $X^{(k)}$，并以 $X^{(k)}$ 作为 $k+1$ 轮迭代的初始点，即令 $X_0^{(k+1)} = X^{(k)}$；然后去掉方向 $S_m^{(k)}$，而将方向 $S^{(k)}$ 作为 $k+1$ 轮迭代的最末一个方向，即第 $k+1$ 轮的搜索方向为

$$[S_1^{(k+1)},\ S_2^{(k+1)},\ \cdots,\ S_n^{(k+1)}]^{\mathrm{T}} \Leftarrow [S_1^{(k)},\ S_2^{(k)},\ \cdots,\ S_{m-1}^{(k)},\ S_{m+1}^{(k)},\ \cdots,\ S_n^{(k)},\ S^{(k)}]^{\mathrm{T}}$$

若上述判别条件不满足，则进入第 $k+1$ 轮迭代时，仍采用第 k 轮迭代的方向。

（8）进行收敛判断。

若满足

$$X_0^{(k+1)} - X_0^{(k)} \leqslant \varepsilon$$

或

$$\left|\frac{f(X_0^{(k+1)}) - f(X_0^{(k)})}{f(X_0^{(k+1)})}\right| \leqslant \varepsilon_1$$

则结束迭代计算，输出最优解：X^*、$f^* = f(X^*)$；否则，$k \Leftarrow k+1$，转入下一轮继续进行循环迭代。

（三）梯度法

梯度法是求解多维无约束优化问题的解析法之一，它是一种古老的优化方法。目标函数的正梯度方向是函数值增大最快的方向，而负梯度方向则是函数值下降最快的方向。于是在求目标函数极小值的优化算法中，人们会很自然地想到采用负梯度方向来作为一种搜索方向。梯度法就是取迭代点处的函数负梯度作为迭代的搜索方向，该法又称最速下降法。

梯度法的迭代格式为

$$S^{(k)} = -\nabla f(X^{(k)})$$

$$X^{(k+1)} = X^{(k)} + \alpha^{(k)} S^{(k)} = X^{(k)} - \alpha^{(k)} \nabla f(X^{(k)}) \tag{6-33}$$

式中，$\alpha^{(k)}$ 为最优步长因子，由一维搜索确定，即

$$f(X^{(k+1)}) = f(X^{(k)} - \alpha^{(k)} \nabla f(X^{(k)})) = \min f(X^{(k)} - \alpha S^{(k)})$$

依照式(6-33)求得负梯度方向的一个极小值点 $X^{(k+1)}$，作为原问题的一个近似最优解；若此解尚不满足精度要求，则再以 $X^{(k+1)}$ 作为迭代起始点，以点 $X^{(k+1)}$ 处的负梯度方向 $-\nabla f(X^{(k+1)})$ 作为搜索方向，求得该方向的极小值点 $X^{(k+2)}$。如此进行下去，直到所求得的解满足迭代精度要求。

梯度法迭代的终止条件采用梯度准则，若满足

$$\nabla f(X^{(k+1)}) \leqslant \varepsilon \tag{6-34}$$

则可终止迭代，结束迭代计算。

梯度法的迭代步骤如下。

（1）给定初始迭代点 $X^{(0)}$ 和收敛精度 ε，并置 $k \Leftarrow 0$。

（2）计算迭代点的梯度 $\nabla f(X^{(k)})$ 及其模 $\| \nabla f(X^{(k)}) \|$，取搜索方向为

$$S^{(k)} = -\nabla f(X^{(k)})$$

（3）进行收敛判断。

若满足 $\| \nabla f(X^{(k)}) \| \leqslant \varepsilon$，则停止迭代计算，输出最优解：$X^* = X^{(k)}$，$f(X^*) = f(X^{(k)})$；否则，进行下一步。

（4）从 $X^{(k)}$ 点出发沿负梯度方向 $-\nabla f(X^{(k)})$ 进行一维搜索，求最优步长

$$f(X^{(k)} - \alpha^{(k)} S^{(k)}) = \min f(X^{(k)} - \alpha S^{(k)})$$

（5）求新的迭代点 $X^{(k+1)}$：

$$X^{(k+1)} = X^{(k)} - \alpha^{(k)} \nabla f(X^{(k)})$$

并令 $k \Leftarrow k+1$，转步骤(2)，直到求得满足迭代精度要求的迭代点。

梯度法的优点是迭代过程简单，要求的存储量少，而且在远离极小值点时，函数值下降还是较快的。因此，常将梯度法与其他优化方法结合，在计算前期用梯度法，当接近极小值点时，再改用其他算法，以加快收敛速度。

（四）牛顿法

牛顿法也是经典的优化方法，是一种解析法。该法为梯度法的进一步发展，它的搜索方向是根据目标函数的负梯度和二阶偏导数矩阵来构造的。牛顿法分为原始牛顿法和修正牛顿法两种。

原始牛顿法的基本思想是：在求目标函数 $f(X)$ 的极小值时，先将它在点 X 应处展成泰勒二次近似式 $\varphi(X)$，然后求出这个二次函数的极小值点，并以此点作为原目标函数极小值点的一次近似值；若此值不满足收敛精度要求，则可以以此近似值作为下一次迭代的初始点，仿照上面的做法，求出二次近似值；照此方式迭代下去，直至所求出的近似极小值点满足迭代精度要求。

现用二维问题来说明。设目标函数 $f(X)$ 为连续二阶可微，则在给定点 $X^{(k)}$ 展成泰勒二次近似式：

$$f(X) \approx \varphi(X) = f(X^{(k)}) + [\nabla f(X^{(k)})]^{\mathrm{T}} [X - X^{(k)}] + \frac{1}{2} [X - X^{(k)}]^{\mathrm{T}} H(X^{(k)}) [X - X^{(k)}] \tag{6-35}$$

为求二次近似式 $\varphi(X)$ 的极小值点，对式(6-35)求梯度，并令

$$\nabla\varphi(X)=\nabla f(X^{(k)})+H(X^{(k)})\ [X-X^{(k)}]=0$$

解之可得

$$X_{\varphi}^{*}=X^{(k)}-[H(X^{(k)})]^{-1}\nabla f(X^{(k)}) \tag{6-36}$$

式中，$[H(X^{(k)})]^{-1}$ 称为海森矩阵的逆矩阵。

在一般情况下，$f(X)$不一定是二次函数，因而所求得的极小值点 X_{φ}^{*} 也不可能是原目标函数$f(X)$的真正极小值点。但是由于在 $X^{(k)}$ 点附近，函数 $\varphi(X)$ 和$f(X)$是近似的，因而 x；可作为 $r(x)$ 的近似极小值点。为求得满足迭代精度要求的近似极小值点，则可将 X_{φ}^{*} 点作为下一次迭代的起始点 $X^{(k+1)}$，即得

$$X^{(k+1)}=X^{(k)}-[H(X^{(k)})]^{-1}\nabla f(X^{(k)}) \tag{6-37}$$

式(6-37)就是原始牛顿法的迭代公式。由式可知，牛顿法的搜索方向为

$$S^{(k)}=-[H(X^{(k)})]^{-1}\nabla f(X^{(k)}) \tag{6-38}$$

方向 $S^{(k)}$ 称为牛顿方向，可见原始牛顿法的步长因子恒取 $\alpha^{(k)}=1$，所以原始牛顿法是一种定步长的迭代过程。

显然，如果目标函数$f(X)$是正定二次函数，则海森矩阵 $H(X)$是常矩阵，二次近似式 $\varphi(X)$ 变成了精确表达式。因此，由 $X^{(k)}$ 出发只需迭代一次即可求得$f(x)$的极小值点。

第三节 约束优化与多目标优化

一、约束优化方法

约束优化方法是用来求解如下非线性约束优化问题的数值迭代算法：

$$\begin{aligned} &\min f(X), \quad X\in R^{n}\\ &s.t.\quad g_{u}(X)\leqslant 0 \quad (u=1,2,\cdots,m)\\ &h_{v}(X)=0 \quad (v=1,2,\cdots,p;\ p<n) \end{aligned} \tag{6-39}$$

在满足上述约束条件下求得的目标函数最优点 X^{*}，称为约束最优点。与无约束优化问题不同，约束问题的最优值$f(X^{*})$是满足约束条件下的最小值，它不一定是目标函数的自然最小值，但它是在约束条件限定的可行域内的最小值。

依据处理约束条件的不同方式，约束优化方法可分为直接法和间接法两大类。直接法是在迭代过程中逐点考察约束，并使迭代点始终局限于可行域之内的算法，如网格法、可行方向法和复合形法等。把约束条件引入目标函数，将约束优化问题转化为无约束优化问题求解，或者将非线性问题转化为相对简单的二次规划问题或线性规划问题求解的算法，称为间接法，如拉格朗日乘子法、惩罚函数法和广义简约梯度法等。本节介绍复合形法和惩罚函数法。

(一) 复合形法

复合形法是求解约束优化问题的一种重要的直接解法。复合形法的基本思想是：首先在 n 维设计空间的可行域内，选择 k 个 $(n+1\leqslant k<2n)$ 可行点构成一个多面体(或多边

形)，这个多面体(或多边形)称为复合形。复合形的每个顶点都代表一个设计方案。然后，计算复合形各顶点的目标函数值并逐一进行比较，取最大者为坏点，以其余各点(将最坏点舍弃)的中心为映射轴心，在坏点和其余各点的中心的连线上，寻找一个既满足约束条件，又使目标函数值有所改善的坏点映射点，并以该映射点替换坏点而构成新的复合形。按照上述步骤重复下去，不断地去掉坏点，代之以既能使目标函数值有所下降，又满足所有约束条件的新点，逐步调向优化问题的最优点。以其映射点替代坏点，而不断地构成新复合形时，使复合形也不断收缩。当这种寻优计算满足给定的收敛精度时，可输出复合形顶点中目标函数值最小的点作为优化问题的近似最优点。因此，复合形法的迭代过程实际就是通过对复合形各顶点的函数值计算与比较，反复进行点的映射与复合形的收缩，使之逐步逼近约束问题最优解。

根据上述复合形法的基本思想，在求解

$$\begin{aligned} &\min f(X) \quad (X \in R^n) \\ &s.t.\ g_u(X) \leqslant 0 \quad (u = 1, 2, \cdots, m) \end{aligned} \tag{6-40}$$

的优化问题时，采用复合形法来求解，需分两步进行：第一步是在设计空间的可行域 $D = \{X \mid g_u(X) \leqslant 0, \quad u = 1, 2, \cdots, m\}$ $m\}$ 内产生为个初始顶点构成一个不规则的多面体，即生成初始复合形。一般取复合形顶点数为：$n + 1 \leqslant k \leqslant 2n$ 。

1. 初始复合形的生成

生成初始复合形，实际就是要确定为个可行点作为初始复合形的顶点。对于维数较低的约束优化问题，其顶点数少，可以由设计者估计试凑出来。但对于高维优化问题，就难于试凑，可采用随机法产生。通常，初始复合形的生成方法主要采用如下两种方法。

(1) 人为给定 k 个初始顶点。可由设计者预先选择 k 个设计方案，即人工构造一个初始复合形。k 个顶点都必须满足所有的约束条件。

(2) 给定一个初始顶点，随机产生其他顶点。在高维且多约束条件情况下，一般是人为地确定一个初始可行点 $X^{(1)}$ ，其余 $k-1$ 个顶点 $X^{(j)}(j = 2, 3, \cdots, k)$ 可用随机法产生，即

$$X_i^{(j)} = a_i + r_i^{(j)}(b_i - a_i) \tag{6-41}$$

式中，j 为复合形顶点的标号($j=2, 3, \cdots, k$)；i 为设计变量的标号($i=1, 2, \cdots, n$)，表示点的坐标分量；a_i，b_i 为设计变量 $X_i(i=1, 2, \cdots, n)$的解域或上下界；$r_i^{(j)}$ 为[0, 1]区间内服从均匀分布伪随机数。

用这种方法随机产生的 $k-1$ 个顶点，虽然可以满足设计变量的边界约束条件，但不一定是可行点，所以还必须逐个检查其可行性，并使其成为可行点。设已有 $q(1 \leqslant q \leqslant k)$ 个顶点满足全部约束条件，第 $q+1$ 点 $X^{(q+1)}$ 不是可行点，则先求出 q 个顶点的中心点：

$$X^{(c)} = \frac{1}{q}\sum_{j=1}^{q} X^{(j)} \tag{6-42}$$

然后将不满足约束条件的点 $X^{(q+1)}$ 向中心点 $X^{(c)}$ 靠拢，即

$$X^{(q+1)'} = X^{(c)} + 0.5(X^{(q+1)} - X^{(c)}) \tag{6-43}$$

若新得到的 $X^{(q+1)}$ 仍在可行域外，则重复式(6-43)进行调整，直到 $X^{(q+1)'}$ 点成为可行点。然后，同样处理其余 $X^{(q+2)}$，$X^{(q+3)}$，…，$X^{(p)}$ 诸点，使其全部进入可行域内，从而构成一个所有顶点均在可行域内的初始复合形。

2. 复合形法的调优迭代

在构成初始复合形以后，即可按下述步骤和规则进行复合形法的调优迭代计算。

(1) 计算初始复合形各顶点的函数值，选出好点、坏点、次坏点：

$$X^{(L)}: f(X^{(L)}) = \min\{f(X^{(j)}),\ j = 1, 2, \cdots, k\}$$

$$X^{(H)}: f(X^{(H)}) = \max\{f(X^{(j)}),\ j = 1, 2, \cdots, k\}$$

$$X^{(G)}: f(X^{(G)}) = \max\{f(X^{(j)}),\ j = 1, 2, \cdots, k;\ j \neq H\}$$

(2) 计算除点 $X^{(H)}$ 外其余为 $k-1$ 个顶点的几何中心点：

$$X^{(S)} = \frac{1}{k-1}\sum_{j=1}^{k-1} X^{(j)}(j \neq H)$$

并检验 $X^{(S)}$ 点是否在可行域内。如果 $X^{(S)}$ 是可行点，则执行步骤 3，否则转步骤 4。

(3) 沿 $X^{(H)}$ 和 $X^{(S)}$ 连线方向求映射点 $X^{(R)}$：

$$X^{(R)} = X^{(S)} + \alpha(X^{(S)} - X^{(H)}) \tag{6-44}$$

式中，α 称为映射系数，通常取 $\alpha = 1.3$。然后，检验 $X^{(R)}$ 可行性。若 $X^{(R)}$ 为非可行点，则将 α 减半，重新计算 $X^{(R)}$，直到 $X^{(R)}$ 成为可行点。

(4) 若 $X^{(S)}$ 在可行域外，此时 D 可能是非凸集。此时利用 $X^{(S)}$ 和 $X^{(L)}$ 重新确定一个区间，在此区间内重新随机产生 k 个顶点构成复合形。新的区间边界值若 $X_i^{(L)} < X_i^{(S)}$，$i = 1, 2, \cdots, n$，则取

$$\begin{cases} a_i = X_i^{(L)} \\ b_i = X_i^{(S)} \end{cases} \quad (i = 1, 2, \cdots, n) \tag{6-45}$$

若 $X_i^{(L)} > X_i^{(S)}$，则取

$$\begin{cases} a_i = X_i^{(S)} \\ b_i = X_i^{(L)} \end{cases} \quad (i = 1, 2, \cdots, n) \tag{6-46}$$

重新构成复合形后重复步骤(1)、(2)，直到 $X^{(S)}$ 成为可行点。

(5) 计算映射点的目标函数值若 $f(X^{(R)}) < f(X^{(H)})$，则用映射点替换坏点，构成新的复合形，完成一次调优迭代计算，并转向步骤(1)；否则继续下一步。

(6) 若 $f(X^{(R)}) > f(X^{(H)})$，则将映射系数 α 减半，重新计算映射点。如果新的映射点 $X^{(R)}$ 既为可行点，又满足 $f(X^{(R)}) < f(X^{(H)})$，即代替 $X^{(H)}$，完成本次迭代；否则继续将 α 减半，直到当 α 值减到小于预先给定的一个很小正数 ξ（如 $\xi = 10^{-5}$）时，仍不能使映射点优于坏点，则说明该映射方向不利，应改用次坏点 $X^{(G)}$ 替换坏点再行映射。

(7) 进行收敛判断。当每一个新复合形构成时，就用终止迭代条件来判别是否可结束迭代。再反复执行上述迭代过程，复合形会逐渐变小且向约束最优点逼近，直到满足

$$\left\{\frac{1}{k}\sum_{j=1}^{k}\left[f(X^{(j)}) - f(X^{(c)})\right]^2\right\}^{1/2} \leqslant \varepsilon \tag{6-47}$$

时可结束迭代计算。此时，复合形中目标函数值最小的顶点即为该约束优化问题的最优点。式(6-47)中的 $X^{(c)}$ 为复合形所有顶点的点集中心，即

$$X_i^{(c)} = \frac{1}{k}\sum_{j=1}^{k} X_i^{(j)}(i = 1, 2, \cdots, n) \tag{6-48}$$

在复合形的调优迭代计算中，为了使复合形法更有效，除采用映射手段外，还可以运用扩张、压缩、向最好点收缩、绕最好点旋转等技巧，使复合形在迭代中具有更大的灵活性，以达到较好的收缩精度。在求解不等式的约束优化问题的方法中，复合形法是一种效果较好的方法，也是工程优化设计中较为常用的算法之一。

（二）惩罚函数法

惩罚函数法是求解约束优化问题的一种间接解法。它的基本思想是将一个约束的优化问题转化为一系列的无约束优化问题来求解。为此，对于式(6-39)所示的约束优化问题，构造如下无约束优化问题：

$$\min\varphi(X, r_1^{(k)}, r_2^{(k)}) = f(X) + r_1^{(k)}\sum_{u=1}^{m}G[g_u(X)] + r_2^{(k)}\sum_{v=1}^{p}H[h_v(X)] \tag{6-49}$$

并且要求，当点 X 不满足约束条件时，等号后第二项和第三项的值很大；反之，当点 X 满足约束条件时，这两项的值很小或等于零。这相当于当点 X 在可行域之外时对目标函数的值加以惩罚，因此 $r_1^{(k)}\sum_{u=1}^{m}G[g_u(X)]$ 和 $r_2^{(k)}\sum_{v=1}^{p}H[h_v(X)]$ 两项称为惩罚项，$r_1^{(k)}$ 和 $r_2^{(k)}$ 称为惩罚因子，$\varphi(X, r_1^{(k)}, r_2^{(k)})$ 称为惩罚函数。其中，$\sum_{u=1}^{m}G[g_u(X)]$ 和 $\sum_{v=1}^{p}H[h_v(X)]$ 分别是由不等式约束函数和等式约束函数构成的复合函数。

可以证明，若惩罚项和惩罚函数满足以下条件：

$$\begin{aligned}
&\lim_{k\to\infty} r_1^{(k)}\sum_{u=1}^{m}G[g_u(X)] = 0\\
&\lim_{k\to\infty} r_2^{(k)}\sum_{v=1}^{p}H[h_v(X)] = 0\\
&\lim_{k\to\infty}\left|\varphi(X, r_1^{(k)}, r_2^{(k)}) - f(X^{(k)})\right| = 0
\end{aligned} \tag{6-50}$$

则无约束优化问题式(6-49)在 r_1，$r_2\to\infty$的过程所产生的极小值点 $X^{(k)}$ 序列将逐渐逼近原约束优化问题的最优解，即有

$$\lim_{k\to\infty}X^{(k)} = X^*$$

这就是说，以这样的复合函数和一组按一定规律变化的惩罚因子构造一系列惩罚函数，并对每个惩罚函数依次求极小，最终将得到约束优化问题的最优解。这种将约束优化问题转化为一系列无约束优化问题求解的方法称为惩罚函数法。

按其惩罚项构成形式的不同，惩罚函数法又可分为内点惩罚函数法、外点惩罚函数法和混合惩罚函数法，分别简称为内点法、外点法和混合法。

1. 内点法

内点法只可用来求解不等式约束优化问题。该法的主要特点是将惩罚函数定义在可行域的内部。这样，便要求迭代过程始终限制在可行域进行，使所求得的系列无约束优化问题的优化解总是可行解，从而从可行域内部逐渐逼近原约束优化问题的最优解。

对于不等式约束优化问题，根据罚函数法的基本思想，将罚函数定义在可行域内部，可以构造其内点罚函数的一般形式为

$$\varphi(X, r^{(k)})=f(X)-r^{(k)}\sum_{u=1}^{m}\frac{1}{g_u(X)} \tag{6-51}$$

或

$$\varphi(X, r^{(k)})=f(X)-r^{(k)}\sum_{u=1}^{m}\ln[-g_u(X)] \tag{6-52}$$

式中，惩罚因子 $r^{(k)}>0$，是一递减的正数序列，即 $r^{(0)}>r^{(1)}>r^{(2)}>\cdots>r^{(k)}\cdots$，且 $\lim\limits_{k\to\infty}r^{(k)}=0$。

由式(6-51)和式(6-52)可知，对于给定的某一惩罚因子 $r^{(k)}$，当迭代点在可行域内时，两种惩罚项的值均大于零，而且当迭代点向约束边界靠近时，两种惩罚项的值迅速增大并趋于无穷。可见，只要初始点取在可行域内，迭代点就不可能越出可行域边界。其次，两种惩罚项的大小也受惩罚因子的影响。当惩罚因子逐渐减小并趋于零时，对应惩罚项的值也逐渐减小并趋于零，惩罚函数的值和目标函数的值逐渐接近并趋于相等。由式(6-49)可知，当惩罚因子趋于零时，惩罚函数的极小值点就是约束优化问题的最优点。可见，惩罚函数的极小值点是从可行域内向最优点逼近的。

由于构造的内点惩罚函数是定义在可行域内的函数，而等式约束优化问题不存在可行域空间，因此，内点惩罚函数法不适用于等式约束优化问题。

内点惩罚函数法的迭代步骤如下。

(1) 在可行域内确定一个初始点 $X^{(0)}$，最好不邻近任何约束边界。

(2) 给定初始罚因子 $r^{(0)}$ 惩罚因子递减系数 C 和收敛精度 ε，置 $k=0$。

(3) 构造惩罚函数

$$\varphi(X, r^{(k)})=f(X)-r^{(k)}\sum_{u=1}^{m}\frac{1}{g_u(X)}$$

(4) 求解无约束优化问题 $\min\varphi(X, r^{(k)})$，得 $X^*(r^{(k)})$。

(5) 进行收敛判断，若满足

$$\|X^{(k+1)}-X^{(k)}\|\leqslant\varepsilon$$

或

$$\left|\frac{f(X^{(k+1)})-f(X^{(k)})}{f(X^{(k)})}\right|\leqslant\varepsilon$$

则令 $X^*=X^*(r^{(k)})$，$f^*=f(X^*(r^{(k)}))$，停止迭代计算，输出最优解 X^*，f^*；否则转下步。

(6) 取 $r^{(k+1)}=Cr^{(k)}$，以 $X^{(0)}=X^*(r^{(k)})$ 作为新的初始点，置 $k=k+1$ 转步骤(3) 继续迭代。

在内点法中，初始罚因子的选择很重要。

实践经验表明，初始罚因子 $r^{(0)}$ 选得恰当与否，会显著地影响到罚函数法的收敛速度，甚至解题的成败。根据经验，一般可取 $r^{(0)}=l\sim50$，但多数情况是取 $r^{(0)}=1$。有建议按初始惩罚项作用与初始目标函数作用相近原则来确定 $r^{(0)}$ 值，即

$$r^{(0)}=\left|\frac{f(X^{(0)})}{\sum\limits_{u=1}^{m}\frac{1}{g_u(X)}}\right|$$

内点法惩罚因子递减数列的递减关系为

$$r^{(k+1)} = Cr^{(k)}(k = 0, 1, 2, \cdots)$$
$$0 < C < 1$$

式中，C 称为惩罚因子递减系数。一般认为，C 的选取对迭代计算的收敛或成败影响不大。经验取值：C=0.1~0.5，常取0.1。

2. 外点法

外点法既可用来求解不等式约束优化问题，又可用来求解等式约束优化问题。其主要特点是：将惩罚函数定义在可行域的外部，从而在求解系列无约束优化问题的过程中，从可行域的外部逐渐逼近原约束优化问题的最优解。

对于不等式约束

$$g_u(X) \leqslant 0 \quad (u = 1, 2, \cdots, m)$$

取外点罚函数的形式为

$$\varphi(X, r^{(k)}) = f(X) + r^{(k)} \sum_{u=1}^{m} \{\max[0, g_u(X)]\}^2 \tag{6-53}$$

式中，惩罚项 $\sum_{u=1}^{m}\{\max[0, g_u(X)]\}^2$ 含义为：当迭代点 X 在可行域内时，由于 $g_u(X) \leqslant 0$，$(u=1, 2, \cdots, m)$，无论 $f(X)$ 取何值，惩罚项的值取零，函数值不受到惩罚，这时惩罚函数等价于原目标函数 $f(X)$；当迭代点 X 违反某一约束的，在可行域之外，由于 $g_j(X) > 0$ 无论 $r^{(k)}$ 取何正值，必定有

$$\sum_{u=1}^{m} \{\max[0, g_u(X)]\}^2 = r^{(k)}[g_j(X)]^2 > 0$$

这表明 X 在可行域外时，惩罚项起着惩罚作用。X 离开约束边界越远，$g_j(X)$ 越大，惩罚作用也越大。

惩罚项与惩罚函数也随惩罚因子的变化而变化，当外点法的惩罚因子按一个递增的正实数序列

$$r^{(0)} < r^{(1)} < r^{(2)} < \cdots < r^{(k)} < \cdots, \text{即} \lim_{k \to \infty} r^{(k)} = \infty$$

变化时，依次求解各个 $r^{(k)}$ 所对应的惩罚函数的极小化问题，得到的极小值点序列为

$$X^*(r^{(0)}), X^*(r^{(1)}), \quad \cdots, \quad X^*(r^{(k)}), \quad X^*(r^{(k+1)}), \quad \cdots$$

将逐步逼近于原约束问题的最优解，而且一般情况下该极小值点序列是由可行域外向可行域边界逼近的。

对于等式约束优化问题，可按同样的形式构造外点惩罚函数

$$\varphi(X, r^{(k)}) = f(X) + r^{(k)} \sum_{v=1}^{p} [h_v(X)]^2 \tag{6-54}$$

可见，当迭代点在可行域上，惩罚项为零(因 $h_v(X)$)，惩罚函数值不受到惩罚；若迭代点在非可行域内，惩罚项就显示其惩罚作用。由于惩罚函数中的惩罚项所赋惩罚因子 $r^{(k)}$ 是一个递增的正数序列，随着迭代次数增加，$r^{(k)}$ 值越来越大，迫使所求迭代点 $X^*(r^{(k)})$ 向原约束优化问题的最优点逼近。

综合上述两种情况，可以得到一般的约束优化问题式(2-39)的外点惩罚函数形式为

$$\varphi(X, r^{(k)})=f(X)+r^{(k)}\left\{\sum_{u=1}^{m}[\max(0, g_u(X))]^2+\sum_{v=1}^{p}[h_v(X)]^2\right\} \quad (6-55)$$

综上所述，外点法是通过对非可行点上的函数值加以惩罚，促使迭代点向可行域和最优点逼近的算法。因此，初始点可以是可行域的内点，也可以是可行域的外点，这种方法既可以处理不等式约束，又可以处理等式约束，可见外点法是一种适应性较好的惩罚函数法。

上述构造出的外点惩罚函数，是经过转化的新目标函数，对它不再存在约束条件，便成为无约束优化问题的目标函数，然后可选用无约束优化方法对其求解。外点法的迭代步骤如下：

(1) 给定初始点 $X^{(0)}$ 、收敛精度 $\varepsilon_1 \cdot \varepsilon_2$，初始罚因子 $r^{(0)}$ 和惩罚因子递增系数 C，置 $k=0$。

(2) 构造惩罚函数

$$\varphi(X, r^{(k)})=f(X)+r^{(k)}\left\{\sum_{u=1}^{m}[\max(0, g_u(X))]^2+\sum_{v=1}^{p}[h_v(X)]^2\right\}$$

(3) 求解无约束优化问题 $\min\varphi(X, r^{(k)})$，得 $X^*(r^{(k)})$ 。

(4) 进行收敛判断：若满足

$$X^*(r^{(k)})-X^*(r^{(k-1)})\leqslant\varepsilon_1$$

和

$$\left|\frac{\varphi(X^*(r^{(k+1)}))-\varphi(X^*(r^{(k-1)}))}{\varphi(X^*(r^{(k-1)}))}\right|\leqslant\varepsilon_2$$

则停止迭代，输出最优解 X^*，$f(X^*)$ ；否则，转下步。

(5) 取 $r^{(k+1)}=Cr^{(k)}$，$X^{(0)}=X^*(r^{(k)})$，置 $k\Leftarrow k+1$ 转步骤(2) 继续迭代。

外点法的初始罚因子 $r^{(0)}$ 的选取，可利用经验公式

$$r^{(0)}=\frac{0.02}{m\cdot g_u(X^{(0)})f(X^{(0)})} \quad (u=1, 2, \cdots, m)$$

惩罚因子的递增系数 C 的选取，通常取 $C=5\sim10$。

3. 混合法

混合法是综合内点法和外点法的优点而建立的一种惩罚函数法。对于不等式约束按内点法构造惩罚项，对于等式约束按外点法构造惩罚项，由此得到混合法的惩罚函数，简称混合罚函数，其形式为

$$\varphi(X, r_1^{(k)}, r_2^{(k)})=f(X)-r_1^{(k)}\sum_{u=1}^{m}\frac{1}{g_u(X)}+r_2^{(k)}\sum_{v=1}^{p}[h_v(X)]^2 \quad (6-56)$$

式中，$r_1^{(k)}$ 为递减的正数序列；$r_2^{(k)}$ 为递增的正数序列。

也可将两个惩罚因子加以合并，取 $r_1^{(k)}=r^{(k)}$ 和 $r_2^{(k)}=1/r^{(k)}$，得以下常用的混合罚函数：

$$\varphi(X, r^{(k)})=f(X)-r^{(k)}\sum_{u=1}^{m}\frac{1}{g_u(X)}+\frac{1}{r^{(k)}}\sum_{v=1}^{p}[h_v(X)]^2 \quad (6-57)$$

式中，$r^{(k)}$ 为一递减的正数序列。

可见，混合法与外点法一样，可以用来求解既包含不等式约束又包含等式约束的约束优化问题。其初始点 $X^{(0)}$ 虽然不要求是一个完全的内点，但必须满足所有不等式约束。混合法的惩罚因子递减系数与内点法的取值相同。

混合法的计算步骤和程序框图与外点法相似。

二、多目标优化方法

在实际的工程及产品设计问题中，通常有多个设计目标，或者说有多个评判设计方案优劣的准则。虽然这样的问题可以简化为单目标求解，但有时为了是设计更加符合实际，要求同时考虑多个评价标准，建立多个目标函数，这种在设计中同时要求几项设计指标达到最优值的问题，就是多目标优化问题。

实际工程中的多目标优化问题有很多。例如，在进行齿轮减速器的优化设计时，既要求各传动轴间的中心距总和尽可能小，减速器的宽度尽可能小，还要求减速器的重量能达到最轻。又如，在进行港口门座式起重机变幅机构的优化设计中，希望在四杆机构变幅行程中能达到的几项要求有，象鼻梁 E 点落差 Δy 尽可能小（要求 E 点走水平直线），E 点位移速度的波动 Δv 尽可能小（要求 E 点的水平分速度的变化最小，以减小货物的晃动），变幅中驱动臂架的力矩变化量 AM 尽可能小（即货物对支点 A 所引起的倾覆力矩差要尽量小）等，都是多目标优化问题。

多目标优化问题的每一个设计目标若能表示成设计

变量的函数，则可以形成多个目标函数。将它们分别记作 $f_1(X)$，$f_2(X)$，…，$f_q(X)$，便可构成多个目标优化数学模型：

$$
\begin{aligned}
&\min F(X) \qquad (X \in R^n) \\
&\text{s.t.} \qquad g_u(X) \leqslant 0 \quad (u = 1, 2, \cdots, m) \\
&\qquad\quad h_v(X) = 0 \quad (v = 1, 2, \cdots, p;\ p < n)
\end{aligned}
\tag{6-58}
$$

式中，$F(X) = [f_1(X), f_2(X), \cdots, f_q(X)]^{\mathrm{T}}$ 是 q 维目标向量。

对于上述多目标函数的求解，要使每个目标函数都同时达到最优，一般是不可能的。因为这些目标可能是互相矛盾的，对一个目标来说得到了比较好的方案，对另一个目标则不一定好，甚至完全不适合。因此，在设计中就需要对不同的设计目标进行不同的处理，以求获得对每一个目标都比较满意的折中方案。

多目标问题的最优解在概念上也与单目标不完全相同。若各个目标函数在可行域内的同一点都取得极小值点，则称该点为完全最优解；使至少一个目标函数取得最大值的点称为劣解。除完全最优解和劣解之外的所有解统称有效解。严格地说，有效解之间是不能比较优劣的。多目标优化实际上是根据重要性对各个目标进行量化，将不可比问题转化为可比问题，以求得一个对每个目标来说都相对最优的有效解。

下面介绍几种多目标优化方法。

（一）线性加权组合法

线性加权组合法是将各个分目标函数按式（6-59）组合成一个统一的目标函数：

$$F(X) = \sum_{j=1}^{q} W_j f_j(X) \tag{6-59}$$

和以下约束优化问题：

$$\begin{aligned} &\min F(X)=\sum_{j=1}^{q} W_j f_j(X) \quad (X\in R^n) \\ &\text{s. t.} \quad g_u(X)\leqslant 0 \quad (u=1,\ 2,\ \cdots,\ m) \\ &h_v(X)=0 \quad (v=1,\ 2,\ \cdots,\ p;\ p<n) \end{aligned} \tag{6-60}$$

并以此问题的最优解作为原多目标优化问题的一个相对最优解。这种求解多目标优化问题的方法就是线性加权组合法。

式(6-60)中的 W_j 是一组反映各个分目标函数重要性的系数，称为加权因子。它是一个大于零的数，其值决定于各项分目标的重要程度及其数量级。如何确定合理的加权因子是该方法的核心。

若取 $W_j=1(j=1,\ 2,\ \cdots,\ q)$，则称均匀计权，表示各项分目标同等重要。否则，可以用规格化加权处理，即取

$$\sum_{j=1}^{q} W_j=1 \tag{6-61}$$

以表示各分目标在该项优化设计中所占的相对重要程度。

显然，在线性加权组合法中，加权因子选择得合理与否，将直接影响优化设计的结果，期望各项分目函数值的下降率尽量调得相近，且使各变量变化对目标函数值的灵敏度尽量趋向一致。

目前，较为实用可行的加权方法有如下几种。

1. 容限加权法

设已知各分目标函数值的变动范围为各目标容限。

取加权因子为

$$\alpha_j\leqslant f_j(X)\leqslant \beta_j(j=1,\ 2,\ \cdots,\ q) \tag{6-62}$$

则称

$$\Delta f_j=\frac{(\alpha_j-\beta_j)}{2} \quad (j=1,\ 2,\ \cdots,\ q) \tag{6-63}$$

为各目标容限。取加权因子为

$$W_j=1/(\Delta f_j)^2(j=1,\ 2,\ \cdots,\ q) \tag{6-64}$$

由于在统一目标函数中要求各项分目标在数量级上达到统一平衡，所以当某项目标函数值的变动范围越宽时，其目标的容限越大，加权因子就取较小值；否则，反之。这样选取加权因子也将起到平衡各目标数量级的作用。

2. 分析加权法

为了兼顾各项目标的重要程度及其数量级，可将加权内容包含本征权和校正权两部分，即每项分目标的加权因子 W_j 均由两个因子的乘积组成，即

$$W_j=W_{1j}\cdot W_{2j}(j=1,\ 2,\ \cdots,\ q) \tag{6-65}$$

其中，本征权因子 W_{1j} 反映各项分评价指标的重要性；校正权因子 W_{2j} 用于调整各目标数量级上差别的影响，并在优化设计过程中起逐步加以校正的作用。

由于各项目标的函数值随设计变量变化而不同，且设计变量对各项目标函数值的灵敏

度也不同，所以可以用各目标函数的梯度 $\nabla f_j(X)\ (j=1,\ 2,\ \cdots,\ q)$ 来刻画这种差别，则其校正权因子可取

$$W_{2j}=\frac{1}{\|\nabla f_j(X)\|^2}\quad (j=1,\ 2,\ \cdots,\ q) \tag{6-66}$$

这就是说，如果有一个目标函数的灵敏度越大，即 $\|\nabla f_j(X)\|^2$ 值越大，则相应的校正权因子取值越小；否则，校正权因子值要取大一点，化过程中，各分目标函数一起变化，同始同终。这种加权因子选取方法，比较适用于具有目标函数导数信息的优化设计方法。

（二）功效系数法

各个分目标函数 $f_j(X)\ (j=1,\ 2,\ \cdots,\ q)$ 的优劣程度，可以用各个功效系数 $\eta_j(j=1,\ 2,\ \cdots,\ q)$ 加以定量描述并定义于 $0\leqslant\eta_j\leqslant 1$。规定当 $\eta_j=1$ 时，表示第 j 个目标函数的效果最好；反之，当 $\eta_j=0$ 时，则表示它的效果最差，即实际这个方案不可接受。

因此，多个目标优化问题一个设计方案的好坏程度可以用诸功效系数的平均值加以评定，即令

$$\eta=\sqrt[q]{\eta_1\cdot\eta_2\cdot\cdots\cdot\eta_q} \tag{6-67}$$

当 $\eta=1$ 时，表示设计方案最好；当 $\eta=0$ 时，表明这种设计方案最坏，或者说该种设计方案不可接受。因此，最优设计方案应是

$$\eta=\sqrt[q]{\eta_1\cdot\eta_2\cdots\cdots\eta_q}\rightarrow\max$$

用总功效系数 η 作为统一目标函数 $F(X)$，这样建立多目标函数，虽然计算稍繁，但对工程设计来说，还是一种较为有效的方法，它比较直观且调整容易；其次是不论各项分目标的量级及量纲如何，最终都转化成 0~1 的数值，而且一旦有其中一项分目标函数值达不到设计要求时（ $\eta_j=0$ ），其总功效系数 η 必为零，表明该设计方案不可接受，需要重新调整约束条件或各分目标函数的临界值。

（三）主要目标法

考虑到多目标优化问题中各个目标的重要程度不一样，在所有目标函数中选出一个作为主要设计目标，而把其他目标作为约束函数处理，构成一个新的单目标优化问题，并将该单目标问题的最优解作为所求多目标问题的相对最优解，这一方法就是主要目标法。

对于多目标优化问题式(2-58)，主要目标法所构成的单目标优化问题如下：

$$\begin{aligned}&\min f_z(X)\quad (X\in R^n)\\&\text{s.t.}\quad g_u(X)\leqslant 0\quad (u=1,\ 2,\ \cdots,\ m)\\&\qquad h_v(X)=0\quad (v=1,\ 2,\ \cdots,\ p)\\&\qquad f_j(X)\geqslant f_j^{(\alpha)}\\&\qquad f_j(X)\leqslant f_j^{(\beta)}(j=1,\ 2,\ \cdots,\ q;\ j\neq z)\end{aligned} \tag{2-68}$$

其中，$f_j^{(\alpha)}$ 和 $f_j^{(\beta)}$ 分别是目标函数 $f_j(X)$ 的下限和上限。

采用该法将多目标约束优化问题转化为一个新的单目标约束优化问题后，就可选用约束优化方法进行求解。

第七章 并行设计与协同设计

第一节 并行设计

一、概述

（一）并行设计的概念

1. 并行工程的概念与特点

并行工程是指对产品及其相关过程(包括制造过程和支持过程)进行并行、集成化处理的系统方法和综合技术。它要求产品开发人员从一开始就考虑产品全生命周期(从概念形成到产品报废)内各阶段的因素(如功能、制造、装配、作业调度、质量、成本、维护与用户需求等),并强调各部门的协同工作,通过建立各决策者之间有效的信息交流与通信机制,综合考虑各相关因素的影响,使后续环节中可能出现的问题在设计的早期阶段就被发现,并得到解决,从而使产品在设计阶段便具有良好的可制造性、可装配性、可维护性及回收再生等方面的特性,最大限度地减少设计反复,缩短设计、生产准备和制造时间。

20 世纪 80 年代美国国家防御分析研究所(IDA)完整地提出了并行工程的概念,即"并行工程是集成地、并行地设计产品及其相关过程(包括制造过程和支持过程)的系统方法。这种方法要求产品开发人员在一开始就考虑产品整个生命周期中从概念形成到产品报废的所有因素,包括质量、成本、进度计划和用户要求"。并行工程的目标为提高质量、降低成本、缩短产品开发周期和产品上市时间。并行工程的具体做法是:在产品开发初期,组织多种职能协同工作的项目组,使有关人员从一开始就获得对新产品需求的要求和信息,积极研究涉及本部门的工作业务,并将所需要求提供给设计人员,使许多问题在开发早期就得到解决,从而保证了设计的质量,避免了大量的返工浪费。因此,要能实施好并行工程,应做到以下几点。

①在产品的设计开发期间,将概念设计、结构设计、工艺设计、最终需求等结合起来,保证以最快的速度按要求的质量完成。

②各项工作由与此相关的项目小组完成。进程中小组成员各自安排自身的工作,但需要定期或随时反馈信息并对出现的问题协调解决。

③依据适当的信息系统工具,反馈与协调整个项目的进行。利用现代 CIM 技术,在产品的研制与开发期间,辅助项目进程的并行化。

并行工程自 20 世纪 80 年代提出以来,美国、欧盟和日本等发达国家及地区均给予了高度重视,成立研究中心,并实施了一系列以并行工程为核心的政府支持计划。很多大公司，如麦道公司、波音公司、西门子、IBM 等也进行了并行工程实践的尝试，并取得了良好效果。

并行工程的特点主要表现在以下 5 个方面。

①基于集成制造的并行性。

②并行有序。

③群组协同。

④面向工程的设计。

⑤计算机仿真技术。并行工程强调面向过程和面向对象，一个新产品从概念构思到生产出来是一个完整的过程。

传统的串行工程方法是基于二百多年前英国政治经济学家亚当·斯密(Adam Smith)的劳动分工理论。该理论认为分工越细，工作效率越高。因此串行方法是把整个产品开发全过程细分为很多步骤，每个部门和个人都只做其中的一部分工作，而且是相对独立进行的，工作做完以后把结果交给下一部门。西方把这种方式称为“抛过墙法”，他们的工作是以职能和分工任务为中心的，不一定存在完整的、统一的产品概念。而并行工程则强调设计要面向整个过程或产品对象，因此它特别强调设计人员在设计时不仅要考虑设计，还要考虑这种设计的工艺性、可制造性、可生产性、可维修性等，工艺部门的人也要同样考虑其他过程，设计某个部件时要考虑与其他部件之间的配合。因此，整个开发工作都是要着眼于整个过程和产品目标。从串行到并行，是观念上很大的转变。

在传统串行工程中，对各部门工作的评价往往是看交给它的那一份工作任务完成是否出色。就设计而言，主要是看设计工作是否新颖，是否有创造性，产品是否有优良的性能。对其他部门也是看他的那一份工作是否完成出色。而并行工程则强调系统集成与整体优化，它并不完全追求单个部门、局部过程和单个部件的最优，而是追求全局优化，追求产品整体的竞争能力。对产品而言，这种竞争能力就是由产品的 TQCS 综合指标——交货期、质量、价格和服务决定的。在不同情况下，侧重点不同。在现阶段，交货期可能是关键因素，有时是质量，有时是价格，有时是它们中的几个综合指标。对每一个产品而言，企业都对它有一个竞争目标的合理定位，因此并行工程应围绕这个目标来进行整个产品的开发活动。只要达到整体优化和全局目标，并不追求每个部门的工作最优。因此，对整个工作的评价是根据整体优化结果来评价的。

并行工程的实施步骤，主要体现在以下 4 步：建立并行工程的开发环境；成立并行工程的开发组织机构；选择开发工具及信息交流方法；确立并行工程的开发实施方案。

(1) 建立并行工程的开发环境

并行工程环境使参与产品开发的每个人都能瞬时地相互交换信息，以克服由地域和组织不同、产品的复杂化、缺乏互换性的工具等因素造成的各种问题。在开发过程中应以具有柔性和弹性的方法，针对不同的产品开发对象，采用不同的并行工程手法，逐步调整开发环境。并行工程的开发环境主要包括以下几个方面。

①统一的产品模型，保证产品信息的唯一性，并必须有统一的企业知识库，使小组人员能以同一种“语言”进行协同工作。

②一套高性能的计算机网络，小组人员能在各自的工作站或微机上进行仿真，或利用

各自的系统进行开发工作。

③一个交互式、良好用户界面的系统集成，有统一的数据库和知识库，使小组人员能同时以不同的角度参与或解决各自的设计问题。

(2) 成立并行工程的开发组织机构

并行工程的开发组织主要由三个层次构成：最高层、中间层、作业层。最高层由各功能部门负责人和项目经理组成，管理开发经费、进程和计划；第二层(即中间层)由主要功能部门经理、功能小组代表构成，定期举行例会；第三层是作业层，由各功能小组构成。

(3) 选择开发工具及信息交流方法

选择一套合适的产品数据管理(PDM)系统。PDM是集数据管理能力、网络通信能力与过程控制能力于一体的过程数据管理技术的集成，能够跟踪保存和管理产品设计过程。PDM系统是实现并行工程的基础平台。它将所有与产品有关的信息和过程集成一体，将有效地从概念设计、计算分析、详细设计、工艺流程设计、制造、销售、维修直至产品报废的整个生命周期相关的数据，予以定义、组织和管理，使产品数据在整个产品生命周期内保持最新、一致、共享及安全。PDM系统应该具有电子仓库、过程和过程控制、配置管理、查看和圈阅、扫描和成像、设计检索和零件库、项目管理、电子协作、工具和集成件等。产品数据管理系统对产品开发过程的全面管理，能够保证参与并行工程协同开发小组人员间的协调活动能正常进行。

(4) 确立并行工程的开发实施方案

首先把产品设计工作过程细分为不同的阶段；其次当出现多个阶段的工作所需要的资源不可共享时，可以采用并行工程方法；最后，后续阶段的工作必须依赖前阶段的工作结果作为输入条件时，可以先对前阶段工作进行假设，二者才可并行。其间必须插入中间协调，并用中间的结果进行验证，其验证的结果与假定的背离是后续阶段工作调整的依据。

并行工程的作用及意义，主要体现在如下两个方面。

(1) 承上启下的作用

并行工程在先进制造技术中具有承上启下的作用，这主要体现在两个方面。

①并行工程是在CAD、CAM、CAPP等技术支持下，将原来分别进行的工作在时间和空间上交叉、重叠，充分利用了原有技术，并吸收了当前迅速发展的计算机技术、信息技术的优秀成果，使其成为先进制造技术中的基础。

②在并行工程中为了使并行目的，必须建立高度集成的主模型，通过它来实现不同部门人员的协同工作；为了使产品一次设计成功，减少反复，它在许多部分应用了仿真技术；主模型的建立、局部仿真的应用等都包含在虚拟制造技术中，可以说并行工程的发展为虚拟制造技术的诞生创造了条件，虚拟制造技术将是以并行工程为基础的，并行工程的进一步发展方向是虚拟制造。虚拟制造又叫拟实制造，它利用信息技术、仿真技术、计算机技术对现实制造活动中的人、物、信息及制造过程进行全面仿真，以发现制造中可能出现的问题，在产品实际生产前就采取预防措施，从而达到产品一次性制造成功，来达到降低成本、缩短产品开发周期，增强产品竞争力的目的。

(2) 并行工程与面向制造和装配的产品设计

面向制造和装配的产品设计(DFMA)是指在产品设计阶段充分考虑产品的可制造性和

可装配性，从而以更短的产品开发周期、更低的产品开发成本和更高的产品开发质量进行产品开发。

很显然，要顺利地实施和开展并行工程，离不开面向制造和装配的产品设计，只有从产品设计入手，才能够实现并行工程提高质量、降低成本、缩短开发时间的目的。可以说，面向制造和装配的产品开发是并行工程的核心部分，是并行工程中最关键的技术。掌握了面向制造和装配的产品开发技术，并行工程就成功了一大半。

2. 并行设计的概念

由并行工程的概念及定义可知，并行设计是并行工程的重要环节。

并行设计是指在产品开发的设计阶段，综合考虑产品生命周期中工艺规划、制造、装配、试验、检验、经销、运输、使用、维护、保养直至回收处理等环节的影响，通过各环节的并行集成，以缩短产品的开发时间，降低产品成本，提高产品质量。因此，并行设计是在产品设计时与相关过程（包括设计制造过程和相关的支持过程）进行并行和集成的一种系统化现代设计方法。

并行设计也是一种对产品及其相关过程（包括设计制造过程和相关的支持过程）进行并行和集成设计的系统化工作模式。与传统的串行设计相比，并行设计更强调在产品开发的初期阶段，要求产品的设计开发者从一开始就要考虑产品整个生命周期（从产品的工艺规划、制造、装配、检验、销售、使用、维修到产品的报废为止）的所有环节，建立产品寿命周期中各个阶段性能的继承和约束关系及产品各个方面属性间的关系，以追求产品在寿命周期全过程中其性能最优。通过产品每个功能设计小组，使设计更加协调，产品性能更加完善。从而更好地满足客户对产品综合性能的要求，并减少开发过程中产品的反复，进而提高产品的质量、缩短开发周期并大幅降低产品的成本。

众所周知，传统的产品设计，是按照一定顺序进行的，它的核心思想是将产品开发过程尽可能细地划分为一系列串联的工作环节，由不同技术人员分别承担不同环节的任务，依次执行和完成。传统的产品开发过程划分为一系列串联环节，忽视了各个环节之间的交流和协调。每个工程技术人员或部门只承担局部工作，影响了对产品开发整体过程的综合考虑。任何一个环节发现问题，都要向上追溯到某一环节中重新循环，导致设计周期长，成本增加。为缩短产品开发周期，提高产品质量，降低设计制造成本，一种以工作群组为组织形式，以计算机应用为技术手段，强调集成和协调的并行设计便应运而生了。

并行设计工作模式是在产品设计的同时考虑其相关过程，包括加工工艺、装配、检测、质量保证、销售、维护等。在并行设计中，产品开发过程的各阶段工作交叉进行，及早发现与其相关过程不相匹配的地方，及时评估、决策，以达到缩短新产品开发周期、提高产品质量、降低生产成本的目的。并行设计从一开始就考虑产品生命周期中的各种因素，将下游设计环节的可靠性以及技术、生产条件作为设计的约束条件，以避免或减少产品开发到后期才发现设计中的问题，导致再返回设计初期进行修改。每一个设计步骤都可以在前面的步骤完成之前就开始进行，尽管这时所得到的信息并不完备，但相互之间的设计输出与传送是持续的。设计的每一阶段完成后，就将信息输出给下一个阶段，使得设计在全过程中逐步得到完善。

综上所述，并行设计是一种综合工程设计、制造、管理经营的思想、方法和工作模式，对产品及其相关过程(包括设计制造过程和相关的支持过程)进行并行、集成设计的系统化工作模式，是采用多学科团队和并行过程的集成化产品开发模式。其核心是在产品的设计阶段就考虑产品生命周期中的各种因素，包括设计、分析、制造、装配、检验、维护、质量、成本、进度、用户需求直至回收处理等。强调多学科小组、各有关部门协同工作，强调对产品设计及其相关过程进行并行地、集成地、一体化地进行设计，使产品开发一次获得成功，缩短产品开发周期，提高产品质量。并行设计的技术特征包括产品开发过程的并行重组、支持并行涉及的群组工作方式、统一的产品信息模型、基于时间的决策、分布式软硬件环境等。并行设计的关键技术是建模与仿真技术，信息系统及其管理技术、决策支持及评价系统等。

需要指出的是，并行设计是世界市场竞争日益激烈的产物。随着经济的蓬勃发展，客户对产品款式、品种、性能的要求越来越高，对产品质量及售后服务质量的要求也越来越严格。为了提高竞争力，现代的各类制造业必须不断缩短新产品开发周期，提高产品质量，降低设计生产成本，改进售后服务，并增强环境保护意识，只有这样企业才能在激烈的市场竞争中立于不败之地。

应该强调的是，并行设计也是充分利用现代计算机技术、现代通信技术和现代管理技术来辅助产品设计的一种现代产品开发模式。它站在产品设计、制造全过程的高度，打破传统的部门分割和封闭的组织模式，强调多功能团队的协同工作，重视产品开发过程的重组和优化。并行设计又是一种集成产品开发全过程的系统化方法，它要求产品开发人员从设计一开始即考虑产品生命周期中的各种因素。它通过组建由多学科人员组成的产品开发队伍，改进产品开发流程，利用各种计算机辅助工具等手段，使产品开发的早期阶段能考虑产品生命周期中的各种因素，以提高产品设计、制造的一次成功率。可以缩短产品开发周期、提高产品质量、降低产品成本，进而达到增强企业竞争能力的目的。

并行设计技术可以在一个工厂、一个企业(包括跨地区、跨行业的大型企业)及跨国公司等以通信管理方式在计算机软件和硬件环境下实现。其核心是在产品设计的初始阶段就考虑产品生命周期中的各种因素，包括设计、分析、制造、装配、检验、维护、质量、成本、进度与用户需求等，强调多学科小组、各有关部门协同工作，强调对产品设计及其相关过程并行地、集成地、一体化地进行设计，使产品开发一次成功，缩短产品开发周期，提高产品质量。美国于 20 世纪 80 年代末首先在福特、通用和克莱斯勒三大汽车公司组织实施并行工程技术，取得了显著的经济效益。我国近年来在一些大型企业中也开始部分实施并行工程技术，这项技术是提高我国企业水平，增强产品质量，参与全球化竞争的一个重要发展方向。

(二) 并行设计思想的演化

回顾人类工业史不难发现，并行设计思想在工业革命前的手工制造方式中就有所体现。那时的工匠自己设计产品，自己制造，然后亲手把产品卖给顾客，这种在设计阶段同时考虑产品原料采购、制造和销售等因素影响的思想就是最原始的并行设计思想。由于这一时期的大多数产品结构简单，因此所需的设计、制造经验和知识较少。

随着工业革命的到来，产品变得日益复杂，任何人都无法掌握设计、制造产品所需的全部知识和经验，因此分工协作思想的产生就成为历史发展的必然。专业分工使复杂产品的制造成为可能，并且由于互换性、标准化等思想的引进，极大地提高了生产率，改进了产品质量，降低了成本。在这种生产方式下，整个产品开发过程被划分为具有明确职能的各个环节，如市场需求分析、产品设计、工艺设计、装配设计等，并通过顺序衔接建立了串行模式，从而取代了原始的并行工作方式。然而，这种串行流水作业的工作方式带来好处的同时也引起一些新的问题：一是不同领域内信息的沟通。这个问题促使人们思考如何把某一生产环节的结果记录下来，并以它为媒介用准确无误的形式把上一生产环节的意图传达给后序环节；二是控制问题。例如，怎样在生产全过程进行质量控制，怎样控制设计活动，以避免出现无法制造的情况等；三是协调问题。在顺序作业方式下，如何对各环节进行规划，以保证产品开发按期完成。

20 世纪 50 年代以后，随着数控技术、计算机技术的广泛应用，出现以 NC 机床、FMS 等为代表的柔性生产方式，以适应市场对多品种小批量的需要。尽管从局部上自动化水平得到很大的提高，但由于各单项技术彼此孤立地成为“自动化孤岛”，因此在总体上往往并不能取得最佳效益。为解决不同领域信息沟通及生产全过程的控制与协调问题，70 年代人们提出信息集成的思想，尝试进行 CAD/CAM 的集成乃至集成生产管理信息，以实现计算机集成制造系统（CIMS）。此外，从降低成本、改善质量等方面考虑，人们还提出 DFM、TQC、JIT 等思想和方法。这些技术本质上仍属于串行模式，但它们的应用与实施为并行设计思想的提出奠定了坚实的技术基础。

进入 20 世纪 80 年代，国际市场出现以下一些新特点：信息技术的飞速发展，加速了市场的全球化，使得世界范围内的市场竞争越来越激烈；市场需求变化快，且品种多样、批量不定；用户希望买到能体现自己兴趣和爱好的商品，出现所谓的“个性化”趋势；产品质量标准不再按是否满足使用要求来评价，而是按是否满足用户要求来评价。在这种情况下，能否以最低的成本、最快的上市速度、最高的产品质量、最好的服务（即 TQCS）适时地推出令用户满意的产品已成为企业赢得竞争的关键，并行设计思想正是在这种背景下产生的。

（三）并行设计的技术特点及内涵

并行设计通过下列技术特征表现出它的具体内涵如下。

1. 产品开发过程的并行重组

产品开发是一个从市场获取需求信息，据此构思产品开发方案，最终形成产品投放市场的过程。虽然在产品开发过程中并非所有步骤都可以平行进行，但根据对产品开发过程的信息分析，通过一些工作步骤的平行交叉，可显著缩短产品开发时间。

2. 统一的产品信息模型

统一的产品信息模型是实施并行设计的基础。产品设计过程是一个产品信息由少到多、由粗到细的不断创作、积累和完善的过程，这些信息不仅包含完备的几何信息、尺寸信息，而且包含精度信息、加工工艺信息、装配工艺信息、成本信息等。二维几何模型显然不能满足这一要求，仅包含几何信息的三维模型也不能满足这一要求。因此，并行设计的产品信息模型应将来自不同部门、不同内容、不同表述形式、不同抽象程度、不同关系、不同结构的产品信息包含在一个统一的模型中。

正因为产品设计过程是一个产品信息由少到多、由粗到细的过程，所以在设计初期，有关产品的信息往往是不完备的，有时甚至是不确定的。同时，在产品设计的全过程中，要处理的信息是多种形式的，既有数字信息，又有非数字信息；既有文字信息，又有图像信息；还涉及大量知识型信息（概念、规划等）。因此，并行设计系统一定要具有处理以上这些信息的人工智能。

3. 基于时间的决策

设计的过程是优化决策的过程，实施并行设计的首要是大幅度缩短产品开发周期，因此要通过一系列的优化决策，组织、指导并控制产品开发过程，使之能以最短的时间开发出优质的产品，实践证明：面对多个方案，特别是其属性（评判指标）多于4或5个时，完全依靠人为的“拍脑袋”已很难做出正确的决策。因此，要应用多目标优化、多属性决策，即多目标群组决策的方法。

4. 支持并行设计的群组工作方式

并行设计希望产品开发的各项活动尽可能在时间上平行进行，即同时工作、共同工作。因此就需要建立一种新的组织形式和工作方式，这就是由各有关部门工程技术人员组成的产品开发工作群（必要时还可分成若干小组）。在产品开发过程中，有关人员同时在线，有关信息同时在线，工作步骤交叉平行，这是工作群组工作方式区别于传统串行工作方式的鲜明特点。为此，这就要求有较高的管理水平与之相适应，要求多功能小组更加接近和了解用户，更加灵活和注重实际，以开发出更能满足用户要求的产品，同时还要求提高产品质量，而这又与设计及生产的发展水平相互促进和相互制约。

5. 分布式软硬件环境

并行设计是一种系统化、集成化的现代设计技术，它以计算机作为主要技术手段，强调集成和协调的并行设计模式。因此，并行设计意味着在同一时间内多机、多程序对同一设计总是并行协同求解，所以网络化、分布式的信息系统是其必要条件。并行设计面向对象的软件系统、分布式的知识库和数据库，能够根据产品设计的要求动态编制成相互独立的模块，在多台终端上同时运行，并利用网络的机间通信功能实现相互之间的同步协调。

由于并行设计在CAD/CAPP/CAM/CAE集成中也得到了很好的应用，美国房屋分析机构的调查结构表明，采用并行设计的效益是非常明显的，如设计质量的改进使早期生产中工程变更次数减少50%以上；产品设计与相关过程的并行展开使产品开发周期缩短40%～60%；多功能小组一体化进行产品有关过程设计使制造成本降低30%～40%，产品及有关过程的优化使产品的报废及返工率降低75%。

6. 开放式的系统界面

并行设计系统是一个高度集成化的系统。一方面应具有优良的可扩展性、可维护性，可按照产品开发的需要将不同的功能模块组成完成产品开发任务的集成系统；另一方面，并行设计系统又是整个企业计算机信息系统的组成部分，在产品开发过程中，必须与其他系统进行频繁的数据交换。因此，开放式的系统界面对并行设计系统是至关重要的。标准化的数据交换规范，如数据交换文件（DXF）、交互式图形交换标准（IGES），产品建模数据的交换标准（STEP）等，以及大容量高速度的数据交换通道，如局域网（LAN）、综合业务数据网（ISDN）、宽带ISDN等，是构造开放式界面的关键技术。

基于并行设计的上述技术特点，表现出来的并行设计效应在如下4个方面。

(1) 缩短产品投放市场的时间

市场的下一步发展将会以缩短交货期作为主要特征。并行工程技术的主要特点就是可以大幅缩短产品开发和生产准备时间，使两者部分重合。而对于正式批量生产时间的缩短是有限的。

(2) 降低成本

并行工程可在三个方面降低成本：首先，它可以将错误限制在设计阶段。据有关资料介绍，在产品寿命周期中，错误发现得越晚，造成的损失就越大。其次，并行工程不同于传统的“反复试制样机”的做法，强调“一次达到目的”。这种一次达到目的是靠软件仿真和快速样件生成实现的，省去了昂贵的样机试制；其次，由于在设计时已考虑到加工、装配、检验、维修等因素，产品在上市前的成本将会降低。同时，在上市后的运行费用也会降低。所以，产品的寿命循环价格就降低了，既有利于制造者，也有利于顾客。

(3) 提高质量

采用并行工程技术，尽可能将所有质量问题消灭在设计阶段，使所设计的产品便于制造且易于维护。这就为质量的“零缺陷”提供了基础，使得制造出来的产品甚至用不着检验就可上市。事实上，根据现代质量控制理论，质量首先是设计出来的，其次才是制造出来的，并不是检验出来的。检验只能去除废品，而不能提高质量。

(4) 实现产品设计与制造的密切衔接

并行工程强调群组协同，并行有序。实施中，让制造工程师加入产品开发设计团队。这能保证产品开发设计满足生产制造工艺和技术的要求；同时制造工程师将产品的制造信息尽早传递到生产车间，使生产车间做好生产的前期工艺技术准备。让装配工人加入产品开发设计团队。装配工人非常了解产品制造与装配工艺的过程和特点，并熟练掌握装配的方法和技巧，装配工人经常能为产品的可制造性和可装配性提供重要的合理化建议。同时他们已经了解装配的工艺过程和方法，将成为新产品装配工作的技术指导，保证装配工作的顺利进行。让供应商加入产品开发设计团队。供应商能够帮助设计师选择制造更容易、功能更适合、结构更合理的零件，也有助于供应商为新产品提供配套的新零件。

要完成并行设计，需要研究的技术内容主要如下。

(1) 并行工程管理与过程控制技术

它包括：①以多功能/多学科小组/群组为代表的产品开发团队及相应的平面化组织管理机制和企业文化的简历；②集成化产品开发过程的构造；③过程协调技术与支持环境。

(2) 并行设计技术

它包括：①集成产品信息描述；②面向装配、制造、质量的设计；③面向并行工程的工艺设计；④面向并行工程的工装设计。

(3) 快速制造技术

它包括：①快速工装准备；②快速生产调度。

二、并行设计的关键技术

实现并行设计的关键技术主要包括并行环境下的产品信息建模与仿真技术、产品性能综合评价与决策系统、支持并行设计的分布式计算机环境、并行设计中的管理技术等 4 个方面。

(一) 并行环境下的信息建模与仿真技术

并行设计与传统产品开发方式的本质区别在于它把产品开发的各个活动视为一个集成的过程，从全局优化的角度出发对该集成过程进行管理和控制，并且对已有的产品开发过程进行不断的改进与提高，这种方法称为产品开发过程重组。将产品开发过程从传统的串行产品开发流程转变成集成的、并行的产品开发过程，首先要有一套对产品开发过程进行形式化描述的建模方法。这个模型应该能描述产品开发过程的各个活动以及这些活动涉及的产品、资源和组织情况以及它们之间的联系。设计者用这个模型来描述现行的串行产品开发过程和未来的并行产品开发过程，即并行化过程重组的工作内容和目标。并行工程过程建模是并行工程实施的重要基础。

设计就是建立产品模型的过程。由于并行设计产品模型的建立涉及产品寿命周期各个阶段的相关信息，其数据复杂程度很高(例如，产品信息、前产品或工艺数据的快速检索，有关产品的可制造性、可维护性、安全性的信息获取，小组成员对于公共数据库中的信息共享等)，必须建立一个能够表达和处理有关产品生产周期各阶段所有信息的统一产品模型。

目前，并行环境下的常用信息建模方法主要如下：

1. CIM-OSA 建模方法

计算机集成制造-开放式系统架构(CIM-OSA)是一种面向企业 CIMS 生命周期的体系结构。从结构上由两部分构成：一个是模型框架，另一个是集成基础结构。前者从建模的不同层次和实施的不同阶段出发给出 CIM 企业参考模型的结构，以及 CIMS 实施的方法体系，从而对 CIM 企业的优化设计、建立和最佳运行提供指导与支持；后者在为 CIM 系统提供一组公共服务集合，实现企业信息集成、功能集成所需的基本处理和通信功能。这组公共服务集合支持企业模型的建立、CIM 企业的设计、实施、运行与扩充，为 CIM 体系结构的实现提供基础支撑环境。

此外，CIM-OSA 还定义了两个应用环境，集成的企业工程环境和集成的企业运行环境，前者支持企业的建模、分析过程，后者支持企业模型的仿真和运行过程。

2. IDEF 建模方法

(1) IDEF0 方法

IDEF 的基本概念是在 20 世纪 70 年代提出的结构化分析方法的基础上发展起来的。20 世纪 80 年代初，美国空军在集成化计算机辅助制造(ICAM)计划中提出了名为“IDEF”的方法。IDEF 是 ICAM Definition Method 的缩写，即集成化计算机辅助制造的定义方法。它是美国空军在 20 世纪 70 年代末 80 年代初 ICAM 工程在结构化分析和设计方法基础上发展的一套系统分析和设计方法。是比较经典的系统分析理论与方法。其中，IDEF0 是在结构化分析与设计技术 SADT 基础上发展起来的一种对系统进行建模的语言。IDEF0 方法的基本思想是结构化分析，利用它可以较为系统、直观地描述系统功能信息，同时支持自顶向下分解，从而有效地控制复杂度。除此之外，IDEF0 还在结构化分析与设计技术的基础上进行了扩展，增加了组织信息。

(2) IDEF1/IDEF1X 方法

IDEF1 方法描述了系统信息及其联系，它建立的信息模型被用作数据库设计的依据。

IDEF1X 是 IDEF1 的扩展版本，IDEF1X 一方面在图形表达和模型化过程方面进行了改进，另一方面对语义进行了增强和丰富。其基本特点是包含数据的有关实体；实体之间的联系用连线表示；实体的特征用属性名表示。

(3) IDEF3 方法

IDEF3 是一种过程描述语言，其基本目的是提供一种结构化的方法，使某领域的专家能够表述一个特定系统或组织的操作知识，以自然的方式，直接获取关于真实世界的知识。这些知识包括参与活动的对象的知识、支持活动的对象的知识、过程或事件的时间依赖关系和因果关系等知识。IDEF3 通过过程的图示化表示方法和信息表述语言的结合使用，使用户集中精力来关注被描述过程的相关方面，并且提供了显示表达这一过程的内存本质和结构的能力。

(4) IDEF9 方法

IDEF9 是一种用于描述系统的方法，可以用于判别在业务领域对系统或过程的约束。IDEF9 可用于描述系统的业务活动和策略；提供改善加工的知识；建立支持加工的信息系统。IDEF9 方法通过发现、分析对过程的优化，为系统分析员/建模者提供足够的支持，以实现业务系统持续性的提高。

3. UML 建模方法

统一建模语言(UML)是一种书写软件的标准语言。它可以对软件系统进行如图样表示、文字描述、构造框架和文档处理等方面的工作。UML 语言适合于各种系统的建模，从企业级信息系统到基于网络的分布式应用，甚至嵌入式实时系统。它是一种描述性很强、易学易用的语言，能表达软件设计中的各种观点，然后对系统进行规划部署。UML 语言是一种概念化的语言模型，包括 UML 基本建模模块、模块间建立关系的规则和语言中一些公共的建模方法。

4. ARIS 建模方法

综合信息系统的结构(ARIS)是一个集成化的信息系统模型框架。ARIS 以面向对象的方法描述了企业的组织视图、数据视图、过程视图和资源视图，并通过控制视图来描述组织、数据、过程和资源的四个视图之间的关系。按照企业信息系统实施的生命周期，ARIS 定义了需求定义、设计说明和实施描述三个层次。

5. 系统动态建模方法

系统动态建模方法将反馈控制理论和技术用于系统的组织和管理。系统动态建模通过变量和延迟来描述系统。由于通过反馈控制理论可以对复杂系统进行动态分析，因此，通过该方法对产品开发过程建模，可以更精确地描述系统动态特性，分析系统行为。这一方法与控制理论关系密切，主要用来对过程进行动态建模和分析，目前控制理论已经相当成熟。因此，系统动态建模方法的关键在于过程模型的抽象和参数的确定。

(二) 产品性能综合评价与决策系统

并行设计作为现代设计方法，其核心准则是最优化。通过建立并行环境下的产品信息模型，在对产品各项性能进行模拟仿真的基础上，要进行产品各项性能(包括可加工性、可装配性、可检验性、易维护性，以及材料成本、加工成本、管理成本等)的综合评价和决策。

（三）支持并行设计的分布式计算机环境

并行设计的工作环境是要求在计算机支持下的协同工作环境，计算机支持的协同工作(CSCW)是实现协同工作环境的核心技术，可以使分布在异地的工程技术人员，在计算机的帮助下，在一个虚拟的共享环境中相互磋商，快速高效地完成一个共同的任务。

CSCW是一门研究人类群体工作的特性及计算机技术对群体工作支持的方法，并将计算机科学、社会学、心理学等多个学科的成果综合起来的新兴学科。

概括起来，一个完整的CSCW环境应满足如下要求。

(1) 支持产品设计的整个过程分布式并行设计需要进行建模、分析和控制，CSCW能够引导设计过程高效地、协调地向前推进，对于不同设计团队在工作时出现的冲突，系统能够自动检测和协调。

(2) 提供多种通信模式为了满足分布式并行设计的需要，不同设计团队之间的产品数据通信、消息的发送等需要多种通信方式。如在线交谈、电子邮件、电子白板、视频会议等。

(3) 产品数据管理(PDM)由于产品设计过程中的数据类型十分复杂，并且必须具备动态生成、动态修改的要求，CSCW能够支持多视图的操作。

(4) CSCW应具有一定的柔性，即具有在不同状态或模式之间转换的功能，能够支持多种应用。

(5) 高度的稳定性。由于CSCW是控制整个分布式并行设计过程的系统，其稳定性直接影响设计工作的正常进行，其错误可能导致整个系统的失败。

按照时间和空间的概念分类，CSCW有交互合作方式和合作者的地域分布之分。具体来说，交互合作方式是指合作工作是同步的还是异步的，合作者地域分布是指合作者是远程的还是本地的，由此而将CSCW分成4类。

(1) 远程同步系统地域上分布不同的参加者可以进行实时交互协同工作，会议电视系统、远程协作系统等都是成功的远程同步系统的例子。会议电视系统是指分布于各地的会场通过通信网实现视频、语音、文字、数据和图片共享，便于人们进行问题的讨论和工作的完成；远程协作系统不是以视频共享而是以活动共享为特征的，分布于各处的用户可以在各自的计算机平台上进行对相同对象的操作，从而完成一件工作。

(2) 异步远程工作模式地域上分布不同的参加者可以在不同的时间内进行信息的通信，是传统邮政信件通信方式的进一步发展，多媒体邮件系统是其发展的最高模式。在这种CSCW工作模式下，相互通信的计算机系统必须通过网络互联，不需要二者处于同样的工作环境和相同的工作状态，但通信网络必须有“存储转发”的功能。

(3) 本地同步系统处于同一区域的合作者在同一时间完成同一工作，这一点和人们日常群体工作方式最为接近，似乎不借助计算机系统人们也可以协调工作，但是事实上只有在计算机环境中才能解决人们在群体工作时遇到的不易克服的问题，如怎样在会议环境下发挥每一位参加者的智能，在规定的时间内完成规定的任务，消除由人们观点不同引起人与人之间冲突及如何克服无关话题的引入等。

(4) 本地异步系统处于同一区域的人们在不同的时间内进行交互，主要有布告系统和留言系统等。

CSCW 使实时交互的协同设计成为可能，不同部门的技术人员之间，可以按照并行工程的方法实现资源共享，进行协通过国内说，合作参与技术方案的分析、选择、评价、发送、接受等，从而大幅提高设计效率，避免不必要的重复工作，使设计能够迅速投入生产。

（四）并行设计中的管理技术

并行设计系统是一项复杂的人机工程，不仅涉及技术科学，而且涉及管理科学。目前的企业组织机构是建立在产品开发的串行模式基础上，并行设计的实施势必导致企业的机构设置、运行方式、管理手段发生较大的改变。这样，研究和建立并行设计中的有效管理技术不仅是一项重要课题，而且成为并行设计的一项关键技术。

三、并行设计的工程应用

如上所述，产品设计的传统方法是串行的。其流程为：市场需求→初步设计→方案设计→技术设计→施工设计→试验试制→投产→售后服务等过程。设计阶段，由于得不到试验、制造及售后服务所反馈的信息或设计人员在设计零部件时，没有考虑制造、装配过程中所必须处理的约束和软件及硬件设施的有限资源，因此常出现设计者设计出来的零部件虽能满足产品性能要求但不能制造，或虽能制造但要付出较大的代价。若在设计阶段就将制造、检验、售后服务等提供给设计者，则可避免出现上述问题。由于并行设计是产品开发过程中对制造及其相关环节进行一体化设计，在设计初期就考虑产品整个生命周期中影响产品制造与报废的所有因素，因此设计出来的产品在可制造性、可靠性和可维护性等方面均具有良好的性能。随着信息时代的到来以及世界范围内的市场竞争日趋激烈的现实，使得并行设计在工程及产品设计中运用变得更加重要。

下面通过介绍我国几个并行设计开发实例，来说明其在工程及产品设计中的运用。

（一）基于并行网络特征驱动的加工工艺设计及其面向零件表面质量的并行设计体系

1. 基于并行网络特征驱动的加工工艺设计

由于零件加工的表面质量在整体上不仅与表面粗糙度、残余应力、加工硬化等有关，而且与零件的加工精度，特别是形状精度有直接联系。因此，在进行加工工艺设计时，所选择的每一种加工方法应使零件加工的表面质量与加工精度协调一致。

传统制造工艺的选择方法为车→铣→刨→磨→抛光。由于每种加工方法所选用的机床经济加工精度不同，对具有某一精度要求的零件，单纯按上述路线进行零件加工工艺的设计必将造成机床、夹具、刀具和量具的浪费，使加工成本增加。除毛坯出库和零件入库两工序为单向并行网络外，由零件的加工工序所组成的网络均为双向并行网络。根据经济加工精度的不同，把同类型机床划分为 3 个等级，经互联后得到由粗加工网络、半精加工网络和精加工网络组成的并行网络系统。

零件加工工艺设计，由专家系统根据零件的设计特征通过黑板对零件工艺数据库中的加工工艺并行网络进行搜索，并由零件的特征要求确定全部可选的工艺路线及每道工序的各种工艺参数，计算出每道工序的时间和每条工艺路线的时间。按一定的优化准则，如最高生产率准则或最低成本准则确定零件加工的最佳工艺路线。

2. 面向零件表面质量的并行设计体系

面向零件表面质量的并行设计系统由初始设计模块、产品模型、工程及功能分析模块、面向表面质量的并行设计模块组成。

在并行设计的黑板系统中，具有由推理机和知识库组成的专家系统和加工工艺数据库。专家系统统筹考虑各领域的设计决策，以符合系统统一决策原则。当面向表面质量进行设计决策时，推理机利用知识库中的知识搜索数据库中所有满足加工约束的工艺过程，并同时调用工程及功能模块进行可行性分析和计算，然后把分析计算结果反馈至黑板系统，进行各相关领域的系统统一决策，最后以各领域的满意设计方案为其设计结果输出。

（二）面向对象的模块化柔性生产线(MFTL)并行设计集成系统

该系统采用面向对象的框架表达方法，实现产品数据和知识的统一表达，将各应用领域的知识融合在产品模型中，满足了不同应用对产品模型数据内容和结构的要求，通过各领域设计对象的知识协调与智能综合来辅助柔性生产线的并行设计。

以变速箱箱盖零件柔性生产线设计为例，该系统可根据用户零件加工的技术条件、生产纲领和品种的需要，根据生产线的柔性等性能指标的要求，确定生产线的结构形式，通过工艺规划，提出工序机床功能参数要求。选用 TH6340 系列模块化卧式加工中心，TH6340A 加工中心基型的拓扑结构，基本功能模块分为床身(B)、立柱(C)、固定工作台(W)、主轴箱(S)、刀库(M)等，各模块的连接关系为移动(P)、转动(R)、固定(F)等。

最后提供模块化生产线(FTL)的设计方案，为后续详细设计提供数据，并进行 FTL 总体方案的评价论证和面向用户快速报价，以便于竞标和参与市场竞争。

（三）建筑工程并行设计集成系统。

整个集成系统的特点为：以工程数据库为核心，以图形系统和网络环境为支持，运用接口技术，把各个 CAX 应用软件及设计管理系统连接成一个有机的整体，使之相互支持，相互调用，到达信息共享、信息及时交换，以发挥出单项 CAX 应用软件所达不到的整体效益，减少了由各设计间的矛盾而造成的重复设计以及设计返工。

该建筑工程并行设计集成的总体结构划分为三个域：支撑域、执行域和管理域。

支撑域的主要任务是为并行设计、集成化设计提供一个高效、可靠、功能完备和用户友好的数据通信、信息以及知识共享的工作环境；管理域基于 CE 原理，对执行域实施监督、管理，确保执行域中产品及其相关过程的设计严格按照 CE 的原理和方法开展。

该系统总体结构所划分的支撑域、执行域和管理域的任务及功能具体如下。

1. 支撑域

在支撑域上，基于计算机网络，完成并行设计和产品数据的分布式存储。支撑域以共享数据为基础，为执行域搭建一个可供各专业之间并行协同设计的平台，由硬件与通信，信息集成，工具集成三部分组成，硬件与通信满足了并行工程对数据通信的要求；以产品数据数据库管理系统为基础，通过统一的产品数据管理、约束管理等集成化管理，实现了建筑工程设计过程以及后续的施工过程的信息集成；在共享数据的基础上，集成面向执行域各成员的应用平台和接口，为各专业设计人员提供了集成的系统工作环境。

2. 执行域

在支撑域提供的环境下，在管理域的监控和管理下，设计的各项活动组成了执行域。各专业设计人员在支撑域提供的环境下，按照管理域对其的要求开展并完成其工作。

3. 管理域

管理域的主要任务是按 5 个坐标，即计划与进度控制、技术组织与管理、质量控制、成本控制及人员的组织与管理，对建筑工程设计的整个过程实施集成化的面向并行工程的组织与管理，以保证整个设计过程的并行、一体化设计的顺利进行。在管理域中，设计过程的管理是以活动/过程的组织与管理为基础的，并在各项约束条件下（资源约束、进度约束等），通过对活动/过程的组织与管理来实现。

第二节　协同设计

一、概述

（一）协同设计的概念

随着经济全球化进程的加剧，跨行业、跨地区、跨国家的联盟形虚拟企业发展迅速，企业环境发生着深刻变化，许多复杂产品的设计不得不由分布在不同地点的产品设计人员和其他相关人员协同完成，于是分布式协同设计技术应运而生，并且越来越受到工业界的重视。计算机网络技术的快速发展则为分布式协同设计技术的发展和应用提供了先决条件。

协同设计（CD）又称计算机支持的分布式协同设计（CSCD），它是一种新兴的产品设计方式，在该方式下，分布在不同地点的产品设计人员及其他相关人员通过网络，采用各种各样的计算机辅助工具协同地进行产品设计活动，活动中的每一个用户都能感觉到其他用户的存在，并与他们进行不同程度的交互。

协同设计的特点在于：产品设计由分布在不同地点的产品设计人员协同完成；不同地点的产品设计人员通过网络进行产品信息的共享和交换，实现对异地 CAX 等软件工具的访问和调用；通过网络进行设计方案的讨论、设计结果的检查与修改，使产品设计工作能够跨越时空进行。上述特点使得分布式协同设计能够较大幅度地缩短产品设计周期，降低产品开发成本，提高个性化产品开发能力。

因此，协同设计通常采用群体工作方式，在计算机网络环境的支持下，多个设计人员围绕一个设计对象，各自承担相应部分的设计任务，并行交互地进行设计工作，最终得到符合要求的设计方法。协同设计是实现敏捷制造、分散网络化制造的关键技术之一，它为时空上分散的用户提供了一个你见即我见的虚拟协同工作环境，是复杂产品开发的一种有效工作方式。

协同设计研究开始于 20 世纪 90 年代前后，该方向的研究工作在经历了将网络通信、分布式计算、计算机支持的协同工作、Web 技术等与现有 CAX/DFX 技术进行简单结合的过程后，近些年来开始转向对其深层次、核心技术问题进行研究。现有研究工作大体上可分为 CAX/DFX 工具的分布集成、异步协同设计、同步协同设计、协同装配设计等。

（二）协同设计的技术特点

一般而言，基于计算机支持的网络化产品协同设计，是在广域网络环境下，分布在异地的产品设计人员及其有关人员，在基于计算机的虚拟协作环境中，围绕同一个产品设计任务，承担相应的部分设计任务，并行、交互、协作地进行设计工作，共同完成设计任务的设计方法。

协同设计的技术特点如下：

1. 分布性

参加协同设计的人员可能属于同一个企业，也可能属于不同的企业；同一企业内部不同的部门又在不同的地点，所以协同设计须在计算机网络的支持下分布进行，这是协同设计的基本特点。

2. 交互性

在协同设计中人员之间经常进行交互，交互方式可能是实时的，如协同造型、协同标注；也可能是异步的，如文档的设计变更流程。开发人员必须根据需要采用不同的交互方式。

3. 动态性

在整个协同设计过程中，产品开发的速度、工作人员的任务安排、设备状况等都在发生变化。为了使协同设计能够顺利进行，产品开发人员需要方便地获取各方面的动态信息。

4. 协作性与冲突性

由于设计任务之间存在相互制约的关系，为了使设计的过程和结果一致，各个子任务之间须进行密切的协作。另外，协同的过程是群体参与的过程，不同的人会有不同的意见，合作过程中的冲突不可避免，因此须进行冲突消解。

5. 活动的多样性

协同设计中的活动是多种多样的，除方案设计、详细设计、产品造型、零件工艺、数控编程等设计活动外，还有促进设计整体顺利进行的项目管理、任务规划、冲突消解等活动。协同设计就是这些活动组成的有机整体。

除上述特点外，协同设计还有产品开发人员使用的计算机软硬件的异构性、产品数据的复杂性等特点。

（三）协同设计的分类

依据工作模式的不同，协同设计可以分为两大类：异步协同设计和同步协同设计。

1. 异步协同设计

异步协同设计是一种松散耦合的协同工作。其特点是：多个协作者在分布集成的平台上围绕共同的任务进行协同设计工作，但各自有不同的工作空间，可以在不同的时间内进行工作，并且通常不能指望迅速地从其他协作者处得到反馈信息。进行异步协同设计除必须具有紧密集成的CAX/DFX工具之外，还需要解决共享数据管理、协作信息管理、协作过程中的数据流和工作流管理问题。

2. 同步协同设计

同步协同设计是一种密切耦合的协同工作，多个协作者在相同的时间内通过共享工作空间进行设计活动，并且任何一个协作者都可以迅速地从其他协作者处得到反馈信息。如同面对面的协商讨论在传统的产品过程中不可缺少一样，同步协同在产品设计的某些阶段也不可或缺。从技术角度看，同步协同设计比异步协同设计的实现困难得多，这主要体现在它需要在网上实时传输产品模型和设计意图、需要有效地解决所发生冲突、需要在CAX/DFX工具之间实现细粒度的在线集成等方面的问题。虽然应用共享工具（如NetMeeting）可以通过截取单用户CAX/DFX工具的用户界面和传输界面图像来实现简单的同步协同设计，但存在协同工作效率低，不支持多系统等问题，无法有效地支持同步协同设计工作。

由于设计与制造活动的复杂性和多样性，单一的同步或异步协同模式都无法满足其需求，因此，灵活的多模式协同机制对于协同设计与制造十分重要。事实上，在协同设计与制造过程中，异步协同与同步协同往往交替出现。

二、协同设计的关键技术与支撑技术

（一）协同设计的关键技术

协同设计是指多个设计人员和管理人员在开发时间和企业资源的约束下，通过交互、通信、协作、协调和谈判，共同完成一个产品的开发。协同设计过程中既有技术问题，也有组织管理问题。为实现协同工作，必须解决好以下关键技术。

1. 产品建模

产品模型是指按一定形式组织的关于产品信息的数据结构，是协同设计的基础和核心。在协同设计环境下，产品模型的建立是一个逐步完善的过程，是多功能设计小组共同作用的结果。为了满足设计各阶段对产品数据模型的不同需求，需要建立一个多视图的产品模型。

2. 工作流管理

工作流管理的目的是规划、调度和控制产品开发的工作流，以保证把正确的信息和资源，在正确的时刻，以正确的方式送给正确的小组或小组成员，同时保证产品开发过程收敛于顾客需求。

3. 约束管理

产品开发过程中，各个子任务之间存在各种相互制约相互依赖的关系，其中包括设计规范和设计对象的基本规律、各种一致性要求、当前技术水平和资源限制以及用户需求等构成了产品开发中的约束关系。产品开发的过程就是一个在保证各种约束满足的条件下，进行约束求解的过程。

4. 冲突消解

协同设计是设计小组之间相互合作、相互影响和制约的过程，设计小组对产品开发的考虑角度、评价标准和领域知识不尽相同，必然导致协同设计过程中冲突的发生。可以说，协同设计的过程就是冲突产生和消解的过程。充分合理地解决设计中的冲突能最大限度地满足各领域专家的要求，使最终产品的综合性能达到最佳。

5. 历史管理

历史管理的目的是记录开发过程进行到一定阶段时的过程特征并在特定工具的支持下将它们用于将来的开发过程。

（二）协同设计的支撑技术

协同设计是在计算机网络环境的支持下，多个设计人员围绕一个设计对象，各自承担相应部分的设计任务，并行交互地进行设计工作，最终得到符合要求的设计方法。因此，它需要借助如下支撑技术，来保证协同设计工作的进行。

1. 网络技术

目前，Internet/Intranet 等网络技术的发展使异地的网络信息传输与数据访问成为现实。Web 提供了一种技术支持成本低、用户界面好的网络访问介质，为动态联盟的建立提供了可靠的信息载体。通过对 HTML 语言及 HTTP 协议的扩充，使 Internet 环境支持电子图形的浏览，并使其成为设计过程中进行信息传递和交换的便利工具。联盟成员利用网络技术有效地连接在一起，共享资源，极大地提高了联盟企业的工作效率和质量。全双工以太网和 100Mbit/s 以太网及时传送协同信息方面尚存在不足。光纤分布数据接口(FDDI)、异步传输模式(ATM)、虚拟网络三种技术的结合，可以有效地改善数据传输、网络宽带及动态信息的存储问题，是目前分布式协同设计中较为有效的网络技术。

2. CAD 与多媒体技术

网络环境的 CAD 技术支持分布式协同设计。各种软件提供了从二维工程图到三维参数化计算机辅助设计工具，显著加快了设计速度。同时，CAD 与 CAM 的紧密或无缝衔接，实现了设计与制造一体化，使产品开发更具竞争力。

在分布式设计中为了更好地协同工作，多媒体技术是必不可少的。在一个协同设计工作组中，分散在不同地点的组员可以利用多媒体环境创建、分析和操作同一项任务。在初级阶段，多媒体技术帮助组员交流思想，迅速提出初始方案。在设计过程中，可以通过多媒体界面随时了解任务的进展情况，并且能方便直观地交流信息。多媒体技术甚至还可以传送工作组内组员间那些不易用文字表达的信息，例如，传送简短的提示或对话，传达微妙的表情或手势，还可以通过视频、声频和动画图像直观地看到结果。

3. 网络数据库技术

分布式网络数据库技术的发展为动态联盟的构筑和运行提供了重要的支持。数据库中不仅应包括产品的市场需求调查、所需的各种设计数据，而且包括构筑动态联盟时对候选者的评估数据，以及动态联盟运行过程中对各个联盟成员实际参加与合作表现的评估数据。同时，网络按集成分布框架体系存储数据信息。将有关产品开发、设计的集成信息存储在公共数据中心，统一协调和管理，并允许多个用户在不同地点访问存放在不同物理位置的数据。

知识库是网络数据库的重要组成部分。网络知识库技术可以实现领域知识复杂问题的求解、评估和建议，而且能够有效地进行智能推理，辅助构筑动态联盟，并且协调动态联盟的实际运行，作为设计过程中的专家系统，向分布式协同设计提供可靠的智力支持。

4. 异地协同工作技术

在一定的时间(如产品开发生命周期中的某一阶段)、一定的空间(如分布在异地的联盟组织或企业)内，利用 Internet/Intranet 联盟组织可以共享知识与信息，避免不相融性引起的潜在的矛盾。同时，在并行产品开发过程中，各协同小组之间及多功能小组中各专家之间，由于各自的目的、背景和领域知识水平的差异可能导致冲突的产生，因此需要通过协同工作，利用各种多媒体协同工具，如 BBS、电子白板、Net-Meeting 等协同工具解决各方的矛盾、冲突，最终达到一致。

联盟组织之间需要大量的信息传递和交换。进行异地产品信息交换时，除传送完好的产品模型外，还经常需要传送局部修改后的模型。特别在紧密耦合的产品设计中，信息交换更是随时发生的。如果传送完整模型，则需花大量时间和费用，一般可采用基于产品零部件的设计特征提取信息，按规定格式转换，再进行数据传输。同时，将修改信息作用于相应模型，实时更新产品设计。

5. 标准化技术

以集成和网络为基础的设计离不开信息的交流，前提是具有统一的交流规范。当前，各个企业在协同设计过程中相互间缺少统一的标准，这对企业间实施协同设计造成很大制约。因此，标准化的制定对于联盟组织(或企业)的建立十分必要。需要针对每位联盟成员的情况，制定合理、适宜的标准，使各个成员间的合作更加协调，使资源得以充分利用。

三、协同设计的工程应用

下面以一基于网络化产品协同设计支持系统的设计与实现为例，说明协同设计的工程应用。

基于网络化产品协同设计是指在广域网络环境下，分布在异地的设计人员，在基于计算机的虚拟协作环境中，围绕同一个产品设计任务，承担相应的部分设计任务，并行、交互、协作地进行设计工作，共同完成设计任务的一种设计方法。

网络化产品协同设计的基本特点是：多学科小组、异地、异构环境下的合作设计。分布在异地的具有不同专业特长的设计小组，使用不同的设计工具，基于广域网进行远程协作设计，在一个共享环境中对设计方案反复讨论、修改，以最快的速度、最好的质量完成产品设计。它要求所有成员都能及时了解整体设计方案，能随时了解设计过程的进展状态，能动态获取阶段性设计结果的信息，能方便地共享设计资源，能有效地实现人类智能的协同交流。

从实际应用的角度出发，网络化产品协同设计的内涵体现在如下三方面。

(1) 在网络化产品协同设计中，合作成员利用网络技术，以协同的方式开展产品设计中的需求分析、方案设计、结构设计、详细设计和工程分析等一系列设计活动。

(2) 其核心是利用网络，特别是 Internet，跨越协作成员之间的空间差距，通过对信息、过程、资源知识等的共享，为异地协同式的设计提供支持环境和工具。

(3) 通过网络化协同设计，缩短产品设计的时间，降低设计成本，提高设计质量，从而增强产品的市场竞争力。

(一) 基于网络化协同设计集成模型的建立

实现网络化产品的协同设计，必须解决三个问题：①参与协同设计的各个主体之间能够共享产品设计信息；②整个协同设计过程能够协调有序地进行；③设计主体之间能够充分交流意见，真正体现“协同”。

要实现网络化产品的协同设计，首先必须构建出一个网络化产品协同设计支持系统，而这个支持系统将是一个基于 Internet 的集成化虚拟设计平台。要建设这一平台，其关键问题是建立这一系统的集成模型。根据协同设计的特点、应用背景以及协同设计方法，建立一个支持网络化产品协同设计的集成模型，该模型包括信息集成、过程集成和知识集成三方面的内容。

该模型是以信息与知识的管理为核心，利用 XML、VRML、HTML 和 Java 技术，从信息、过程、知识这三个层次上支持异地、异构设计主体之间基于 Internet 的集成。其中，信息集成解决协同设计中的产品信息，以及产品数据管理信息的集成与共享问题；过程集成解决协同设计中的任务分配和对各个子任务的进程进行协调控制的问题；知识集成解决继承性知识的共享(利用知识库)和创新性知识的生成(利用交流与协调的方法)问题。集成模型覆盖了产品设计过程中的主要集成需求，可以支持多模式协同设计方法中定义的各种协同设计模式，以及它们组合而成的新模式。

在该集成模型中，需要重点说明的是其知识集成与智能协同的内涵，它包括两个方面：第一，研究如何获取继承性知识，即已有的知识；第二，研究如何生成创新性知识，即新产生的知识。第一个问题的本质是研究如何利用计算机管理好已经存在的、显性的知识，提供一个良好的人-机环境，使设计者方便、快速、准确地获得所需要的知识；第二个问题的本质是研究如何利用现有的计算机和网络技术，构建一个良好的人-人协同环境，使异地、异构应用系统中的设计者之间，能够通过有效的设计思想交流，产生支持创新设计的新知识。

在该知识集成模式中，分两个层次来实现知识的集成。第一个层次是知识管理层。首先，建立支持协同设计的综合知识库，包括知识库、模型库、实例库和方法库等，并建立知识管理系统。通过对综合知识库的管理，实现显性、继承性知识的集成与共享，使得在协同设计过程中，能够充分利用已有的知识，提高设计效率和质量。同时，也为隐性知识的生成提供良好的环境。第二个层次是智能协同层，在知识管理和集成的基础上，建立以 CSCW 技术和 CSCD 技术为主要手段、以协同协商和知识融合为主要目的智能协同系统，通过提供可视化协同工具、冲突协商支持以及通信服务等多种支持人-人协同交流的工具，构建一个网络化人类智能协同交流环境，提供隐性知识集成的条件，进而支持创新性知识的生成。

在这种知识集成模式中，把设计者作为一种特殊的智能体(即 Human Agent)集成在系统中。知识管理层是一个人-机交互系统，Human Agent 通过知识管理系统获取合作伙伴提供的已有的知识，从中寻找解决问题的方案，或得到有益的启迪；智能协同层是一个人-人协同支持系统，利用该系统提供的各种协同工具，异地、异构环境中的 Human Agent 能够充分而有效地交流解决问题的思想和方法，从而产生解决新问题的新知识。

(二) 基于网络化协同设计支持系统的体系结构设计

为实现网络化产品协同设计的需要，设计了一种基于网络化协同设计支持系统的体系结构。该系统包括一个协同信息管理平台和一组可独立使用的面向产品开发活动的协同工具及应用系统，可从多角度满足多种模式异地协同设计的需求。

该系统的底层是网络/数据库层和应用协议层，采用 Internet 网和 SQL Server2000 数据库系统。该支持系统通过 Web 界面与用户通信，采用 TCP/IP 网络传输协议，主要是应用层中的 HTTP 协议。同时，整个系统利用 STEP、XML 和 VRML 来支持异构信息的集成和共享。

建立在系统底层之上的是系统服务层和应用服务层。系统服务层负责管理整个系统的底层数据，提供最基本的控制和协同功能；应用服务层由一组应用服务（包括系统管理服务、产品结构管理服务、文档管理服务和资源管理服务）和协同工具（包括邮件服务、共享白板、三维模型协同浏览批注、二维图形协同浏览批注和文档浏览批注）组成，应用服务层可以根据实际需求自由裁剪或扩充。同时，协同工具可以独立使用，为该网络化产品协同设计支持系统整体的柔性提供了良好的基础。

以上构成了协同设计支持系统的集成框架。在此框架的基础上，可以根据需求集成多个应用系统，例如，基于 VRML 的虚拟装配系统、基于 XML 的产品结构信息共享系统、协同任务规划与管理系统、冲突检测与协商系统和知识管理与智能协同系统等。这些应用系统既与该网络化产品协同设计支持系统紧密集成，又可以独立使用，还可以根据实际需求开发和集成新的应用系统。由于这些协同工具和应用系统功能独立，可以增加和裁剪，保证了该网络化产品协同设计支持系统良好的柔性和可扩展性，支持多种设计模式。

（三）网络化协同设计支持系统的实现及应用

上述网络化协同设计支持系统采用面向对象技术，通过组件化的设计方法，保证系统的柔性、开放性和可扩充性。其基本框架和主要应用系统均基于 Web 技术实现。使用 JSP +JavaBeans 编程，以 Jbuilder7.0 作为 JSP+JavaBeans 前端的开发工具；客户端用 Web 浏览器作为用户界面，用户通过浏览器上网即可使用本系统；服务器端采用 SQL Server 2000 存储数据。用户通过客户端向 Web 服务器发送请求，Web 服务器调用 JavaBeans 进行处理，将结果返回客户端。系统中少量的协同工具和应用系统是用 VC 开发的，通过封装的方法与系统集成。

已将该支持系统运用于微小卫星的研制中，能从多角度满足多种模式异地协同设计的需求，实现了微小卫星的协同虚拟设计和协同产品信息管理。

第八章 虚拟设计

第一节 虚拟现实技术体系结构

一、虚拟现实技术概述

回顾计算机技术发生，发展和不断完善的过程，可以清晰地看到日新月异的多处理，多媒体，面向对象，开放，网络留下的清晰足迹。以上这几个中文词组对应的英文单词的首字母组成了一个美丽的复合单词 MMOON，即多个月亮。MMOON 在不断提升，不断赋予计算机系统新的活力。各行各业的计算机应用在一定意义上，可以视为广义的科学计算和无处不在的计算，按照自动化、智能化、可视化不断前行，真可谓长江后浪推前浪。目前媒体界最热的“VR(虚拟现实)”，则是这个浪潮中十分美丽的浪花。

虚拟现实技术是 20 世纪 60 年代中期以来，随着科学和技术的进步、军事和经济的发展而兴起的一门由多学科支撑的崭新的综合性信息技术，它有助于人类更好地去解决资源问题，环境问题与需求多样性问题。VR 技术主要包括计算机图形学、图像处理与模式识别、智能接口技术、多媒体技术、多传感器技术、计算机网络技术，并行处理和高性能计算机系统等。可以说 VR 技术是在“需求牵引”与“技术推动”下，多个信息技术分支取得突飞猛进的发展，并综合，集成了一些有实用前景的应用系统。它将虚拟与现实相结合，自然科学与美学深度融合，让人们感到目不暇接、美不胜收，从而获得极高的精神享受。仔细琢磨虚拟与现实在哲学层面的意义则更让人神往。

市场竞争的格局，产品需求与设计的新特点对虚拟设计提出了新的需求。自 20 世纪 70 年代以来，世界市场由过去传统的相对稳定逐步演变成动态多变的特征，由过去的局部竞争演变成全球范围内的竞争；同行业之间、跨行业之间的相互渗透、相互竞争日趋激烈。面对日益激烈的国际竞争，机械工业面临更加严峻的挑战，而产品的质量和更新速度将是企业立于不败之地的关键。

为了适应迅速变化的市场需求，提高市场竞争能力，现代制造企业必须解决 TQCS 难题，即以最快的上市速度(T——time to market)，最好的质量(Q——quality)，最低的成本(C——cost)和最优的服务(S——service)来满足不同顾客的需求。这样一些发展变化的环境特点对新的产品设计，加工制造，测试、安装运行等方法提出了新的要求，虚拟设计技术是很好的结合点。

虚拟设计是计算机图形学、人工智能、计算机网络、信息处理，机械设计与制造等技术综合发展的产物，在机械行业有广泛的应用前景，如虚拟布局、虚拟装配，产品原型快速生成，虚拟制造等。目前，虚拟设计对传统设计方法的革命性的影响已经逐渐显现出来。由于虚拟设计系统基本上不消耗资源和能量，也不生产实际产品，而是产品的设计、开发与加工过程在计算机上的本质实现，即完成产品的数字化过程。与传统的设计和制造相比较，它具有高度集成、快速成型、分布合作等特征。虚拟设计技术不仅在科技界，而且在企业界引起了广泛关注，成为研究的热点。

（一）虚拟现实的定义、特征及组成

1. 虚拟现实的定义

虚拟现实技术是计算机图形学、人工智能、计算机网络、信息处理等技术综合发展的产物，它利用计算机技术生成一种模拟环境，通过各种传感设备使用户“投入”到模拟环境中，使用户与环境直接进行自然地交互。从本质上讲，虚拟现实就是一种先进的计算机用户接口，它通过给用户同时提供诸如视觉、听觉，触觉等各种直观而又自然的实时感知交互手段，最大限度地方便用户操作，从而减轻用户的负担，提高整个系统的工作效率。

2. 虚拟现实的两个本质特征

虚拟现实可以定义为对现实世界进行五维时空的仿真，即除了对三维空间和一维时间的仿真外，还包含对自然交互方式的仿真。一个完整的虚拟现实系统包含一个逼真的三维虚拟环境和符合人们自然交互习惯的人-机交互界面，分布式虚拟现实系统还要包含用于共享信息的人-人交互界面。虚拟现实技术是一项关于计算机、传感与测量、仿真、微电子等技术的综合集成技术，它具有以下两个重要特征。

（1）多感知性

多感知就是说除了一般计算机技术所具有的视觉感知之外，还有听觉感知，力觉感知、触觉感知，运动感知，甚至应该包括味觉感知，嗅觉感知等。理想的虚拟现实技术应该包含人所具有的一切感知功能。理想的虚拟现实环境应该包含对人自然交互方式的模拟，虚拟现实系统能提供给用户以视觉、听觉、触觉、嗅觉，甚至味觉等多感知通道。

（2）沉浸感

沉浸感是指用户感到作为主角存在于模拟环境的真实程度。理想的模拟环境应该达到使用户难以分辨真假的程度(例如可视场景应随着视点的变化而变化)，如实现比现实更理想化的照明和音响效果等。对于一般模拟系统而言，用户只是系统的观察者，而在虚拟现实的环境中，用户能感到自己成了一个“发现者和行动者”。发现者和行动者利用他的视觉、触觉和操作来寻找数据的重要特性，并不是通过严密的思考来分析数据。通常思考可能既慢且吃力，而感觉则几乎可以无意识地、立即地表达结果。

用户可沉浸在一种人工的虚拟环境里，通过虚拟现实软件及其有关外部设备与计算机进行充分的交互，进行构思，完成所希望的任务。

3. 虚拟现实的组成

根据虚拟现实的概念及其上述两个特征可知虚拟现实技术是在众多的相关技术基础上发展起来的，它包括计算机图形学、图像处理与模式识别、智能接口技术、人工智能技术、多传感器技术，语音处理与音响技术，网络技术，并行处理技术和高性能计算机系统等。虚拟现实系统为用户提供交互作用、视觉、听觉、触觉、嗅觉、味觉的多感知。

虚拟现实用于构造当前不存在的环境、人类不可能到达的环境和代替耗资巨大的现实环境。虚拟现实的模型从 CAD 的几何造型到物理造型，即从考虑几何数据、拓扑关系的模

型到考虑包括是否刚体、弹性体，质量、转动惯量和表面光滑程度的物理性质的模型。

虚拟现实是要达到增强现实的目的，即用虚拟物体来丰富、增强真实的环境，而不是用它来代替真实的环境。

虚拟现实的成果是给用户一个将现实世界和计算机中的虚拟模型结合起来的工作环境。

（二）虚拟现实、增强现实与混合现实

虚拟现实（VR）与增强现实（AR）及混合现实（MR）都是对物理世界（PW）的部分真实与模拟结合的呈现，既有共性也有特点与原理的区别。

虚拟现实利用电脑模拟产生一个三维空间的虚拟世界，提供使用者关于视觉、听觉、触觉等感官的模拟，让使用者如同身临其境一般，可以及时、没有限制地观察三维空间内的事物。

增强现实把原本在现实世界的一定时间空间范围内很难体验到的实体信息（视觉信息，声音、味道、触觉等），通过电脑等科学技术，模拟仿真后再叠加，将虚拟的信息应用到真实世界，被人类感官所感知，从而达到超越现实的感官体验。增强现实的呈现形式从距离眼睛近到远分为头戴式，手持式，空间展示。

混合现实（MR）能够合并现实和虚拟世界，产生新的可视化环境。在新的可视化环境里物理和数字对象共存，并实时互动。混合现实的实现需要在一个能与现实世界各事物相互交互的环境中。混合现实的关键点就是与现实世界进行交互和信息的及时获取。

（三）虚拟现实技术的主要应用领域

VR 技术从 20 世纪 60 年代中期兴起，90 年代在理论技术研究与应用拓展方面取得了长足的进步，近年来则成爆发趋势。VR 技术在军事、航天、文化，娱乐、安全、工程，商业，教育、医疗和艺术等多个应用领域解决了一些重大或普遍性需求，进展迅猛。在 VR 技术发展的基础上，将三维虚拟对象叠加到真实现实环境中进行匹配，显示，构成了一种增强现实技术。

VR 在三种场合得到应用：

（1）当前不存在的环境（拟建设的建筑、园林，拟研制的武器，可能会发生的战争环境，肢体、肌肉、生理，心理有缺损时的恢复或者释放、转移）；

（2）人类不能到达的极端环境（核武器点火，人体血管、神经，脏器的各个角落）；

（3）耗资巨大的环境（月球登陆，火星登陆工程，飞机、火箭、卫星的试制、试飞，试射前）。VR 技术是 21 世纪影响人类活动的重要发展学科和技术之一，具有良好的应用和发展前景。高通、谷歌、索尼、惠普等著名科技公司都涉足于这一技术的研发。

虚拟现实技术的应用前景非常广阔。它可应用于建模与仿真，科学计算可视化、设计与规划、教育与训练、遥作与遥现、医学艺术与娱乐等多个方面。

1. 工程应用

（1）虚拟现实技术在汽车制造业的广泛应用

虚拟现实技术在汽车制造业得到了广泛的应用。例如：美国通用汽车公司利用虚拟现实系统 CAVE 来体验置于汽车之中的感受，其目标是减少或消除实体模型，缩短开发周期。

CAVE 系统用来进行车型设计，可以从不同的位置观看车内的景象，以确定仪器仪表的视线和外部视线的满意性和安全性。

(2) 虚拟现实技术在飞机制造与飞行仿真领域的应用。

在波音 777 的设计过程中，波音公司的工程师不但首次采用计算机进行设计，而且还用计算机进行飞机的电子模拟预装，提高了安装精度和质量。新的实验设施在试飞之前通过模拟飞行条件对飞机各系统进行整合试验，进一步保证了试飞和交付使用的顺利进行。波音 777 双喷机型是波音公司采用虚拟产品开发技术成功研制出的世界上第一架“无纸客机”。

(3) 虚拟实验

虚拟风洞可以让工程师分析多旋涡的复杂三维性质和效果、空气循环区域、旋涡被破坏时的乱流等，而这些分析利用通常的数据仿真是很难可视化的。

虚拟物理实验室的设计使得学生可以通过亲身实践——做、看，听来学习的方式成为可能。使用该系统，学生们可以很容易地演示和控制力的大小，物体的形变与非形变碰撞、摩擦系数等物理现象，跟踪不同物体运动轨迹，还可以仔细观察随时间变化的现象。学生可以通过使用数据手套与系统进行各种交互。

(4) 用于遥控机器人的遥现技术

遥现技术指当实际上在某一地时，可以产生在另一地的感觉。虚拟现实涉及体验由计算机产生的三维虚拟环境，而遥现则涉及体验一个遥远的真实环境。遥现技术在实际应用中需要虚拟环境的指导。

(5) 在“超级工程”桥梁建设中的应用

在国家“超级工程”港珠澳大桥建设过程中，跨海通道建设面临更加复杂的自然环境和施工挑战，海上气象条件复杂，易受台风、季风影响，波、浪、流变化较大，难以预测，给水上施工带来困难。此外，海上参照物较少，作业船只经常“摇晃不定”，测量定位工作也是困难重重。虚拟现实技术可以辅助工程师更好地解决这些问题，从三维模型设计，构件设施安装工艺模拟等方面体现虚拟现实的价值。

2. 医学领域的应用

科学家们最近发明了一种“虚拟现实”装置，利用这种装置，他们可以将自己“缩小”，使原本微小的细胞看上去有足球场那么大。这样，科学家们就可以更微观地对细胞进行研究。

3. 教育培训领域的应用

虚拟环境在呈献知识信息方面有着独特的优势，它可以在广泛的科目领域提供无限的 VR 体验，从而加速和巩固学生学习知识的过程。飞行模拟器，驾驶模拟器是培训飞行员和汽车驾驶员的一种非常有用的工具。模拟器的容错特点使受训者能亲身体验到在现实生活中体验不到的经历。

4. 军事应用

虚拟现实在军事上有着广泛的应用和特殊的价值。如新式武器的研制和装备，作战指挥模拟，武器的使用培训等都可以应用虚拟现实技术。虚拟现实技术已被探索用于评价当今的士兵将怎样在无实际环境支持下掌握新武器的使用及其战术性能等。

(四) 虚拟现实技术发展趋势及重点应用领域

虚拟现实的主要研究问题是：真实环境感知和理解，虚拟场景建模与绘制、逼真呈现和自然交互，应用系统开发与集成，围绕这几个研究方向，未来虚拟现实技术将会在以下关键核心技术攻关，虚拟现实产品研发、重点行业应用推广展开相关研究工作。

1. 关键核心技术

突出虚拟现实相关基础理论、共性技术和应用技术研究。围绕虚拟现实建模、显示、传感、交互等重点环节，加强动态环境建模、实时三维图形生成、多元数据处理，实时动作捕捉、实时定位跟踪、快速渲染处理等关键技术攻关，加快虚拟现实视觉图形处理器(GPU)，物理运算处理器(PPU)，高性能传感处理器，新型近眼显示器件等的研发和产业化。

近眼显示技术：实现30PPD(每度像素数)单眼角分辨率，100 Hz以上刷新率、毫秒级响应时间的新型显示器件及配套驱动芯片的规模量产。发展适人性光学系统，解决因画面质量过低等引发的眩晕感。加速硅基有机发光二极管(OLEDoS)，微发光二极管(MicroLED)，光场显示等微显示技术的产业化储备，推动近眼显示向高分辨率，低时延，低功耗、广视角，可变景深、轻薄小型化等方向发展。

感知交互技术：加快六轴及以上GHz惯性传感器、3D摄像头等的研发与产业化。发展鲁棒性强，毫米级精度的自内向外追踪定位设备及动作捕捉设备。加快浸入式声场、语音交互，眼球追踪、触觉反馈，表情识别、脑电交互等技术的创新研发，优化传感融合算法，推动感知交互向高精度、自然化，移动化、多通道、低功耗等方向发展。

渲染处理技术：发展基于视觉特性，头动交互的渲染优化算法，加快高性能GPU配套时延优化算法的研发与产业化。突破新一代图形接口，渲染专用硬加速芯片、云端渲染，光场渲染、视网膜渲染等关键技术，推动渲染处理技术向高画质、低时延低功耗方向发展。

内容制作技术：发展全视角12K分辨率、60帧/秒帧率，高动态范围(HDR)、多摄像机同步与单独曝光、无线实时预览等影像捕捉技术，重点突破高质量全景三维实时拼接算法，实现开发引擎，软件、外设与头显平台间的通用性和一致性。

2. 虚拟现实产品研发

面向信息消费升级需求和行业领域应用需求，加快虚拟现实整机设备，感知交互设备、内容采集制作设备、开发工具软件、行业解决方案、分发平台的研发及产业化，丰富虚拟现实产品的有效供给。

整机设备：发展低成本、高性能、符合人眼生理特性的主机式，手机式、一体机式，车载式、洞穴式、隐形眼镜式等形态的虚拟现实整机设备。研发面向制造、教育，文化，健康、商贸等重点行业领域及特定应用场景的虚拟现实行业终端设备。

感知交互设备：研发自内向外追踪定位装置，高性能3D摄像头以及高精度交互手柄、数据手套、眼球追踪装置，数据衣、力反馈设备、脑机接口等感知交互设备。

内容采集制作设备：加快动作捕捉、全景相机，浸入式声场采集设备、三维扫描仪等内容采集制作设备的研发和产业化，满足电影、电视、网络媒体、自媒体等不同应用层级内容制作需求。

开发工具软件：发展虚拟现实整机操作系统、三维开发引擎，内容制作软件，以及感知交互、渲染处理等开发工具软件，提升虚拟现实软硬件产品系统的集成与融合创新能力。

行业解决方案：发展面向重点行业领域典型应用的虚拟研发设计、虚拟装配制造、虚拟检测维修、虚拟培训、虚拟货品展示等集成解决方案。

分发平台：发展端云协同的虚拟现实网络分发和应用服务聚合平台（CloudVR），推动建立高效、安全的虚拟现实内容与应用支付平台及分发渠道。

3. 虚拟现实重点应用领域推广

引导和支持“VR+应用领域”发展，推动虚拟现实技术产品在制造、教育，文化、健康、商贸等行业领域的应用，创新融合发展路径，培育新模式，新业态，拓展虚拟现实应用空间。

VR与设计/制造：推进虚拟现实技术在制造业研发设计、检测维护、操作培训，流程管理、营销展示等环节的应用，提升制造企业辅助设计能力和制造服务化水平。推进虚拟现实技术与制造业数据采集与分析系统的融合，实现生产现场数据的可视化管理，提高制造执行、过程控制的精确化程度，推动协同制造、远程协作等新型制造模式的发展。构建工业大数据、工业互联网和虚拟现实相结合的智能服务平台，提升制造业融合创新能力。面向汽车、钢铁，高端装备制造等重点行业，推进虚拟现实技术在数字化车间和智能车间的应用。

VR与教育：推进虚拟现实技术在高等教育、职业教育等领域和物理、化学、生物，地理等实验性、演示性课程中的应用，构建虚拟教室、虚拟实验室等教育教学环境，发展虚拟备课、虚拟授课、虚拟考试等教育教学新方法，促进以学习者为中心的个性化学习，推动教、学模式转型。打造虚拟实训基地，持续丰富培训内容，提高专业技能训练水平，满足各领域专业技术人才的培训需求。促进虚拟现实教育资源开发，实现规模化示范应用，推动科普，培训，教学，科研的融合发展。

VR与文化：在文化，旅游和文物保护等领域，丰富融合虚拟现实体验的内容供应，推动现有数字内容向虚拟现实内容的移植，满足人民群众文化消费升级的需求。发展虚拟现实影视作品和直播内容，鼓励视频平台打造虚拟现实专区，提供虚拟现实视频点播、演唱会，体育赛事，新闻事件直播等服务。打造虚拟电影院，虚拟音乐厅，提供多感官体验模式，提升用户体验。建设虚拟现实主题乐园、虚拟现实行业体验馆等，创新文化传播方式。推动虚拟现实在文物古迹复原、文物和艺术品展示、雕塑和立体绘画等文化艺术领域的应用，创新艺术创作和表现形式。

VR与健康；加快虚拟现实技术在医疗教学训练与模拟演练、手术规划与导航等环节的应用，推动提高医疗服务智能化水平。推动虚拟现实技术在心理辅导、康复护理等环节的应用，探索虚拟现实技术对现有诊疗手段的补充完善，发展虚拟现实居家养老、在线诊疗，虚拟探视服务，提高远程医疗水平。

VR与商贸：顺应电子商务、家装设计、商业展示等领域场景式的购物趋势，发展和应用专业化虚拟现实展示系统，提供个性化，定制化的地产，家居、家电、室内装修和服饰等虚拟设计、体验与交易平台，发展虚拟现实购物系统，创新商业推广和购物体验模式。

二、虚拟现实技术体系结构

（一）虚拟现实技术与计算机仿真的关系

从虚拟现实的定义上看，虚拟现实与仿真有很大的相似，它们都是对现实世界的模拟，两者均需要建立一个能够模拟生成包括视觉、听觉、触觉、力觉等在内的人体感官能够感受到的物理环境，都需要提供各种相关的物理效应设备。然而，虚拟现实与仿真也有很大的不同，其本质的区别体现在以下几方面：

1. 定性与定量

仿真的目标一般是得到某些性能参数，主要是对运动原理、力学原理等进行模拟，以获得仿真对象的定量反馈，因此，仿真环境对于其场景的真实程度要求不高，一般采用平面模型或简单的三维模型，不进行氛围渲染。虚拟现实系统则要求较高的真实感，以达到接近现实世界的感觉，如反映物体的粗糙度、软硬程度等。虚拟环境建模复杂，并有质感、光照等要求，但对于量的要求并不严格。

2. 多感知性

所谓多感知性就是说除了一般计算机所具有的视觉感知外，还有听觉感知，力觉感知、触觉感知，运动感知，甚至包括味觉感知、嗅觉感知等。理想的虚拟现实系统就应该具有人所具有的所有感知功能。而仿真一般只局限于视觉感知。

3. 沉浸感

仿真系统是以对话的方式进行交互的，用户输入参数，显示器上显示相应的运动情况，比较完善的仿真系统可以实时汇报各种参数，用户与计算机之间是一种对话关系。虚拟现实利用以计算机为核心的现代高科技建立一种基于可计算信息的沉浸式交互环境，形成集视、听、触等感觉于一体的和谐的人机环境。

虚拟现实系统与仿真系统的区别可以简单概括如下：

①虚拟现实系统可视为更高层次的仿真系统；

②虚拟现实系统在当软件改变时，易于模型的重构和系统的复用；

③虚拟现实系统能在实时条件下工作，并且是交互的和自适应的；

④虚拟现实技术能够与人类的多种感知进行交互。

（二）虚拟现实技术体系结构

1. 虚拟环境系统结构

虚拟环境（VE）是体现了虚拟现实所具备功能的一种计算机环境。系统感知行为模型包含以下两个方面。

①感知系统：分为方向、听觉、触觉、味觉、嗅觉、视觉六个子系统。

②行为系统；分为姿势、方向、走动、饮食、动作、表达，语义七个子系统。

虚拟环境必须具备与用户交互、实时反映所交互的影像、用户有自主性三个条件。

典型的虚拟现实系统有 VIDEOPLACE 系统、VIEW 系统，SuperVision 系统等。VIEW 系统是第一个走出实验室进入工业应用的虚拟环境系统，VIEW 系统允许操作者以自然的交互手段考察全视角的人工世界，目前大多数虚拟现实系统体系结构都是由此发展而来的。

2. 虚拟现实系统组成模块

从组成模块来看，虚拟现实系统由以下模块组成。

输入模块：是虚拟现实系统的输入接口，其功能是检测用户的输入信号，并通过传感器模块作用于虚拟环境。输入模块一般是数据手套，头盔显示器上的传感器，用于感应手的动作、手和头部的位置；对于桌面虚拟现实系统而言，输入模块一般是指键盘，鼠标、麦克风等。

传感器模块：是虚拟现实系统中操作者和虚拟环境之间的桥梁。一方面，传感器模块接受输入模块产生的信息，并将其作用于虚拟环境；另一方面将操作后产生的结果反馈给输出模块。

响应模块：是虚拟现实系统的控制中心。响应模块一般是软件模块，其作用是处理来自传感器模块的信息，如根据用户视点位置和角度实时生成三维模型，根据用户头部的位置实时生成声效。

反馈模块：是虚拟现实系统的输出接口。其功能是将响应模块生成的信息通过传感器模块传给输出设备如头盔显示器、耳机等，实时渲染视觉效果和声音效果。

3. 虚拟环境的实现方法

产生虚拟环境的基本方法有两种：基于图像的方法和基于模型的方法。以下分别介绍这两种方法。

（1）基于图像的方法

全景图生成技术是基于图像的方法的关键技术。了解全景图首先要了解视点和视点空间。视点是指用户某一时刻在虚拟实景空间中的观察点，观察时所用的焦距固定。视点空间是指某一视点处用户所观察到的场景。

全景图实际上是空间中一个视点对周围环境的360°的全封闭视图。根据全景图允许浏览的空间自由度，全景图可分为柱面全景图和球面全景图，柱面全景图允许用户对场景进行水平空间360°环绕浏览，球面全景图允许用户对场景进行经纬360°全方位的环绕浏览。

全景图生成方法涉及基于图像无缝连接技术和纹理映射技术，其原始资料是利用照相机的平移或旋转得到的部分重叠的序列图像样本。纹理映射技术用于形成封闭的纹理映射空间，如柱面纹理映射空间和球面纹理映射空间。用户可以在柱面全景空间中进行水平360°范围内的任意视线切换，在球面全景空间中进行经纬360°范围内的任意视线切换。基于图像的三维重建和虚拟浏览是基于图像的虚拟现实的关键技术。

（2）基于模型(景物几何)的方法

基于模型的方法又称为基于景物几何的方法，是以几何实体建立虚拟环境。几何实体可采用计算机图形学技术绘制，也可用已有的建模工具如AutoCAD，3D Studio等建立模型，然后用统一数据格式输出，进行实时渲染。建立虚拟现实模型后，通过加入事件响应，实现移动，旋转、视点变换等操作，从而实现交互式虚拟环境。基于模型的方法主要涉及的关键技术有：三维实休几何建模技术；②实时渲染技术；③碰撞检测、干涉校验及关联运动；④物理属性。

（三）虚拟现实系统的分类

根据对虚拟环境的不同要求和对于使用目的或者应用对象的不同要求，根据虚拟现实技术对"沉浸性"程度的高低和交互程度的不同，划分了以下四种典型类型：①沉浸式虚拟现实系统；②非沉浸式虚拟现实系统；③增强(叠加)式虚拟现实系统；④分布式虚拟现实系统。

1. 沉浸式虚拟现实系统

沉浸式 VR 系统又称为穿戴型 VR 系统，是用封闭的视景和音响系统将用户的视听觉与外界隔离，使用户完全置于计算机生成的环境之中，计算机通过用户穿戴的数据手套和跟踪器可以测试用户的运动和姿态，并将测得的数据反馈到生成的视景中，产生人在其中的沉浸感。

沉浸式虚拟现实系统具有以下五个特点：①具有高度实时性能；②具有高度沉浸感；③具有良好的系统集成度与整合性能；④具有良好的开放性；⑤能支持多种输入与输出设备并行工作。

2. 非沉浸式虚拟现实系统

非沉浸式 VR 系统又称为桌面 VR 系统，其视景是通过计算机屏幕，或投影屏幕，或室内实际景物加上部分计算机生成的环境来提供给用户的；音响是由安放在桌面上的或室内音响系统提供的。汽车模拟器、飞机模拟器，电子会议等都属于非沉浸式 VR 系统。

非沉浸式 VR 系统主要具有以下三个特点：①用户处于不完全沉浸的环境，缺少身临其境的感觉，易受到周围现实环境的干扰；②对硬件设备要求极低，有的简单型系统甚至只需要计算机，或是增加数据手套，空间跟踪设置等；③非沉浸式虚拟现实系统实现成本相对较低，应用相对比较普遍，而且它也具备了沉浸性虚拟现实系统的一些技术要求。

3. 增强(叠加)式虚拟现实系统

增强(叠加)式虚拟现实系统允许用户对现实世界进行观察的同时，虚拟图像叠加在被观察点(即现实世界)之上。例如，战斗机驾驶员使用的头盔可以让驾驶员同时看到外面世界及上述的合成图形。额外的图形可在驾驶员对机外地形视图上叠加地形数据，或许是高亮度的目标，边界或战略陆标。这种将真实环境与虚拟环境进行叠加的方法具有自己独到的应用。

增强式虚拟现实系统主要具有以下三个特点：①真实世界和虚拟世界融为一体；②具有实时人机交互功能；③真实世界和虚拟世界在三维空间中整合。

4. 分布式虚拟现实系统

分布式虚拟现实系统具有以下特点：①各用户具有共享的虚拟工作空间；②伪实体的行为真实感；③支持实时交互，共享时钟；④多个用户可以各自不同的方式相互通信；⑤资源信息共享以及允许用户自然操纵虚拟世界中的对象。

(四) 虚拟设计/制造系统的体系结构

1. 虚拟设计的特点

虚拟设计是指设计者在虚拟环境中进行设计。设计者可以在虚拟环境中用交互手段对在计算机内建立的模型进行修改。一个虚拟设计系统具备三个功能：3D 用户界面；选择参数；数据表达与双向数据传输。

就"设计"而言，所有的设计工作都是围绕虚拟原型而展开的，只要虚拟原型能达到设计要求，则实际产品必定能达到设计要求；而传统设计时，所有的设计工作都是针对物理原型(或概念模型)而展开的。

就“虚拟”而言，设计者可随时交互、实时、可视化地对原型在沉浸或非沉浸环境中进行反复改进，并能马上看到修改结果；传统设计时，设计者是面向图纸的，是在图纸上用线条、线框勾勒出概念设计的。

2. 虚拟设计/制造的优点

虚拟设计具有以下优点：①虚拟设计继承了虚拟现实技术的所有特点(3D)；②继承了传统 CAD 设计的优点，便于利用原有成果；③具备仿真技术的可视化特点，便于改进和修正原有设计；④支持协同工作和异地设计，利于资源共享和优势互补，从而缩短产品开发周期；⑤便于利用和补充各种先进技术，保持技术上的领先优势。

3. 虚拟设计与传统 CAD/CAM 系统的区别

①在讲区别的同时，应首先重在继承，尤其是继承原有 CAD 技术的资源和成果，其次，虚拟设计是以硬件相对的高投入为代价的。

②CAD 技术往往重在交互，设计阶段可视化程度不高，到原型生产出来后才暴露出问题。

③CAD 技术无法利用除视觉以外的其他感知功能。

④CAD 技术无法进行深层次设计，如可装配性分析和干涉检验等。

第二节　虚拟现实硬件基础

虚拟现实是多种技术的综合，它运用了多种软硬件设备，来实现虚拟现实系统的交互性。为了允许人机交互，必须使用特殊的人机接口与外部设备，既要允许用户将信息输入到计算机，也要使计算机能反馈信息给用户。虚拟现实的主要硬件设备包括：高性能计算机；广角(宽视野)的立体显示设备；观察者(头、眼)的跟踪设备；人体姿势的跟踪设备；立体声；触觉、力觉反馈；语音输入/输出等硬件设备。信息的采集与反馈，映射的是人的感官综合系统，也体现了虚拟现实硬件系统的综合与集成。

一、3D 位置跟踪器

许多应用如机器人、建筑设计，CAD 等，要求实时获知移动物体的位置和方向。在 3D 空间中，移动对象共有三个平移参数和三个旋转参数。如果在移动对象上捆绑一个笛卡儿坐标系统，那么它的平移将沿 x、y、z 轴移动。沿这些轴作的对象旋转分别被称为“偏航”“倾斜”“旋转”。这些参数的测量结果组成了一个 6 维的数据集。

虚拟场景的变化依赖于跟踪器测量的速度，也就是依赖于跟踪器的更新速率或延迟。更新速率给出了每秒钟测量值的数量。在典型情况下，测量值在每秒 30 个数据集到 120 个数据集之间。延迟是动作与结果之间的时间延迟。使用 3D 位置跟踪器时，延迟是对象的位置/方向的变化与跟踪器检测这种变化之间的时间差。仿真中需要尽量小的延迟，因为大的延迟在仿真中有非常严重的负面效应。

另一个参数是跟踪器精确度，即实际位置与测量位置之间的差值。跟踪器越精确，仿真器跟踪实际用户行为的效果便越好。精确度不要与分辨率相混淆，分辨率指的是跟踪器能检测的最小位置变化。

新的 VIVE PRO 头盔显示与跟踪系统已经集成了显示与动作与位置捕捉综合功能。

动作捕捉器：VIVE Tracker 是 VIVE VR 系列动作捕捉配件，可以通过绑定现实世界中的物体来追踪物体的位置。从使用的角度来看，它与手柄有相似性，因为它具备手柄一样的位置追踪功能而没有实体按键，由于体积小巧，容易便携，它可以被绑定在任意物体上，将现实的物体带入 VR 环境。

VR 基站可以追踪多个 Tracker，所以场景中可以存在多个 Tracker。Tracker 有很多应用场景，首先比较常用的就是追踪物体，可以将它绑定到一些物体（比如球棒、球拍、球杆、座椅，等等）上。在传统行业里，可以绑定一些维修用的工具（扳手，锤子等），从而达到更加真实的体验。

另外，我们知道 Tracker 有弹簧针和 USB 端口，还可以制作一些符合特定使用场合的外设，以更加符合外设的使用习惯，比如现在比较典型的 PPGun，通过 USB 端口通信，将原来手柄的按键映射到了枪体相关的功能部件上，如 Trigger 键对应着枪的扳机，Touchpad 映射到枪体的摇杆，等等。

Leap Motion 通过双目视觉系统原理，控制器以超过每秒 200 帧的速度追踪手部移动，屏幕上的动作与用户姿态的移动完美同步。Leap Motion 控制器可追踪全部 10 根手指，精度高达 1/100 mm。它远比现有的运动控制技术更为精确。Leap 通过绑定视野范围内的手、手指或者工具来提供实时数据，这些数据多数是通过集合或者矩阵提供。每一帧都包含了一系列的基本绑定数据，比如手，手指或者工具的数据，当然，控制器也能实时地识别场景中的手势和自定义数据。

二、传感手套

（一）力学反馈手套

力学反馈手套技术提供给用户一种虚拟手控制系统，使用户可以选择或操纵机器子系统并能自然感觉到触觉和力量模拟反馈。传感器能测出手的位置方向以及手指的位置，数据被输入虚拟环境生成器，然后在头盔显示器上重建出手。通过显示，用户可以与虚拟环境进行交互，用户还可以抓取和操纵虚拟环境中的物体。

（二）VPL 数据手套

最早的传感手套是由 VPL 公司开发的，称为 DataGlove，所以通常又把传感手套称为数据手套。数据手套由很轻的弹性材料构成，紧贴在手上。这个系统包括位置，方向传感器和沿每个手指背部安装的一组有保护套的光纤导线，它们能够检测手指和手的运动。

作为传感器的光纤可以测量每个手指的弯曲和伸展动作。在控制器内部，每根光纤导线的一端配备一个发光二极管，而其另一端连接一个光传感器。当手指弯曲引起光纤光亮变化时，控制单元把从光传感器那里接收到的能量转变成电信号。光量的多少就反映了手指的弯曲程度。

三、三维鼠标

普通的鼠标只能感受在平面上的运动，而三维鼠标（见图 6-26）能够感受用户六个自由度的运动，包括三个平移参数和三个旋转参数。有人把三维鼠标称为 space mouse 或 cubic mouse。

四、数据衣

监测人的肢体关系已经不是一个新想法。早在 20 世纪 80 年代便有人提出了一个精确监视多人运动场景的系统，这个系统基于 SELSPOT 技术，以较高的识别速度精确地识别相对于某一参考帧的三维数据位置及方向。美国手语中心已使用 SELSPOT 系统来监视手指和前臂的运动，并使用这个系统研究分析了动物、医学以及运动场景的其他模式。VPL 公司为了识别整个身体，设计了一种使用与数据手套相同的光纤系统制成的称为数据衣的全身计算机输入装置。数据衣采用与数据手套相同的光纤弯曲传感技术，将大量的光纤安装在一个紧身衣上，它能测量肢体的位置，然后用计算机重建出图像。

五、触觉和力反馈的装置

传感手套可以把手部的运动转变为计算机的指令，但仅有伸手触摸物体的能力是不够的。在真实的周围环境中，当伸手去触摸某件物体时，它同时给你触摸反馈。为了产生虚拟的触摸感觉，研究人员开发了触觉和力反馈装置。虽然它们的样式和大小各不相同，但它们大致上做相同的事情：推我们的手臂，并把机械或动力信号记录下来。

六、立体显示设备

（一）头盔式显示器 HMD

HMD 是头盔式显示器（helmet mounted display）的英文缩写。20 世纪 80 年代，NASA Armes 研究中心用单色的便携 LCD 电视显示器制造了第一台基于 LCD 的封闭头盔显示器 Eyephone。这个显示器使用了由 Leep 公司制造的独特的棱镜系统，提供较宽的立体视角。这个方向的发展立即引起了人们的普遍关注，但是它的分辨率仍然很低，并且显示器是单色的。

（二）立体眼镜

立体眼镜是一副特殊的眼镜，用户戴在眼睛上能从显示器上看到立体的图像。立体眼镜的镜片由液晶快门组成，通电后能实现高速的左右切换，使用户左右眼看到的图像不相同，从而产生立体感觉。

显示器能显示左眼和右眼两种不同的图像。但显示器显示左眼图像时，系统控制立体眼镜，把左眼的液晶快门打开，让用户的左眼看到左眼的图像。同样，当显示器显示右眼的图像时，系统把立体眼镜右边的液晶快门打开，用户的右眼看到右眼的图像。当切换频率达到 50Hz 时，用户便能由显示器看到连续的图像，而且左右眼分别看到各自的图像。

增强显示眼镜：Google Project Glass 利用的是光学反射投影原理(HUD)，即微型投影仪先是将光投到一块反射屏上，而后通过一块凸透镜折射到人体眼球，实现所谓的“一级放大”，在人眼前形成一个足够大的虚拟屏幕，可以显示简单的文本信息和各种数据。

Project Glass 实际上就是微型投影仪+摄像头+传感器+存储传输+操控设备的结合体。右眼的小镜片上包括一个微型投影仪和一个摄像头，投影仪用以显示数据，摄像头用来拍摄视频与图像，存储传输模块用于存储与输出数据，而操控设备可通过语音、触控和自动三种模式控制。

（三）立体投影显示

基于空间投影的显示技术 SID 的研究以 CAVE 为代表，CAVE 由一个 10 英尺×10 英尺×9 英尺大小的房间组成，房间的每一面墙与地板均由大屏幕背投影机投上 1024×768 分辨率的立体图像。可允许多人走进 CAVE 中，用户戴上立体眼镜便能从空间中任一方向看到立体的图像。CAVE 实现了大视角、全景、立体，且支持 6 至 10 人共享的一个虚拟环境。

虚拟视网膜显示器(VRD)。VRD 直接把图像投影到观察者的视网膜，使观察者能看到高亮度、高分辨率与高对比度的图像，可以为用户提供一个高分辨率，高对比度的立体显示，而不用佩戴任何眼镜。

（四）3D 显示器

麻省理工学院媒体实验室空间影像研究组发明了一种被称为边光显示器的新型三维显示器，它不需要用户戴上专门的眼镜亦能观察到立体的图像。这项技术不同于普通显示器中的发射与反射类型，它把光源从显示器的下面向上发射，通过显示器内部的发射与折射，用户能看到立体的图像。这项技术的一个显著优点在于对显示器周围的环境没有任何严格的要求，有希望成为三维可视化的一种理想显示工具。

七、3D 声音生成器

“3D 声音”不是立体声的概念，3D 声音是指由计算机生成的，能由人工设定声源在空间三维位置的一种声音。3D 声音生成器是利用人类定位声音的特点生成出 3D 声音的一套软硬件系统。

听觉环境系统由语音与音响合成设备、识别设备和声源定位设备所构成。人类进行声音的定位依据两个要素：两耳时间差(ITD)和两耳强度差(IID)。声源放置在头部的右边，由于声源离右耳比离左耳要近，所以声音首先到达右耳，可以感受到达两耳的时间差。到达时间差便是上面提到的“两耳时间差”。

当听众刚好在声源传播的路径上时，声音的强度在两耳间的变化便很大，这种效果被称为“头部阴影”。NASA 研究者通过耳机能再现这些现象。

此外，由于人耳(包括外耳和内耳)非常复杂，其对声源的不同频段会产生不同的反射作用。为此，研究人员提出了“Head-Related Transfer Function”(HRTF)的概念，来模拟人耳对声音不同频段的反射作用。由于不同的人的耳朵有不同的形状和特征，所以也有不同的 HRTF 系数。

第三节　虚拟设计建模基础

虚拟产品开发过程是在虚拟的条件下，对产品进行构思、设计、制造、测试和分析。它的显著特点之一就是利用存储在计算机内的数字化模型——虚拟产品来代替实物模型进行仿真、分析，从而提高产品在时间，质量，成本，服务和环境等多目标优化中的决策水平，达到全局优化和一次性开发成功的目的。

一、建模概论

完整意义上的虚拟环境由硬件、软件和用户界面三个部分组成。如果把虚拟环境的硬件部分看作其肢体，则虚拟现实环境的软件控制部分就是其大脑。

虚拟环境中采用的软件有四类。

（1）语言类：如 C++、OpenGL、VRML 等。

（2）建模软件类：如 AutoCAD、Solid Works、Pro/Engineer、I-DEAS、CATIA 等。

（3）应用软件类：指用户自己的各种需求，选择或者开发的自用软件。

（4）通用的商用工具软件包：指帮助用户建立虚拟环境的通用和基本的软件，可以使用户显著地加快虚拟现实系统的开发进程。

目前，已经有了一些可用于建立虚拟环境的图形软件包，如：WTK，OpenGL，Java3D，VRML，OSG，Unity3D 等。

在虚拟环境中，模型是可视化的重要组成部分，通过 OpenGL、OSG 或其他图形引擎实现虚拟环境的交互。本章将着重介绍虚拟环境中常用的建模技术，通过本章的学习对建模的基本理论有所认识，在此基础上可以自行制作简单的 demo。

目前，虚拟设计中采用的建模方法主要有几何建模、基于图像的虚拟环境建模、图像与几何相结合的建模、基于特征的建模、基于特征的参数化建模等。下面主要介绍前面三种建模方法。

二、几何建模

几何模型描述的是具有几何网格特性的形体，它包括两个主要概念：拓扑元素和几何元素。拓扑元素表示几何模型的拓扑信息，包括点、线、面之间的连接关系、邻近关系及边界关系。几何元素是具有几何意义的点，线、面，体等，具有确定的位置和度量值(长度和面积)。一般来说，用计算机在图形设备上生成具有真实感的三维几何图形必须完成以下四个步骤。

①建模即用一定的数学方法建立所需三维场景的几何描述，场景的几何描述直接影响图形的复杂性和图形绘制的计算消耗；

②将三维几何模型经过一定变换转为二维平面透视投影图；

③确定场景中的所有可见面；

④计算场景中可见面的颜色。

(一) 几何建模方法的数学原理

几何建模的手段总体而言可归纳为二大类：Polygon(多边形)建模和 NURBS 建模。在 Maya 中，还有细分建模方法，属于二者相结合的技术。

1. Polygon(多边形)网格建模

三维图形物体中，运用边界表示的最普遍方式是使用一组包围物体内部的多边形。由于所有表面以线性方程加以描述，所以可以简化并加速物体表面的绘制和显示。多面体的多边形表精确地定义了物体的表面特征，但对其他物体，则可通过把表面嵌入物体中来生成一个多边形网格逼近。通过沿多边形表面进行明暗处理来消除或减少多边形边界，以实现真实性绘制。曲面上采用多边形网格逼近将曲面分成更小的多边形加以改进。

(1) 多边形表

用顶点坐标集和相应属性参数可以给定一个多边形表面。这些信息被存放在多边形数据表中，便于以后对场景中的物体进行处理、显示和管理。多边形数据可分为两组：几何表和属性表。几何表包括顶点坐标和用来识别多边形表面空间方向的参数。属性表包括透明度、表面反射度参数和纹理特征等。

存储几何数据的一个简便方法是建立三张表：顶点表，边表和面表。物体中的每个顶点坐标值存储在顶点表中。含有指向顶点表指针的边表，用于标识多边形每条边的顶点。面表含有指向边表的指针，用于标识多边形的边。

(2) 平面方程

三维物体的显示处理过程包括各种坐标系的变换，可见面识别与显示方式等。对上述一些处理过程来说，需要有关物体单个表面部分的空间方向信息。这一信息来源于顶点坐标值和多边形所在的平面方程。

平面方程可以表示为

$$Ax + By + Cz + D = 0 \tag{8-1}$$

由于线框轮廓能以概要的方式快速地显示多边形的表面结构，因此这种表示方法在实体模型应用中被普遍采用。

2. NURBS 曲线与曲面建模

在大多数的虚拟现实系统以及三维仿真系统的开发中，三维对象都要采用曲线与曲面的建模。

(1) B 样条曲线的定义

基函数定义：为了保留贝齐尔方法的优点，仍采用控制顶点定义曲线。为了能描述复杂形状和具有局部性质，改用另一套特殊的基函数即 B 样条基函数。于是，B 样条曲线方程为

$$C(t) = \sum_{i=0}^{n} p_i N_{i,k}(t) \tag{8-2}$$

式中：$p_i(i=0, 1, \cdots, n)$ 为控制顶点，$N_{i,k}(t)(i=0, 1, \cdots, n)$ 称为 k 次规范 B 样条函数，其中每一个规范 B 样条，简称为 B 样条。它是由一个称为节点矢量的一个非递减的参数 t 的序列 T: $t_0 \leqslant t_1 \leqslant \cdots \leqslant t_i + k + 1$ 所决定的 k 次分段多项式，也就是 k 次多项式样条。

$$N_{i,0}(t)=\begin{cases}1 & (若 t_i \leqslant t \leqslant t_{i+1}) \\ 0 & (其他)\end{cases} \tag{8-3}$$

$$N_{i,k}(t)=\frac{t-t_i}{t_{i+k}-t_i}N_{i,k-1}(t)+\frac{t_{i+k+1}-t}{t_{i+k+1}-t_i}N_{i+1,k-1}(t) \tag{8-4}$$

式中：k 为次数；i 为序号。

以 B 样条定义为基础，拓展出了均匀 B 样条，非均匀 B 样条和非均匀有理 B 样条等概念。B 样条曲线具有以下特性：贝塞尔曲线的一些特性同样适合于 B 样条曲线，尤其是曲线遵循控制点多边形的形状以及曲线限制在控制点凸包内；曲线显示了变化衰减效应；对控制点表达方式做任何放射变换都会使曲线做相应变换；B 样条曲线显示了局部控制——一个控制点与四个分段连接(三次 B 样条曲线情况下)，移动控制点只能影响这些分段。

(2) NURBS 曲线的定义

NUBRS 曲线方程可以表示如下：

$$\text{NUBRScurve}(t)=\sum_{i=0}^{n}p_iR_{i,k}(t) \tag{8-5}$$

$$R_{i,k}(t)=\frac{\omega_iN_{i,k}(t)}{\sum_{i=0}^{N}\omega_iN_{i,k}(t)} \tag{8-6}$$

式中：$p_i(i=0,1,\cdots,n)$ 为控制顶点，$R_{i,k}(t)(i=0,1,\cdots,n)$ 称为 k 次有理基函数；若以齐次坐标表示，从四维欧式空间的齐次坐标到三维坐标的中心投影变换为

$$H(X,Y,Z,\omega)=[x \quad y \quad z]=\begin{bmatrix}\frac{X}{\omega} & \frac{Y}{\omega} & \frac{Z}{\omega}\end{bmatrix} \tag{8-7}$$

式中：三维欧式空间点(X, Y, Z)称为四维欧式空间点(X, Y, Z, ω)的透视像，它是四维欧式空间点(X, Y, Z, ω)在 $\omega=1$ 的超平面上的中心投影，其投影中心为四维欧式空间的坐标原点。因此，四维欧式空间$(X, Y, Z, 1)$与三维欧式空间(X, Y, Z)被认为是同一点，ω 称为权因子。

(3) NURBS 曲面的定义

曲面又称为非均匀有理 B 样条(NURBS)。NUBRS 曲面的齐次坐标表示为

$$p(t,v)=h[p(t,v)]=h\left[\sum_{i=0}^{m}\sum_{j=0}^{n}D_{i,j}N_{i,t}(t)N_{j,l}(v)\right] \tag{8-8}$$

式中：$D_{i,j}=[\omega_{i,j}d_{i,j}, \omega_{i,j}]$ 称为控制顶点的 $d_{i,j}$ 带权控制顶点或齐次坐标。可见，带权控制顶点在高一维空间里定义了向量积的非有理 B 样条曲面 $p(t, v)$，$h[\ ]$表示中心投影变换，投影中心取为齐次坐标的原点。$p(t,)$在 $\omega=1$ 超平面的投影(或称透视像)，经过中心投影变换 $h[p(t, v)]$就可定义一张 *NUBRS* 曲面。

2. 三维几何模型对象的获取方法

模型对象的获取通常有以下几种方法。

①利用专门的建模软件。这是大型场景建模中最有效的途径。三维造型软件如 3DS MAX 等都比较常用。

②科学计算的可视化。它通过三维空间数据场产生图形和图像。

③利用测绘数据建模。随着遥感技术的发展，实时视景仿真中，地形模型的获取采用

测绘数据是一种趋势。

④根据建模方法，在开发的应用软件中进行建模。这种建模方法通常利用图形学的原理，以编程的方式实现。

在建模过程中，根据采用的软硬件开发平台，开发方式和开发要求，可以采用程序实时建模(基于编程的建模)，也可以采用三维建模软件建模。

(1) 程序实时建模(基于编程的建模)

程序实时建模主要是指利用OpenGL和Direct 3D的函数库通过C或VC++等编程软件进行基于三维图形技术的编程建模。这种方式的建模具有很大的灵活性和统一性，是一种整合度较高的建模方式。例如，用程序实时建模创建各种复杂地形的一大优势是可以把复杂的地形同LOD(层次细节度)作无缝结合。此外，程序实时建模还可以很方便地对各种模型的结构、纹理进行界面化的定义和管理。

①随机地形建模技术

随机地形是三维场景建模中极为通用的数字三维地形生成技术。它有如下优点：一是可以构造一种想象中有，现实中无的相对理想的地形模型。通过给定的限定因子，系统可以随机产生无限多的地形样式供我们选择；二是由于不必采集或依赖特定的高程数据，因此，地形生成的自由度较大，生成的过程相对简单。

②基于地形高程信息的建模

基于地形高程信息的建模其实是一种三维数据还原法。对于以黑、灰、白三种明度表示的地形高程图，有三种生成方式：一为随机生成，如用Photoshop软件中的渲染滤镜效果中的云彩或分层云彩可以快速生成；二为地形高度映射，通过一定的算法，把数字高程模型(DEM)的各个高度值转化为色度中的黑，灰、白度值；三为用三维建模软件渲染数字高程模型，把模型的高度值渲染成深度通道。

(2) 三维建模软件建模

三维建模软件建模主要是指利用当前主流的三维软件，如Maya、Softimage XSI、Houdini、3DS max、Lightware 3D和Multigen Creator等对三维场景进行模型的创建和纹理贴图，然后根据需要，导出到相应的虚拟现实开发平台进行进一步的开发。虽然可以利用OpenGL和Direct 3D的函数库进行许多三维模型的编程性建模，如创建地形、纹理贴图等，但对于视景系统中的许多非常规模型，用编程的方式来建模是较为困难的，也不经济。但用三维建模软件创建就较易完成这些建模任务，而且利用三维建模软件工具进行高精度建模，然后再导入相应的开发平台，可以取得极高的工作效率。

3. 参数化建模

对现代设计系统的一个主要要求在于辅助设计变量和已有设计的可再使用性。传统的建模方法(线框建模，曲面建模、实体建模)只能建立固定的设计模型，不能够满足设计自动化的要求，模型一旦建立，修改时则需重新建模，设计效率低。

(1) 参数化设计

参数化设计是以规则或代数方程的形式定义尺寸间的约束关系，建立相应的推理和求解驱动机制，把实体模型和曲面模型归于统一的系统，实施模型变换，并力图形成统一的数据，以使几何造型、工艺规划生成，数控加工数据相关，使尺寸变化与工艺规程的改变，零件装配信息的改变，加工编程的改变实现自动或部分自动化。

(2) 参数化设计的实现

要实现参数化设计，必须先建立零件的参数化模型。所谓参数化模型，就是标有参数名的零件草图，由用户输入，并在屏幕上显示出来。一般情况下，模型的结构(即拓扑信息)是不变的，各个参数值是可变的，但在某些情况下，拓扑结构也可改变。

目前较为成熟的参数化设计方法是基于约束的尺寸驱动方法和基于特征的参数化建模方法。

基于约束的尺寸驱动方法的基本原理是：对初始图形施加一定的约束(以尺寸进行约束或实体关系进行约束)，模型一旦建好后，尺寸的修改立即会自动转变为模型的修改，即尺寸驱动模型。如一个长方体，对其长 L、宽 W、高 H 赋予一定的尺寸，它的大小就确定了。当改变 L、W、H 的值时，长方体的大小随之改变。这里，不但包含了尺寸的约束，而且包含了隐含的几何关系的约束，如相对的两个面互相平行，矩形的邻边互相垂直等。

基于约束的尺寸驱动是将几何模型中的一些基本图素进行约束，当尺寸变化时，必须仍满足其约束条件，从而达到新的尺寸平衡。

基于约束的尺寸驱动是将几何模型中的一些基本图素进行约束，当尺寸变化时，必须仍满足其约束条件，从而达到新的尺寸平衡。

约束一般分为两类；一类称为尺寸约束，它包括线性尺寸，角度尺寸等一般尺寸标注中的尺寸约束，也称为显式约束；另一类称为几何约束，它包括水平约束、垂直约束、平行约束、相切约束等，这类约束称为隐式约束。

常用的基于约束的尺寸驱动方法有三种：①变动几何法；②几何推理法；③参数驱动法。

①变动几何法是基于几何约束的数学方法，是较早使用的参数化建模方法。它将给定的几何约束转化为一系列以特征点为变元的非线性方程组，通过数值方法求解非线性方程组确定几何细节。

②几何推理法是根据几何模型的几何特征，利用约束之间的相互关系，对给定的一组约束采用匹配方法，将约束条件与规则库中的推理规则进行匹配，逐步得到几何模型的一种方法。

③参数驱动法是一种基于对图形数据库的操作和对几何约束的处理，使用驱动树来分析几何约束对图形进行编程处理的方法。

三、基于图像的虚拟环境建模

基于图像的建模技术又称为 IBR，IBR 的最初发展可追溯到图形学中广为应用的纹理映射技术。在视景系统中，基于图像的建模技术主要用于构筑虚拟环境，如天空和远山。由天空和远山构成的虚拟环境的场景对象成分非常复杂，如果都采用几何建模，不仅工作量非常大，而且大大增加了视景的运行负担。此外，天空和远山在视景系统中只起陪衬作用，不需要近距离游览。因此，以天空和远山为主要构成要素的虚拟环境最适宜采用基于图像的建模技术。与基于几何的绘制技术相比，图像建模有着以下鲜明的特点；

(1) 天空和远山构成的虚拟环境既可以是计算机合成的，也可以是实际拍摄的画面缝合而成，两者可以混合使用，并获得很高的真实感。

(2) 由于图形绘制的计算量不取决于场景复杂性，只与生成画面所需的图像分辨率有关，该绘制技术对计算资源的要求不高，因而有助于提高视景系统的运行效率。

(一) 基于图像的虚拟环境建模的技术原理

基于图像的建模技术虽然不需要真正可视化的三维网格模型，但在定义其投影形状的类型时，还是必须通过虚拟空间坐标或不可见网格进行形状上的编码约束。所以，从严格意义上讲，这种非可视化的虚拟空间坐标或网格编码也是一种"网格"，因此，我们可以称之为"伪三维网格"。基于全景图的图像建模技术中，采用这种方式可以定义很多类型的几何形状，如立方体、柱形、圆球体等。以立方体投影方式为例，它由 6 幅图片按立方体的 6 个方位进行坐标编码定位。这种方式是最为经典的环境建模方法，其基本原理如下所述。

首先，定义立方体的虚拟空间顶点索引号和坐标点，并使其坐标轴处于立方体的中心。

其次，定义立方体的 12 个网格面。由于渲染引擎只能渲染三角网格，所有四边形都必须划分成三角网格，所以，立方体就成了 12(6×2)个面。然后把每对处于同一平面的三角网格，合并成四边形的网格面，并定义为前、后、左、右、上、下诸面。

(二) 基于图像的全景图环境建模技术

基于图像的建模方法(IBR)可以分成四类；体视函数方法，光场方法、视图插值方法，全景图方法。在视景系统中，考虑到与其他三维对象在视觉效果、交互技术等方面的兼容性和统一性，采用了全景图的方法创建虚拟环境。

全景图的英文为 panorama，有广义与狭义之分，广义的全景图指视角达到或接近 180°以上的取景。狭义的全景图指的是视点在某个位置固定不动，让视线向任意方向转动 360°，视网膜所得到的全部图像在 IBR 中被称为"全景"。亦即当虚拟照相机位置固定，而镜头作任意方向转动时，可以用一幅全景轨迹图来记录所有从各个方向得到的图像元素，在浏览时只要按照相应的视点方向显示预先存储的全景图的一部分就可以得到相应的场景输出。所以，在该方法中，虚拟照相机的位置被固定在一个很小的范围中，但可以沿着三个(上下、左右、倾斜)方向转动，相当于视点固定不动，视线可以任意转动。

1. 全景图中的"伪三维网格"投影类型。

进行重投影的"伪三维网格"类型主要有：球表面、圆柱面和立方体表面。

(1) 球面投影

人眼透过视网膜获取真实世界的图像信息实际上是将图像信息通过透视变换投影到眼球的表面部分。因此在全景显示中最自然的想法是将全景信息投影到一个以视点为中心的球面上，显示时将需要显示的部分进行重采样，重投影到屏幕上。

球面全景是与人眼模型最接近的一种全景描述，但有以下缺点，首先在存储球面投影数据时，缺乏合适的数据存储结构进行均匀采样；其次，屏幕像素对应的数据很不规范，要进行非线性的图像变换运算，导致显示速度较慢。

(2) 立方体投影

立方体投影就是将图像样本映射到一个立方体的表面。这种方式易于全景图像数据的存储，而且屏幕像素对应的重采样区域边界为多边形，非常便于显示。这种投影方式只适合于计算机生成的图像，对照相机或摄像机输入的图像样本则比较困难。因为在构造图像模型时，立方体的六个面相互垂直，这要求照相机的位置摆放必须十分精确，而且每个面的夹角为90°，才能避免光学上的变形；另外这种投影所造成的采样是不均匀的，在立方体的顶点和边界区域的样本被反复采样；更有甚者，这种投影不便于描述立方体的边和顶点的图像对应关系，因为很难在全景图上标注边和顶点的对应点。

（3）柱面投影。

柱面投影就是将图像样本数据投射到圆柱面上。和前两种投影方式相比，圆柱面投影在垂直方向的转动有限制，只能在一个很小的角度范围内。但是圆柱面投影有着其他投影方式不可比拟的优点，首先是圆柱面能展开为一个平面，可以极大地简化对应点的搜索；其次是不管是计算机产生的图像还是真实世界的图像都能简单便捷地生成圆柱面投影，并且快速地显示图像。

在驾驶模拟器视景系统开发中，基于图像的全景图环境建模投影主要以球面投影和立方体投影为主。

2. 全景图像的采集，投影与生成技术

（1）获取序列图像

选好视点后，将照相机固定在场景中，水平旋转照相机，每隔一定角度日拍一张照片，直到旋转360°为止，相邻两张照片间的重叠范围在30%到50%之间。拍摄球形的全景照片在此基础上，沿垂直的方向，分别向上，向下每隔一定角度0拍一张照片，直至拍完360°为止。模拟专业拍摄的方式，针对柱形、球形、立方体等投影方式进行图片采集。

（2）图像的特征匹配技术

在求解匹配矩阵以实现图像的插补和整合的过程中，要以相邻图像的对应匹配点为计算参数。对应点指在序列图像中，同一点在相邻图像的重叠区域形成的不同的投影点。特征匹配是图像缝合的关键，用于除去图像样本之间的重复像素。

（3）基于加权算法的平滑处理

拼接而成的图像含有清晰的边界，痕迹非常明显。为了消除这些影响，实现图像的无缝拼接，必须对图像的重叠部分进行平滑处理，以提高图像质量。设图像1和图像2在重叠部分中的对应点像素值分别为rgb1和rgb2，拼接后的图像重叠区域中像素点的值为rgb3，加权后的像素值为Mid，其加权算法为

$$\mathrm{Mid}=k\times \mathrm{rgb1}+(1-k)\times \mathrm{rgb2} \tag{8-9}$$

权值k属于(0，1)，按照从左到右的方向由1渐变至0。

（4）缝合并生成全景图

图像采用以上特征匹配和加权算法平滑处理以后，通过重渲染技术，把各个分开的图像“缝合”起来，得到了拼接或缝合起来的全景图像，就有了当前视点的所有视景环境的图像数据。这些图像数据必须通过重投影的方式映射在上文所述的“伪三维网格”上。该方法的思路是：将场景图像数据投影到一个基于“伪三维网格”的简单形体表面，在视点位置固定的情况下，用最少的代价将图像数据有效地保存，并且与视景中的其他几何模型同步显示出来。根据球面投影技术渲染生成基于球面的全景图像重建，即将30张序列照片投影到拍摄它们时的成像平面上，则这些序列照片可无缝拼接成包括顶部和底部的球面空间全景图。

四、图像与几何相结合的建模技术

从以上分别对几何建模与图像建模的技术分析可知，二者的技术各有所长，合理使用才能发挥各自优势。图像与几何结合的建模技术可以最大限度地挖掘两种建模技术的潜力，把高仿真度的图像映射于简单的对象模型，在几乎不牺牲三维模型真实度的情况下，可以极大地减少模型的网格数量。

下面以图像与几何相结合的汽车建模为例。以工业设计为目的的汽车建模通常采用曲面(NURBS)生成技术，更注重于建模的过程和所采用的建模方式，这有别于以虚拟交互技术为目的的建模。以虚拟交互技术为目的的建模更注重结果，无论什么方式，如何成形，只要结果符合虚拟交互技术的需要(尽可能少的三角面，尽量多的图像细节)即可。因此，根据多个不同视角的汽车照片，通过建模软件多视图的点，线位置采样，然后分区块成形。这些建模都在 Maya 中完成。

(一) 准备工作

基于图像与几何相结合的汽车建模从本质上讲，就是把五个视图(前、后，左、右、顶)的汽车照片重新进行空间位置和形状上的还原。因此，汽车各视图图片的采集或拍摄非常关键。如果没有合适的汽车照片，可以利用高精度的汽车模型导入三维建模软件进行各视图的采集。由于汽车的左右位置对称，因此，笔者只取左侧的汽车图片。所有各视角的汽车图片都必须进行长，宽、高三个位置的一一对位，如侧视图的长度与顶视图的长度一致；前，后视图的高度与侧视图的高度一致；顶视图的高度与前，后视图的宽度一致。在 Photoshop 中，这些图片按各个视图的名称分别进行保存，并输入三维建模软件 Maya 中。然后建立一个立方体，调整长、宽、高的比例，使之与各视图的汽车图片的比例一致，按位置贴图，最后删除不需要的面。

(二) 根据三维空间信息创建汽车外形

由于汽车外观左右对称，实际上只需创建左半侧的汽车模型，另一半根据左侧的创建结果，采用镜像复制完成。作为几何建模与图像建模的结合，不需要创建过于细致的三维模型，所以轮廓线尽可能概括一些，但位置一定要精确，否则以后的图像贴图对位将遇到问题。

汽车外轮廓线的创建是建模的关键步骤。轮廓线的划分必须根据汽车的结构，分为前、后，侧、顶四大块。实际上，轮廓线的本质就是每两个相邻面之间的分界线。先创建侧视图的轮廓线，然后以此为依据，采用曲线捕捉功能，根据需要，不断地在各个视图中切换，捕捉三维空间位置的信息，从而创建其他面的轮廓曲线。为保持所有曲面的一致性，各个面统一定义为四根轮廓线组成。

最后，运用 Maya 的边界线造型命令 Boundary，根据所画的轮廓线依次创建三维曲面。最后把曲面模型转换成多边形模型。在保证车身外形的情况下，作最大限度的优化，通过镜像复制另一半车身，最终形成完整的汽车外形。车身各个面是相对独立的，但合起来必须浑然一体，以便于汽车图像的拟合。

（三）几何与图像的组合——汽车的最后成形。

几何与图像相结合的建模方法的本质还是模型加纹理贴图，但作为一种建模技术理念，图像在这里所起的作用已经超越了纯粹纹理贴图的意义，成了建模的“一分子”。这意味着本应由几何建模承担的作用，部分地由图像来承担。

以该汽车的建模为例，图像至少还起到了以下作用。

①代替实体汽车的车窗、玻璃。这种方法采用了遮罩通道，让需要镂空或透明的地方产生类似效果。

②模拟汽车外观的局部造型，如车门的三维边饰，弧形立体视觉效果，凹槽等。这种模拟方式对图像的光照方向要求很高。由于汽车属于活动的三维物体，没有绝对固定的光照和阴影，所以要求采集汽车图像时的光照处于正平光或没有明显方向感的自然光，产生的阴影才能与汽车浑然一体。

第九章　智能设计与绿色设计

第一节　智能设计

一、概述

随着信息技术的快速发展，设计正在向集成化、智能化、自动化方向发展。为适应这一发展需求，就必须加强设计专家与计算机这一人机结合的设计系统中机器的智能，使计算机能在更大范围内、更高水平上帮助或代替人类专家处理数据、信息与知识，进行各种设计决策，提高设计自动化的水平。如何提高人机系统中的计算机的智能水平，使计算机更好地承担设计中各种复杂任务，这就促进了现代智能设计方法的研究与发展。

智能设计(ID)是指应用现代信息技术，采用计算机模拟人类的思维活动，提高计算机的智能水平，从而使计算机能够更多、更好地承担设计过程中各种复杂任务，成为设计人员的重要辅助工具。

智能设计除具有传统 CAD 的功能外，更具有知识处理能力，能够对设计的全过程提供智能化的计算机支持，并具有面向集成智能化等特点。

智能设计与智能工程紧密联系，智能工程是适用于工业决策自动化的技术，而设计是复杂的分析、综合语决策活动，因此可以认为智能设计是智能工程这一决策自动化技术在设计领域中应用的结果。

智能工程要研究解决的问题，即如何用复合的知识模型代表人类社会各种决策活动，如何用计算机系统来自动化的处理这样的复合知识模型，进而实现决策自动化。“设计”是人类生产和生活中普遍存在而又重要的活动，其中包括大量广泛的依据知识做决策的过程。

(一) 智能设计技术的发展

追溯设计技术的发展，智能设计的发展与 CAD 的发展是联系在一起的。一般分为传统设计技术和现代设计技术两个阶段。

传统设计技术主要以传统的 CAD 系统为代表，以产品结构性能分析和计算机绘图为主要特征，在数值计算和图形绘制上能圆满地完成计算型工作，而对基于符号的知识模型和符号处理等推理型工作却难以胜任。这些工作一般由设计者承担，这不是我们所说的由具有智能的计算机进行的工作。产品设计中有很多工作需要设计者发挥创造性，应用多学科知识和实践经验分析推理、运筹决策、综合评价才能得到结果。那些提供了推理、知识库管理、查询等信息处理能力的 CAD 系统称为智能 CAD(ICAD)系统，其典型代表是设计型专家系统。这种系统模拟某一领域内专家设计的过程，采用单一知识领域的符号推理技术，解决单一领域内的特定问题，一般系统比较孤立和封闭，难与其他系统集成，相当于模拟专家个体的设计活动，属于简单系统，是智能设计的初级阶段。

ICAD 系统把人工智能技术与优化设计、有限元分析、计算机绘图等各种技术结合起来，尽可能多地使计算机参与方案决策、结构设计、性能分析、图形处理等设计全过程。这是现代设计技术的主要标志，但它仍是一些常规的设计，不过是借助于计算机支持使设计效率大幅提高。

随着信息技术的快速发展，智能化成为设计活动的显著特点，也就走向设计自动化的重要途径。

由于传统的 CAD 缺乏对设计的智能支持，20 世纪 70 年代后期人工智能和设计领域的学者即提出了智能 CAD 的概念。随之智能 CAD 的理论研究和开发应用受到越来越多的关注，众多专家相继推出了大批智能 CAD 系统，并应用于机械、集成电路和建筑等设计领域。这一阶段大多采用单一知识领域的符号推理技术——设计型专家系统，故此系统只能满足设计中某些困难问题的需要，是智能设计的初级阶段。但此阶段对设计自动化技术，即数值信息走向知识处理自动化有着重要意义。

20 世纪 80 年代末以来，日益增强的集成化要求智能设计系统不但提供知识处理自动化，而且需要实现决策自动化，以支持大规模的多学科多领域知识集成设计全过程的自动化。在大规模的集成环境下，人类专家在智能设计专家系统中扮演的角色将更加重要，人类专家将永远是系统中最有创造性的知识源和关键性问题的最终决策者。与此相适应，由 CIMS 的智能设计走向了智能设计的高级阶段——I_2CAD。由于集成化和开放性的要求，在 I_2CAD 系统中，智能活动由人机共同承担，它不仅可以用于常规设计，而且能够支持创新设计。

由于 I_2CAD 系统的大规模、集成化和高难度的特点，初级 ICAD 系统在特定领域仍有广泛的应用前景，今后的智能设计既要巩固和发展 ICAD 系统的理论研究，大力推广其实际应用，又要加强对理论研究、技术开发和实际经验的积累。

智能设计的发展与 CAD 的发展紧密相连，作为计算机化的设计智能，乃是 CAD 的一个重要组成部分，在 CAD 发展过程中有不同的表现形式。在 CAD 发展的不同阶段，设计活动中智能部分的承担者是不同的。传统 CAD 系统只能处理计算型工作，设计智能活动是由人类专家完成的。在 ICAD 阶段，智能活动是由设计型专家系统完成的，但由于采用单一领域符号推理技术的专家系统求解问题能力的局限，设计对象(产品)的规模和复杂性都受到限制，这样 ICAD 系统完成的产品设计主要还是常规设计，不过借助于计算机支持，计算的效率大大提高。而在 CIMS 的 ICAD，即 I_2CAD 阶段，由于集成化和开放性的要求，智能活动由人机共担，这就是人机智能化设计系统，它不仅可以胜任常规设计，而且还可以支持创新设计。因此人机智能化设计系统是针对大规模复杂产品设计的软件系统，它是面向集成的决策自动化，是高级的设计自动化。

上述三种设计技术及其说明可见表 9-1。

表 9-1　三种设计技术及其说明

设计技术	代表形式	智能部分的承担者	说明
传统设计技术	人工设计/传统 CAD	人类专家	智能设计的初级阶段
现代设计技术	ICAD	设计型专家系统	智能设计的初级阶段
先进设计技术	I_2CAD	人机智能化设计系统	智能设计的高级阶段

（二）智能设计系统的功能

智能设计系统是以知识处理为核心的 CAD 系统。将知识系统的知识处理与一般 CAD 系统的分析计算、数据库管理、图形处理等有机结合起来，从而能够协助设计者完成方案设计、参数选择、性能分析、结构设计、图形处理等不同阶段、不同复杂程度的设计任务。

智能设计系统的基本功能表现在四个方面：知识处理功能，分析计算功能，数据服务功能和图形处理功能。

1. 知识处理功能

知识推理是智能设计系统的核心，实现知识的组织、管理及其应用，其主要内容包括：①获取领域内的一般知识和领域专家的知识，并将知识按特定的形式存储，以供设计过程使用；②对知识实行分层管理和维护；③根据需要提取知识，实现知识的推理和应用；④根据知识的应用情况对知识库进行优化；⑤根据推理效果和应用过程学习新的知识，丰富知识库。

2. 分析计算功能

一个完善的智能设计系统应提供丰富的分析计算方法，包括：①各种常用数学分析方法；②优化设计方法；③有限元分析方法；④可靠性分析方法；⑤各种专用的分析方法。以上分析方法以程序库的形式集成在智能设计系统中，供需要时调用。

3. 数据服务功能

设计过程实质上是一个信息处理和加工过程。大量的数据以不同的类型和结构形式在系统中存在并根据设计需要进行流动，为设计过程提供服务。随着设计对象复杂度的增加，系统要处理的信息量将大幅增加。为了保证系统内庞大的信息能够安全、可靠、高效地存储并流动，必须引入高效可靠的数据管理与服务功能，为设计过程提供可靠的服务。

4. 图形处理功能

强大的图形处理能力是任何一个 CAD 系统都必须具备的基本功能。借助二维、三维图形或三维实体图形，设计人员在设计阶段便可以清楚地了解设计对象的形状和结构特点，还可以通过设计对象的仿真来检查其装配关系、干涉情况和工作情况，从而确认设计结果的有效性和可靠性。

（三）智能设计的特点

与传统设计方法相比，智能设计的特点体现在如下几个方面。

1. 以设计方法学为指导

智能设计的发展，从根本上取决于对设计本质的理解。设计方法学对设计本质、过程设计思维特征及其方法学的深入研究是智能设计模拟人工设计的基本依据。

2. 以人工智能技术为实现手段

借助专家系统技术在知识处理上的强大功能，结合人工神经网络和机器学习技术，较好地支持设计过程自动化。

3. 以传统 CAD 技术为数值计算和图形处理工具

提供对设计对象的优化设计、有限元分析和图形显示输出上的支持。

4. 面向集成智能化

不但支持设计的全过程，而且考虑到与 CAM 的集成，提供统一的数据模型和数据交换接口。

5. 提供强大的人机交互功能

使设计师对智能设计过程的干预，即与人工智能融合成为可能。

二、智能设计的研究方法

（一）智能设计的层次

综合国内外关于智能设计的研究现状和发展趋势，智能设计依据设计能力可以分为三个层次：常规设计、联想设计和进化设计。

1. 常规设计

所谓常规设计，即设计属性、设计进程、设计策略已经规划好，智能系统在推理机的作用下，调用符号模型（如规划、语义网络、框架等）进行设计。目前，国内外投入应用的智能设计系统大多属于此类，如日本 NEC 公司用于 VLSI 产品布置设计的 Wirex 系统，国内华中科技大学开发的标准 V 带传动设计专家系统（JDDES）、压力容器智能 CAD 系统等。这类智能系统常常只能解决定义良好、结构良好的常规问题，故称常规设计，即属于智能设计的常规设计这一层次。

2. 联想设计

联想设计目前研究可分为两类：一类是利用工程中已有的设计事例进行比较，获取现有设计的指导信息，这需要收集大量良好的、可对比的设计事例，对大多数问题是困难的；另一类是利用人工神经网络数值处理能力，从试验数据、计算数据中获得关于设计的隐含知识，以指导设计。这类设计借助其他事例和设计数据，实现了对常规设计的一定突破，称为联想设计。

3. 进化设计

遗传算法（GA）是一种借鉴生物界自然选择和自然进化机制的、高度并行的、随机的、自适应的搜索算法。20 世纪 80 年代早期，遗传算法已在人工搜索、函数优化等方面得到广泛应用，并推广到计算机科学、机械工程等多个领域。进入 20 世纪 90 年代，遗传算法的研究在其基于种群进化的原理上，拓展出进化编程（EP）、进化策略（ES）等方向，它们并称为进化计算（EC）。

进化计算使得智能设计拓展到进化设计，其特点如下。

（1）设计方案或设计策略编码为基因串，形成设计样本的基因种群。

（2）设计方案评价函数决定种群中样本的优劣和进化方向。

(3) 进化过程就是样本的繁殖、交叉和变异等过程。

进化设计对环境知识依赖很少，而且优良样本的交叉、变异往往是设计创新的源泉，因此可以得出以下结论。

(1) 在 CIMS 的推动下，设计技术发展到先进设计技术阶段，其代表形式是 I_2CAD。

(2) LCAD 的智能部分工作是由人机智能化设计系统承担的。它构成了智能设计(计算机化的设计智能)的高级阶段。

(3) 以人机智能化设计系统为代表的智能设计乃是新世纪设计技术的核心。

(二) 智能设计的分类原理——方案智能设计

方案设计的结果将影响设计的全过程，对于降低成本、提高质量和缩短设计周期等有至关重要的作用。原理方案设计是寻求原理解的过程，是实现产品创新的关键。

原理方案设计的过程是：总功能分析——功能分解——功能元(分功能)求解——局部解法组合——评价决策——最优原理方案。

按照这种设计方法，原理方案设计的核心归结为面向分功能的原理求解。面向通用分功能的设计目录能全面地描述分功能的要求和原理解，且隐含了从物理效应向原理解的映射，是智能原理方案设计系统的知识库初始文档。基于设计目录的方案设计智能系统，能较好地实现概念设计的智能化。

1. 协同求解

ICAD 应具有多种知识表示模式、多种推理决策机制和多个专家系统协同求解的功能，同时需把同理论相关的基于知识程序和方法的模型组成一个协同求解系统，在元级系统推理及调度程序的控制下协同工作，共同解决复杂的设计问题。

某一环节单一专家系统求解问题的能力，与其他环节的协调性和适应性常受到很大限制。为了拓宽专家系统解决问题的领域，或使一些相互关联的领域能用同一个系统来求解，就产生了所谓协同式多专家系统的概念。在这种系统中，有多个专家系统协同合作。

多专家系统协同求解的关键，是要工程设计领域内的专家之间相互联系与合作，并以此来进行问题求解。协同求解过程中信息传递的一致性原则与评价策略，是判断目前所从事的工作是否向着有利于总目标的方向进行。多专家系统协调求解，除在此过程中实现并行特征外，尚需开发具有实用意义的多专家系统协同问题求解的软件环境。

2. 知识获取、表达和专家系统技术

知识获取、表达和利用专家系统技术是 ICAD 的基础。其面向 CAD 应用的主要发展方向，可概括如下。

(1) 机器学习模式的研究，旨在解决知识获取、求精和结构化等问题。

(2) 推理技术的深化，要有正向、反向和双向推理流程控制模式的单调推理，又要把重点集中在非归纳、非单调和基于神经网络的推理等方面。

(3) 综合的知识表达模式，即如何构造深层知识和浅层知识统一的多知识表结构。

(4) 基于分布和并行思想求解结构体系的研究。

(三) 智能设计的研究方法

1. 智能设计技术的研究重点

智能设计技术的研究重点，目前主要为以下几个方面。

（1）智能方案设计。方案设计是方案的产生和决策阶段，是最能体现设计智能化的阶段，是设计全过程智能化必须突破的难点。

（2）知识获取和处理技术。基于分布和并行思想的结构体系和机器学习模式的研究，基于基因遗传和神经网络推理的研究，其重点均在非归纳及非单调推理技术的深化等方面。

（3）面向CAD的设计理论。包括概念设计和虚拟现实，并行工程，健壮设计，集成化产品性能分类学及目录学，反向工程设计法及产品生命周期设计法等。

（4）面向制造的设计。以计算机为工具，建立用虚拟方法形成的趋近于实际的设计和制造环境。

具体研究CAD集成、虚拟现实、并行及分布式CAD/CAM系统及其应用、多学科协同、快速原型生成和生产的设计等人机智能化设计系统(LCAD)。智能设计是智能工程与设计理论相结合的产物，它的发展必然与智能工程和设计理论的发展密切相关，相辅相成。设计理论和智能工程技术是智能设计的知识基础。智能设计的发展和实践，既证明和巩固了设计理论研究的成果，又不断提出新的问题，产生新的研究方向；反过来还会推动设计理论和智能工程研究的进一步发展。智能设计作为面向应用的技术，其研究成果最后还要体现在系统建模和支撑软件开发及应用上。

2. 智能设计的研究方法

根据智能设计的特性，国内外学者从不同角度提出各种智能设计的研究方法，其主要方法如下。

（1）原理方案智能设计

方案设计的结果将影响设计的全过程，对于降低成本、提高质量和缩短设计周期等有至关重要的作用。

原理方案设计是寻求原理解的过程，是实现产品创新的关键。原理方案设计的过程是总功能分析——功能分解——功能元(分功能)求解——局部解法组合——评价决策——最佳原理方案。按照这种设计方法，原理方案设计的核心归结为面向分功能的原理求解。面向通用分功能的设计目录能全面地描述分功能的要求和原理解，且隐含了从物理效应向原理解的映射，是智能原理方案设计系统的知识库初始文档。基于设计目录的方案设计智能系统，能够较好地实现概念设计的智能化。

（2）协同求解

ICAD应具有多种知识表示模式、多种推理决策机制和多个专家系统协同求解的功能。同时需把与理论相关的基于知识程序和方法的模型组成一个协同求解系统，在元级系统推理及调度程序的控制下协同工作，共同解决复杂的设计问题。

某一环节单一专家系统求解问题的能力，与其他环节的协调性和适应性常受到很大限制。为了拓宽专家系统解决问题的领域，或使一些互相关联的领域能用同一个系统来求解，就产生了所谓协同式专家系统的概念。在这种系统中，有多个专家系统协同合作，这就是协同式多专家系统。多专家系统协同求解的关键，是要工程设计领域内的专家之间相互联系与合作，并以此来进行问题求解。协同求解过程中信息传递的一般性原则与评价策略，是判断目前所从事的工作是否向有利于总目标的方向进行。多专家系统协同求解，除在此过程中实现并行特征外，尚需开发具有实际意义的多专家系统协同问题求解的软件环境。

(3) 知识获取、表达和利用技术

专家系统技术是ICAD的基础，其面向CAD应用的主要发展方向可概括如下。

①机器学习模式的研究，旨在解决知识获取、求精和结构化等问题。

②推理技术的深化，要有正向、反向和双向推理流程控制模式的单调推理，又要把重点集中在非归纳、非单调和基于神经网络的推理等方面。

③综合的知识表达模式，即如何构造深层知识和浅层知识统一的多知识表结构。

④基于分布和并行思想求解结构体系的研究。

(4) 黑板结构模型

黑板结构模型侧重于对问题整体的描述以及知识或经验的继承。这种问题求解模型是把设计求解过程看作先产生一些部分解，再由部分解组合出满意解的过程。其核心由知识源、全局数据库和控制结构三部分组成。全局数据库是问题求解状态信息的存放处，即黑板。将解决问题所需的知识划分成若干知识源，它们之间相互独立，需通过黑板进行通信、合作并求出问题的解。通过知识源改变黑板的内容，从而导出问题的解。在问题求解过程中所产生的部分解全部记录在黑板上。各知识源之间的通信和交互只通过黑板进行，黑板是公共可访问的。控制结构则按人的要求控制知识源与黑板之间的信息更换过程，选择执行相应的动作，完成设计问题的求解。黑板结构模型是一种通用的适于大解空间和复杂问题的求解模型。

(5) 基于实例的推理(CBR)

CBR是一种新的推理和自学习方法，其核心精神是用过去成功的实例和经验来解决新问题。研究表明，设计人员通常依据以前的设计经验来完成当前的设计任务，并不是每次都从头开始。CBR的一般步骤为：提出问题，找出相似实例，修改实例使之完全满足要求，将最终满意的方案作为新实例存入实例库中。CBR中最重要的支持是实例库，关键是实例的高效提取。

CBR的特点是对求解结果进行直接复用，而不用再次从头推导，从而提高了问题求解的效率。另外，过去求解成功或失败的经历可用于动态地指导当前的求解过程，并使之有效地取得成功，或使推理系统避免重犯已知的错误。

(6) 计算机集成智能设计系统研究

①计算机集成智能设计系统的概念

由于现有CAD系统缺少对设计过程的全面支持及彼此之间的设计信息流通，且现有CAD系统尚不具有人类所具有的智能，所以智能化、集成化是新一代CAD系统的发展方向。因此，国内外不少学者开始了计算机集成智能设计系统(CUDS)的研究。

CIIDS是指这样的CAD系统：以智能CAD系统为基础，以各种智能设计方法作为理论依据(方法的集成)，能对产品设计的各个阶段工作提供支持(系统的集成)，有唯一且共同的数据描述(知识的集成)，具有发现错误、提出创造性方案等智能特性，有良好的人机智能交互界面，同时能自动获取数据并生成方案，能对设计过程和设计结果进行智能显示。最后，系统内部不但能够实现网络化，而且行业间的CAD系统也能组成CAD信息互联网。

因此，CIIDS是人工智能和CAD技术相结合的综合性研究领域，它将人工智能的理论和技术用于CAD中，使CAD系统在某种程度上具有设计师的智能和思维方法，从而把设计自动化引向深入。其宗旨是使CAD系统具有智能，使计算机更多、更好地承担设计中的任务，在更大范围内、更高水平上帮助或代替人类处理数据、信息与知识。因此，智能CAD将是CIIDS的基本实现模型。

由于CIM技术的发展和推动，计算机集成智能设计由最初的传统CAD系统到ICAD系统（设计型专家系统）再发展到CIIDS。虽然CIIDS也采用专家系统技术，但它只将其作为自己的一个基本技术，两者仍有很大的区别：A. CIIDS要处理多领域、多种描述形式的知识，是集成化的大规模知识处理环境。B. CIIDS面向整个设计过程的，是一种开放的体系结构。C. CIIDS要考虑产品在整个设计过程中的模型、专家思维、推理和决策的模型，不像ICAD系统那样只针对设计过程某一特定环节（如有限元分析）的模型进行符号推理。这是智能设计的高级阶段。

②计算机集成智能设计系统的特性

CIIDS的特性主要体现在集成化、智能化、自动化、网络化等方面。

A. 集成化特性

CIIDS的集成化特性体现在系统的集成、知识的集成和方法的集成等三个方面。

系统的集成：包括硬件集成和软件集成。硬件集成可选择主机中心配置，也可选择分布式配置；可采用局域网（Intranet）的形式，也可采用客户机/服务器（Client/Server）的体系结构。软件集成就是把各种功能不同的软件系统按不同用途有机结合起来，用统一的控制程序来组织各种信息的传递，保证系统内信息流畅通，并协调各子系统有效运行。

知识的集成：智能设计是基于知识的设计，通过各种知识库和知识树的建立、知识的统一管理、知识的智能接口等方式来实现知识的集成、管理与控制。

方法的集成：通过方法库的形式，把各种智能设计方法集成起来，如把智能优化设计、面向对象的设计、面向智能体的设计、并行设计、协同设计、信息流设计和虚拟设计方法等集成起来。

B. 智能化特性

CIIDS的智能化特性表现在三个方面：CIIDS本身的智能性、人机智能交互界面、设计过程和设计结果的智能显示。

CIIDS本身的智能性：智能化就是把人工智能的思想、方法和技术引入传统CAD系统中，使系统具有类似设计师的智能，包括推理、分析、归纳设计知识的能力，发现错误、回答提问、建议解决方案的能力，自学习、自适应和自组织的能力等，使计算机能支持设计过程的各个阶段，尽量减少人的干预，从而提高设计水平，缩短设计周期，降低设计成本。

人机智能交互界面：系统以用户输入为基础，通过机器已具备的常识和推理，自动获得更多的信息，从而使人机交互变得简便、友好。此外，结合数据库技术和自然语言理解，计算机只要接受用户的简短语言描述，就可以知道输入的是什么图形。随着语言处理技术和智能多媒体技术的发展，人机智能交互的作用将更加突出。

设计过程和设计结果的智能显示：CIIDS的一个重要方面就是在显示上使系统具有智能性。随着可视化技术、虚拟显示技术及智能多媒体技术的发展，CIIDS将在色彩和真实感方面使设计过程和设计结果的显示得以充分表现。

C. 自动化特性

CIIDS的自动化特性主要体现在三个方面：自动生成方案、自动获取数据和自动建立三维形体。

自动生成方案：在 CIIDS 中，从外形设计到系统特性设计，从概念设计到加工过程设计，设计者提出要求，由系统来模拟设计师，自动生成多种已能满足要求的方案。然而，设计理论至今尚未成熟，许多问题有待解决，设计全自动化还难以实现。比较现实的方法是局部或在人机交互协作下自动生成方案。

自动获取数据：图纸是工程中的重要媒介，它记录着大量的工程信息。自动获取数据主要指工程图纸的自动输入与智能识别，就是要通过扫描输入的点阵图像和 CAD 系统之间的智能接口，在点阵图像和矢量图形自动变换的基础上，实现对图纸内容的识别与理解，并转换为 CAD 系统兼容的数据格式。

三维形体的自动建立：三维形体的自动建立就是通过综合三维视图中的二维几何与拓扑信息，在计算机中自动产生相应的三维形体，其目的有两方面：一方面为 CIIDS 提供新的三维模型交互操作方法；另一方面是为在设计问题求解中，从设计方案到设计结果的转换过程提供一个有效、可靠的三维模型构建方法。

D. 网络化特性

信息时代工程技术与计算机和通信技术紧密结合，CIIDS 要想实现设计过程的自动化就离不开网络技术。CIIDS 的网络化可以通过以下两条途径实现

一是局域网方式。CIIDS 本身就由一个局域网构成。设计中的所有公用信息，如图形、文本、编码等存储在公用数据库中，各工作站通过网络共享其中的数据进行设计。工作站之间也通过网络交换相互需要的中间或最后处理结果。

二是互联网方式。每个 CIIDS 都可通过 Internet 相连，构成一个 CAD 信息网络。通过该网络，设计者和决策者可以快速获得各种信息，并联合多个 CIIDS 共同解决一个复杂的大型工程设计问题，从而形成“互联网设计院”。

③计算机集成智能设计系统的抽象模型

为了将复杂的智能设计系统描述清楚，有学者参考网络的 ISO/OSI 模型，在总结归纳智能设计自身特点的基础上，提出了 CIIDS 的抽象层次模型，见图 9-1。

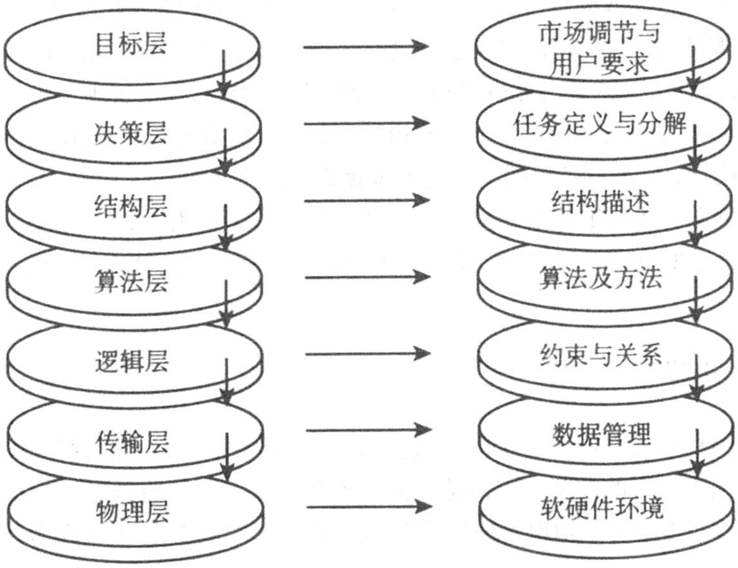

图 9-1 CIIDS 的抽象模型

如图 9-1 所示，左边层次体现了智能设计过程中层与层之间的相互关联，上一层以下一层为基础，下一层为上一层提供支持与服务，同时每一层有其自己的任务，正是这样的分层与分类，才构成复杂系统设计的统一整体。右边层次体现了抽象层次模型在具体应用时所承担的任务，同样也呈现出如左边一样的特性。抽象层次模型的建立，是智能设计系统集成求解的基础。

目标层为要达到的总目标，它与用户的要求相关联。决策层把总目标分解成子目标，表现为任务的分解与进一步决策。结构层提供问题组织与表达的方法。算法层为决策层提供强大的支持工具，它包含所有可用的算法与方法。逻辑层通过约束与关系把算法层沟通，协调算法层，使系统融合为一体。传输层进行信息交换、数据的管理，是以上各层信息交流的平台。物理层即系统运行的硬件环境，包括信息的存储及与外设的连接。

④建立计算机集成智能设计系统的智能设计方法

根据 CIIDS 的特性，学者现已从不同角度提出了多种智能设计方法，主要如下。

A. 基于智能优化的设计方法。包括模糊智能优化、人工神经网络、进化智能优化等各种智能优化方法的集成。

B. 基于推理的设计方法。把推理的思想用于设计，方案的形成过程可看成推理的过程，输入设计数据、知识，由计算机推理得到设计方案。另外，人的设计是一种高度综合的智能活动，设计者可综合各种情况的信息产生新的想法，也可以利用旧的经验或仅采用设想的成分，在头脑中加工形成结果，这种方法称为基于综合推理的设计方法。

C. 面向对象的设计方法。这是一种全新的设计和构造软件的思维方法。首先构建该问题的对象模型，使该模型能真实地反映所要求解问题的实质。然后设计各个对象的关系以及对象间的通信方式等。最后实现设计所规定的各对象所应完成的任务。

D. 并行设计方法。就是在产品开发的设计阶段就综合考虑产品生命周期中工艺规划、制造、装配、测试和维护等各环节的影响，各环节并行集成，缩短产品的开发时间，降低产品成本，提高产品质量。CIIDS 应该是支持并行设计的计算机环境。

E. 协同式设计方法。以协同理论为理论基础、由设计专家小组经过一些协同任务来实现或完成一个设计目标或项目。协同式设计是一个知识共享和集成的过程，设计者必须共享数据、信息和知识。共享知识的表达以及冲突检测和解决是其关键技术。

F. 虚拟设计方法。就是把虚拟现实技术应用于工程设计中，实现理想的绘图与结构计算一体化。如果把虚拟现实技术与 CIIDS 相结合，创建虚拟现实的 CIIDS，则从工程项目的规划、方案的选择，到最后结果的实现将大大提高设计效率和设计质量。

另外，不少学者还提出了基于信息流设计方法、基于搜索的设计方法、基于约束满足的设计方法、基于实例的设计方法、基于原形的设计方法、面向智能体的设计方法等，详见有关文献。

三、知识处理

知识是人类在实践中认识客观世界(包括人类自身)的成果，它包括事实、信息的描述或在教育和实践中获得的技能。知识是人类从各个途径中获得的经过提升总结与凝练的系统的认识。在哲学中，关于知识的研究称为认识论，知识的获取涉及许多复杂的过程：感觉、交流、推理。

(一) 知识表示

在人工智能中，知识表示就是要把问题求解中所需要的对象、前提条件、算法等知识构造为计算机可处理的数据结构以及解释这种结构的某些过程。这种数据结构与解释过程的结合，将导致智能的行为。智能活动主要是一个获得并应用知识的过程，而知识必须有适当的表示方法才便于在计算机中有效地存储、检索、使用和修改。因此，知识表示就是研究各种知识的形式化描述方法及存储知识的数据结构，并把问题领域的各种知识通过这些数据结构结合到计算机系统的程序设计过程中。

在人工智能领域里已经发展了许多种知识表示方法，常用的有产生式规则表示、谓词逻辑表示、语义网络表示、框架表示等。

在上述知识表示方法中，由于产生式规则表示方法是目前专家系统中最为普遍的一种知识表示方法，下面就以它为例，来说明知识表示的概念及方法。

产生式规则表示，有时称为 IF-THEN 表示，它表示一种条件-结果形式，是一种逻辑上具有因果关系的表示模式，也是一种比较简单表示知识的方法。IF 后面部分描述了规则的先决条件，而 THEN 后面部分描述了规则的结论。它在语义上表示“如果 A，则 B”的因果关系。生产式规则表示方法主要用于描述知识和陈述各种过程知识之间的控制，及其相互作用的机制。

产生式规则的一般表达形式为

$$P \rightarrow C \tag{9-1}$$

其中，P 表示一组前提或状态，C 表示若干个结论或事件。式(9-1)的含义是“如果前提 P 满足则可推出 C(或应该执行动作 C)”。前提 P 和结论 C 可以进一步表达为 $P=P_1 \wedge \cdots \wedge P_m$，$C=C_1 \wedge \cdots \wedge C_n$ 符号“ $\wedge$ ”表示“与”的关系。于是式(9-1)可以细化为

$$P=P_1 \wedge \cdots \wedge P_m \rightarrow C=C_1 \wedge \cdots \wedge C_n \tag{9-2}$$

例如，关于齿轮减速器选型的一条规则描述为：如果齿轮减速器的总传动比大于 5，并且齿轮减速器的总传动比小于等于 20，那么齿轮减速器的传动级数为 2，齿轮减速器的第一级传动形式为双级圆柱齿轮，齿轮减速器的第一级传动形式为闭式圆柱齿轮传动，齿轮减速器的第二级传动形式为闭式圆柱齿轮传动。令

P_1 = 齿轮减速器的总传动比>5

P_2 = 齿轮减速器的总传动比≤20

C_1 = 齿轮减速器的传动级数 = 2

C_2 = 齿轮减速器的第一级传动形式为双级圆柱齿轮

C_3 = 齿轮诚速器的第一级传动形式为闭式圆柱齿轮传动

C_4 = 齿轮减速器的第二级传动形式为闭式圆柱齿轮传动

则此规则形式化为描述为

$$P_1 \wedge P_2 \rightarrow C_1 \wedge C_2 \wedge C_3 \wedge C_4 \tag{9-3}$$

目前，多数较为简单的专家系统都是以产生式表示知识的，相应的系统称作产生式系统。

产生式系统，由知识库和推理机两部分组成。其中知识库由规则库和数据库组成。规

则库是产生式规则的集合，数据库是事实的集合。

规则是以产生式表示的。规则集蕴涵着将问题从初始状态转换为解状态的那些变换规则，规则库是专家系统的核心。规则可表示成与或树形式，基于数据库中的事实对与或树的求值过程就是推理。

数据库中存放着初始事实、外部数据库输入的事实、中间结果事实和最后结果事实。

推理机是一个程序，控制协调规则库与数据库的运行，包含推理方式和控制策略。

产生式系统的推理方式有：正向推理、反向推理和双向推理三种。

正向推理：从已知事实出发，通过规则库求得结论，或称数据驱动方式。推理过程如下：

（1）规则集中的规则前件与数据库中的事实进行匹配，得匹配的规则集合。

（2）从匹配规则集合中选择一条规则作为使用规则。

（3）执行使用规则的后件。将该使用规则的后件送入数据库中。

（4）重复这个过程直至达到目标。

具体而言，如果数据库中含有事实 A，而规则库中有规则 A–B，那么这条规则便是匹配规则，进而将后件 B 送入数据库中。这样可不断扩大数据库直至包含目标便成功结束。如有多条匹配规则需从中选一条作为使用规则，不同的选择方法直接影响着求解效率，选规则的问题称作控制策略。正向推理会得出一些与目标无直接关系的事实，是有浪费的。

反向推理：从目标（作为假设）出发，反向使用规则，求得已知事实，或称目标驱动方式，推理过程如下。

（1）规则集中的规则后件与目标事实进行匹配，得匹配的规则集合。

（2）从匹配的规则集合中选择一条规则作为使用规则。

（3）将使用规则的前件作为子目标。

（4）重复这个过程直至各子目标均为已知事实成功结束。如果目标明确，使用反向推理方式效率较高。

双向推理：同时使用正向推理和反向推理。

生产式规则的存储结构可以采用多种形式，最常用的是链表结构。一条产生式规则用一个基本的结构体存放。该结构体包括两个指针，分别指向规则的前提和规则的结论，而规则的前提和结论分别又由链表构成。

知识的装入和保存过程与规则的结构相关，一般在系统开发时需要确定好知识库文件的存取格式，常用的格式有文本格式或二进制格式。

知识库采用文本格式时，每条规则的表达可以与规则的逻辑表达形式一致，例如：

Rule 1

If（为（加工方式，外圆加工））

And（为（加工表面，淬火表面））

Then（选用（加工机床，外圆磨床类机床））

Rule 2

If（选用（加工机床，外圆磨床类机床））

And（为（加工零件的精度要求，一般精度要求））

Then(选用(加工机床, 万能外圆磨床))

Rule 3

If(选用(加工机床, 外圆磨床类机床))

And(为(加工零件的精度要求, 高精度要求))

Then(选用(加工机床, 高精度外圆磨床))

上述规则集合既是逻辑表达形式, 又是规则的文本存放形式。

文本文件是一种顺序存取文件, 不能从中间插入读取某条规则, 必须一次将所有规则装入内存, 故对计算机内存资源消耗较大。

知识库文件采用二进制数据格式时, 规则以记录为单位进行存取。每条记录的大小要根据规则的长度来确定。此时, 可以按随机文件的方式存取指定的规则, 因而不需要将所有规则同时装入内存, 这样可减少计算机内存资源的消耗, 但增加了计算机 CPU 与外设交换数据的次数。

综上所述, 产生式规则表示方法的特点为: 一是表示格式固定, 形式单一, 规则(知识单位)间相互较为独立, 没有直接关系使知识库的建立较为容易, 处理较为简单的问题是可取的。二是推理方式单纯, 也没有复杂计算。特别是知识库与推理机是分离的, 这种结构给知识的修改带来方便, 无须修改程序, 对系统的推理路径也容易做出解释。所以, 产生式规则表示知识常作为构造专家系统第一选择的知识表示方法。

(二) 知识获取

1. 知识获取的任务

在人工智能中, 知识获取就是从特定的知识源中获取可能有用的问题求解知识和经验, 并将之转换成计算机内可执行代码的过程。知识源就是知识获取的对象。

在具体领域问题中有两种知识: 一种是明确的规范化知识, 一般来自理论、书本或文献; 另一种是启发性知识, 即专业人员及专家在长期解决问题实践中积累的经验知识, 这种知识常有某种主观性、随意性和模糊性, 如何将这部分知识概念化、形式化, 并提取出来是获取这部分知识的困难之处。因此, 知识获取系统最难获取的就是领域专家的经验知识。

知识获取过程之一是提炼知识, 它包括对已有知识的理解、抽取、组织, 从已有的知识和实例中产生新知识。

提炼知识并非是一件容易的事, 提炼明确的规范化知识相对容易, 提炼启发式知识就较为不易, 主要是由于这类知识一般缺乏系统化、形式化, 甚至难以表达。但是, 往往正是这些启发性知识在实际工程应用中却发挥着巨大的作用。

无论哪种知识, 以何种形式获取, 当它们被获取后, 都应该做到准确、可靠、完整、精炼。

2. 知识获取研究的问题

在知识获取中, 需要研究的主要问题包括知识抽取、知识建模、知识转换、知识检测以及知识的组织与管理。

(1) 知识抽取

是为知识建模获得所需数据(此时尚不能称之为知识)的过程, 由一组技术和方法组成, 通过与专家不同形式的交互来抽取该领域的知识。抽取结果通常是一种结构化的数据，如标记、图表、术语表、公式和非正式的规则等。

(2) 知识建模

即构建知识模型的过程，是一个帮助人们阐明知识-密集型信息-处理任务结构的工具。

(3) 知识转换

是指把知识由一种表示形式变换为另一种表示形式。

(4) 知识检测

为了保证知识库中知识的一致性、完整性，把知识库中存在某些不一致、不完整甚至错误的信息删除、改正过来。

(5) 知识的组织与管理

包括了知识的维护与知识的组织，以及重组知识库、管理系统运行和知识库的发展、知识库安全保护与保密等。

3. 知识获取的步骤

知识获取过程大体分为以下三个步骤：

(1) 识别知识领域的基本结构，寻找相对应的知识表示方法。这也是知识获取最为困难的一步。

这一阶段就是要抓住问题各个方面的主要特征，确定获取知识的目标和手段，确定领域求解问题，问题的定义及特征(包括子问题的划分、相关的概念和术语、相互关系等)。该阶段的目标就是把求解问题的关键知识提炼出来，并用相应的自然语言表达和描述。

(2) 抽取细节知识转换成计算机可识别的代码。

本阶段主要是将前一阶段提炼的知识进一步整理、归纳，并加以分析、组合。在确定了领域知识结构，选择了知识表示方法后，抽取细节知识转换成计算机可识别的代码，就变成了比较机械化的过程。该阶段的任务就是把上个阶段概括出来的关键概念、子问题和信息流特征映射成基于各种知识表达方法的形式化的表示，最终形成和建立知识库模型的局部规范。这一阶段需要确定三个要素：知识库的空间结构、过程的基本模型及数据结构。其实质就是选择知识的表达方式，设计知识库的结构，形成知识库的框架。

(3) 调试精炼知识库。

该阶段也就是知识库的完善阶段。本阶段可在很大程度上实现自动化。在建立专家系统的过程中，需要不断进行修改，不断总结经验，不断反馈信息，使得知识越来越丰富，以实现完善的数据库系统。

知识获取过程是建立专家系统过程中最为困难的一项工作，然而又是最为重要的一项工作。构建专家系统时必须集中精力解决好知识获取的工作。

需要指出的是，知识获取过程也是各步骤相互连接、反复进行人机交互的过程。

4. 数据获取中的常用技术

在数据获取中常用的技术，主要如下。

(1) 关联规则挖掘

关联规则挖掘发现大量数据中项集之间“有趣的”关联或相关联系。大量数据中多个项集频繁关联或同时出现的模式可以用关联规则的形式表示；规则的支持度和置信度是两个规则兴趣度度量，分别反映发现规则的有用性和确定性。关联规则如果满足最小支持度阈值和最小置信度阈值，则认为该规则是“有趣的”模式。

(2) 统计方法

统计方法是从事物的外在数量上的表现去推断该事物可能的规律性，即利用统计学原理对数据库中的信息进行分析。可进行常用统计(求大量数据中的最大值、最小值、总和、平均值等)、回归分析(求回归方程来表示变量间的数量关系)、相关分析(求相关系数来度量变量间的相关程度)、差异分析(从样本统计量的值得出差异来确定总体参数之间是否存在差异)等。这类技术包括相关分析、回归分析及因子分析等。

(3) 人工神经网络技术

人工神经网络模拟人脑神经元，以 MP 模型和 HEBB 学习规则为基础，建立了三大类多种神经网络模型：前馈式网络、反馈式网络、自组织网络。神经网络系统由一系列类似于人脑神经元一样的处理单元组成，即节点，这些节点通过网络彼此互连。其处理过程主要是通过网络的学习功能找到一个恰当的连接加权值来得到最佳结果。通过训练学习，神经网络可以完成分类、聚类、特征挖掘等多种数据挖掘任务。

(4) 决策树

决策树是通过一系列规则对数据进行分类的过程。它以信息论中的互信息(信息增益)原理为基础寻找数据库中具有最大信息量的字段，创建决策树的一个节点，再根据字段的不同取值建立树的分枝；在每个分枝中继续重复创建决策树的下层节点和分枝的过程，即可建立决策树。采用决策树，可以将数据规则可视化。其输出结果也容易理解。

(5) 粗糙集方法

粗糙集是一种刻画具有信息不完整、不确定系统的数学工具，能有效地分析和处理不精确、不一致、不完整等各种不完备信息，并从中发现隐含的知识，揭示潜在的规律。在数据库中，将行元素(即一条记录数据)看成对象，列元素作为属性(分为条件属性和决策属性)，通过等价类划分寻找核属性集和约简集，然后从约简后的数据库中导出分类/决策规则。

(6) 遗传算法

这是模拟生物进化过程的算法，可起到产生优良后代的作用。这些后代需满足适应度值，经过若干代的遗传，将得到满足要求的后代，即问题的解。遗传算法类似统计学，模型的形式必须预先确定，在算法实施的过程中，首先对求解的问题进行编码，产生初始群体，然后计算个体的适应度，再进行染色体的复制、交换、突变等操作，优胜劣汰，适者生存，直到最佳方案出现。遗传算法具有计算简单、优化效果好的特点。但还存在以下问题：算法较复杂，收敛于局部极小的过早收敛等难题未得到彻底解决。而且只有专业人员才能提出染色体选择的准则和有效地进行问题描述与生成。

(7) 基于事例的推理方法

这种方法的思路非常简单，当预测未来情况或进行正确决策时，系统寻找与现有情况相类似的事例，并选择最佳的相同的解决方案。

四、智能设计系统的构建

设计的本质是创新和革新，作为一种创造性活动，设计实际上是对知识的处理和操作。随着信息化技术的快速发展，智能化成为设计活动的显著特点，也是走向设计自动化的重要途径。

智能设计系统是一个人机协同作业的集成设计系统，设计者和计算机协同工作，各自完成自己最擅长的任务。智能设计系统与一般CAD系统的主要区别在于，它以知识为其核心内容，其解决问题的主要方法是将知识推理与数值计算紧密结合在一起。数值计算为推理过程提供可靠依据，而知识推理解决需要进行判断、决策才能解决的问题，再辅之以其他一些处理功能，如图形处理功能、数据管理功能等，从而提高智能设计系统解决问题的能力。

（一）智能设计系统的建造

建造一个实用的智能设计系统，是一项十分艰巨的工作。智能设计系统的功能要求越强，系统将越复杂。因此，在具体构建智能设计系统时，不必强求设计过程的完全自动化。

一个智能设计系统建造的基本步骤如下。

1. 系统需求分析

系统需求分析必须明确所建造系统的性质、基本功能、设计条件和运行条件等一系列问题。其主要工作包括：①设计任务的确定；②可行性论证；③开发工具和开发平台的选择。

2. 设计对象建模问题

建造一个功能完善的智能设计系统，首先要解决好设计对象的建模问题。设计对象信息经过整理、概念化、规范化，按一定的形式描述成计算机能够识别的代码形式，计算机才能对设计对象进行处理，完成具体的设计过程。

在完成设计对象建模工作中，需要完成的工作包括设计问题概念化和形式化、系统功能的确定。

（1）设计问题概念化和形式化

设计过程实际上由两个主要映射过程组成，即设计对象的概念模型空间到功能模型空间的映射，功能模型空间到结构空间的映射。因此，如果希望所建造的智能设计系统能支持完成整个设计过程，就要解决好设计对象建模问题，以适应设计过程的需要。设计问题概念化、形式化的过程实际上是设计对象的描述与建模过程。

（2）系统功能的确定

智能设计系统的功能反映系统的设计目标。根据智能设计系统的设计目标，可分为智能化方案设计系统（完成产品方案的拟定和设计）、智能化参数设计系统（完成产品的参数选择和确定）和智能设计系统（完成从概念设计到详细设计整个设计过程）。其中，智能设计系统是一较为完整的系统，但建造的难度也较大。

3. 知识系统的建立

知识系统是以设计型专家系统为基础的知识处理子系统，是智能设计系统的核心。知识系统的建立过程即设计型专家系统的建造过程。建造中的主要工作包括选择知识表达方式和建造知识库。

4. 形成原型系统

形成原型系统阶段的主要任务是完成系统要求的各种基本功能，包括比较完整的知识处理功能和其他相关功能，只有具备这些基本功能，才能建造出一个初步可用的系统。

形成原型系统的工作可分为以下两步进行：①各功能模块设计（按照预定的系统功能对各功能模块进行详细设计，完成编写代码、模块调试过程）；②各模块联调（将设计好的各功能模块组合在一起，用一组数据进行调试，以确定系统运行的正确性）。

5. 系统修正与扩展

系统修正与扩展阶段的主要任务是对原型系统有联调和初步使用中的错误进行修正，对没有达到预期目标的功能进行扩展。

经过认真测试后，系统已具备设计任务要求的全部功能，满足性能指标，就可以交付用户使用，同时形成设计说明书及用户使用手册等文档。

6. 投入使用

将开发的智能设计系统交付用户使用，在实际使用中发现问题。只有经过实际使用过程的检验，才能使系统的设计逐渐趋于准确和稳定，进而达到专家设计水平。

7. 系统维护

针对系统在实际使用中发现问题或者用户提出的新要求对系统进行改进和提高，以不断完善系统。

（二）智能设计系统的关键技术

由于人机智能化设计系统是针对大规模复杂产品设计的软件系统，是面向集成的决策自动化，是高级的设计自动化。因此，智能设计系统的开发，将涉及如下关键技术。

1. 设计过程的再认识

智能 CAD 系统的发展，乃至设计自动化的实现，从根本上取决于对设计过程本身的理解。尽管人们在设计方法、程序和规律等方面进行了大量探索，但从信息化的角度看，设计方法学的水平还远远没有达到此目的，智能 CAD 系统的发展仍需要进一步的探索适合计算机程序系统的设计理论和有效的设计处理模型。

2. 设计知识的表式

设计过程是一个十分复杂的过程，它应用了多种不同类型的知识，如经验性的、常识性的以及结构性的知识，因此单一知识表示方式不能有效表达各种设计知识，如何建立一个合理且有效表达设计知识的知识表达模型一直是设计专家系统成功的关键。通常采用多层知识表达模式，将元知识、定性推理知识以及数学模型和方法等相结合，根据不同类型知识的特点采用相应的表达方式，在表达能力、推理效率与可维护性等方面进行综合考虑。面向对象的知识表示，框架式的知识结构是目前采用的流行方法。

3. 多方案的并行设计

设计类问题是“单输入/多输入”问题，即用户对产品提出的要求是一个，但最终设计的结果可能很多，均为满足用户要求的可行的结果。设计问题的这一特点决定了设计型专家系统必须具有多方案设计能力。需求功能逻辑树的采用、功能空间符号表示、矩阵表示和设计处理是多方案设计的基础。另外，针对设计问题的复杂性，可将其分成若干个子任务，采用分布式的系统结构，进行并行处理，从而有效地提高系统的处理效率。

4. 多专家系统协同合作以及信息处理

智能设计中，可以把较复杂的设计过程分解为若干个环节，每个环节对应一个子专家系统，多个专家系统协同合作，各子专家系统间互相通信，这是概念设计专家系统的重要环节。模糊评价和神经网络评价相结合的方法是目前解决多专家系统协同合作中多目标信息处理最有效的方法。

5. 再设计与自学习机制

当设计结果不能满足要求时，系统应能够返回到各个层次进行再设计，利用失败信息、知识库中的已有知识和用户对系统的动态应答信息进行设计反馈，完成局部和全部的重新设计任务；同时，采用归纳推理和类比推理等方法获得新的知识、总结新经验，不断扩充知识库，进行自我学习和自我完善。将并行工程设计的思想应用于概念设计过程中，这是解决再设计问题最有效的方法。

6. 多种推理机制的综合应用

智能 CAD 系统中，在推理机制上除演绎推理之外，还应有归纳推理(包括理想、类比等推理)、各种非标准推理(如非音调逻辑推理、加权逻辑推理等)以及各种基于不完全知识与模糊知识的推理等。基于实例的类比型多层推理机制和模糊逻辑推理方法的应用是目前智能 CAD 系统的一个重要特征。

7. 智能化的人机接口和设计过程中人的参与

良好的人机接口对智能 CAD 系统是十分必要的。怎样能实现系统对自然语言的理解、对语音、文字、图形和图像的直接输入/输出是一项重要的任务。同时，对于复杂的设计问题和设计处理过程中某些决策活动，如果没有人的适当参与也很难得到理想的设计结果。

8. 设计信息的集成化

概念设计是 CAD/CAPP/CAM 一体化的首要环节，设计结果是详细设计与制造的信息基础，必须考虑信息的集成。应用面向对象的处理技术，实现数据的封装和模块化，是解决机械设计 CAD/CAPP/CAM 一体化的根本途径和有效方法。

五、智能设计的工程应用

(一) 智能设计系统的功能

智能设计系统是以知识处理为核心的 CAD 系统。将知识系统的知识处理与一般 CAD 系统的计算分析、数据库管理、图形处理等有机结合起来，从而能够协助设计者完成方案设计、参数选择、性能分析、结构设计、图形处理等不同阶段、不同复杂程度的设计任务。

智能设计系统的基本功能主要包括如下 4 个方面。

1. 知识处理功能

知识推理是智能设计系统的核心，实现知识的组织、管理及其应用，其主要内容包括：①获取领域内的一般知识和领域专家的知识，并将知识按特定的形式存储，以供设计过程使用；②对知识实行分层管理和维护；③根据需要提取知识，实现知识的推理和应用；④根据知识的应用情况对知识库进行优化；⑤根据推理效果和应用过程学习新的知识，丰富知识库。

2. 分析计算功能

一个完善的智能设计系统应提供丰富的分析计算方法，包括：①各种常用数学分析方法；②优化设计方法；③有限元分析方法；④可靠性分析方法；⑤各种专用的分析方法。以上分析方法以程序库的形式集成在智能设计系统中，供需要时调用。

3. 数据服务功能

设计过程实质上是一个信息处理和加工过程。大量的数据以不同的类型和结构形式在系统中存在并根据设计需要进行流动，为设计过程提供服务。随着设计对象复杂度的增加，系统要处理的信息量将大幅度地增加。为了保证系统内庞大的信息能够安全、可靠、高效地存储并流动，必须引入高效可靠的数据管理与服务功能，为设计过程提供可靠的服务。

4. 图形处理功能

强大的图形处理能力是任何一个 CAD 系统都必须具备的基本功能。借助二维、三维图形或三维实体图形，设计人员在设计阶段便可以清楚地了解设计对象的形状和结构特点，还可以通过设计对象的仿真来检验其装配关系、干涉情况和工作情况，从而确认设计结果的有效性和可靠性。

（二）智能设计系统的应用——基于 VB. NET 的圆柱齿轮减速器智能设计系统

减速器是机械、交通、航空航天、矿山冶金等诸多领域重要的机械传动装置，在现代机械系统中应用很广。在齿轮减速器中，除传动零件齿轮、轴承、箱体、轴承端盖等主要零件外，还有连接螺栓、定位销、通气器、密封装置、轴承挡油盘等众多附件，即减速器组件多，结构复杂。传统的圆柱齿轮减速器设计效率低、难度大。为此，以 Solid-Works 2016 软件为平台，结合 SQL Server2008 数据库管理软件，用 VB. NET 编程语言开发出一种圆柱齿轮减速器的智能设计系统。该系统将模块化、参数化等产品设计开发技术应用到圆柱齿轮减速器智能设计系统中，实现了结构设计、工艺设计、产品数据库管理的一体化过程。

1. 系统结构

系统的功能模块主要有设计计算、结构设计、三维参数化建模、工程图绘制、数据管理等模块。其中，设计计算、三维参数化建模、工程图绘制等三大模块的功能如下。

（1）设计计算模块：根据输入的传递功率、转速等基本参数，计算后判断强度、刚度等是否符合要求，确定各个零件的具体尺寸，设计结果存入数据库供研究。

（2）三维参数化建模模块：主要对零件进行参数设置，包括主动参数和从动参数，主动参数在可视化界面中直接输入，从动参数通过在 VB. NET 中定义的关系直接驱动生成三维模型。

（3）工程图模块：用于实现三维转二维的智能输出，通过编写工程图优化程序，调整工程图尺寸大小及视图位置，实现工程图的快速自动导出。

2. 系统设计

（1）系统的工作流程

其主要工作过程为：①进入 SolidWorks 系统，在菜单栏进入用户登录界面，输入整体基本参数。②减速器的类型设计完成后，输入轴及齿轮主要参数，并通过计算分析得出二级参数。③根据已输入的产品编号，判断已知实例库中是否已有该型号，若已存在直接调用；若没有，则在判断数据真确的情况下，将参数写入数据库存档。④显示三维模型及工程图。

（2）系统界面及引用添加

该系统主要包括基本参数、轴的参数设计和齿轮参数设计三部分。用户界面采用人机交互方式进行。

主界面分模块填写参数，并附上说明图标注，使具体参数位置更加清晰。大部分数据在后台计算自动得出。

系统使用 Visual Studio 2008 作为编写代码平台，为了使开发程序能成功连接到 SolidWorks 软件，首先应当添加 SolidWorks、Interop. sldworks、SolidWorks、Interop、swconst、SolidWorks、Interop、swpublished 等引用。

（3）尺寸模型驱动

模型驱动前，应对工作路径和存储路径进行修改。填写完圆柱齿轮减速器设计系统各零部件参数之后，对模型进行驱动，定义好尺寸驱动关系，单击尺寸驱动模型按钮，即可驱动减速器总装模型。

（4）设计计算

根据输入的初始参数，系统可以完成轴、齿轮的设计计算。通过后台程序运算就可得出想要的参数，也可根据后台的尺寸规则来判断数据的正确性，避免重复性工作。

（5）数据库访问

系统数据库对设计过程中的大量数据进行存储、保管、筛选、管理。对标准数据的管理，主要包括标准件及固定尺寸模型参数的存储、管理。使用过程中，通过代码对数据库进行调用，设计者通过选择需要的参数型号，直接驱动该类型模型生成。

该系统利用 SQL Sever 2008 作为系统的数据支持，用户在该数据库下使用 SQL 语言，可进行数据的新增、删除、查询等操作，功能较为强大。

（6）工程图驱动

模型驱动完成后，在主界面单击生成工程图按钮，就能自动生成工程图。再经工程图调整，可获得质量较高的工程图。工程图调整主要包括视图位置调整、视图比例调整、尺寸位置调整和材料明细表调整等。

综上可见，该系统基本实现了圆柱齿轮减速器的智能设计需要。

第二节　绿色设计

一、绿色设计概述

（一）绿色设计基本概念

绿色设计（GD）又称生态设计（ED）、环境设计（DFE）等，是指在产品的整个生命周期中，着眼于人与自然的生态平衡，在设计过程的每一个决策中都充分考虑产品自然资源的利用、对环境和人的影响以及可拆卸、可回收、可重复利用性等，并保证产品应有的基本功能、使用寿命、经济性和质量等。

（二）绿色设计与传统设计的区别

传统产品设计，主要考虑产品的基本属性（功能、质量、寿命、成本），而较少考虑其环境属性。按照传统设计生产制造出来的产品，在其使用寿命结束以后，就成为废弃物，回收率低，资源浪费严重。

绿色设计与传统设计的根本区别就是：在设计构思阶段，就要考虑到产品的能耗、再生利用、保护生态等方面的问题，而传统的设计方案单单以产品的性能、寿命、成本作为主要的设计目标，等到在使用过程中出现了问题以后，才会考虑到解决的方法。

绿色设计以环境要素为中心，脱离了传统设计的简单线型设计程序，架构出由中心向四周发展的轮辐型结构，这样，有利于每一个设计环节的细化。

（三）绿色设计的特点

（1）绿色设计拓展了产品的生命周期。绿色设计将产品的生命周期延伸到产品使用结束后的回收重利用阶段。

（2）绿色设计是并行闭环设计。传统设计是从设计、制造至废弃过程的串行开环设计，而绿色设计除传统设计过程外，还必须并行考虑拆卸、回收利用，以及对环境的影响、耗能等过程，是并行闭环设计过程。

（3）绿色设计可以从源头上减少废弃物的产生，有利于保护环境。

（四）绿色设计的主要内容

绿色设计是一种综合系统设计方法。主要内容如下：

（1）绿色产品设计的材料选择；

（2）面向拆卸的绿色设计；

（3）面向回收的绿色设计；

（4）面向包装的绿色设计；

（5）面向节约能源的绿色设计。

（五）绿色设计的实施步骤

（1）搜集绿色设计信息等准备工作。

（2）确定设计目标，进行绿色需求分析。

（3）建立核查清单，运用绿色设计工具，确定绿色设计策略。

（4）制定绿色设计方案。

（5）进行产品详细设计。主要包括：材料选择、结构设计、拆卸与回收设计、包装设计、节能设计等。

（6）设计分析与评价。

（7）实施与完善。

二、绿色设计中的材料选择

绿色材料(GM)是指具有良好使用功能，并对资源和能源消耗少、对生态与环境污染小、有利于人类健康、再生利用率高或可降解循环利用的一大类材料。绿色材料具有三个基本特征，即基本性能、环境性能、经济性能。

(一) 绿色材料选择的原则

传统产品设计主要从材料的功能、性能及经济性等角度选材。绿色设计选材要求有利于降低能耗，减小环境负荷。因此，不仅要考虑产品的性能和条件，还要考虑环境的约束准则，选用无毒、无或少污染、易降解、易回收利用的材料。绿色材料的环境约束准则如表9-2所示。

表 9-2　绿色材料的环境约束准则

环境约束准则	减少材料的种类	可使处理废物的成本下降、材料成本降低
	对材料进行必费的标识	可简化回收工作
	无毒无害原则	选择在生产和使用过程对人体和环境无毒害和低污染的材料
	低能耗原则	优先选择制造加工过程中能量消耗少的材料，金属材料在加工过程中的能量消耗见表 9-3
	材料易回收再利用原则	优先选用可再生材料，尽量选用回收材料，以便最大限度地利用现有资源。常用材料回收难易度如表 9-4
	提高材料间的相容性	材料相容性好，可以减少零部件的拆卸工作，可将零部件一起回收。常用的工程塑料名称见表 9-5，常用工程塑料的相容性见表 9-6

表 9-3　金属材料制造过程所消耗的能量(M0/kg)

铁	铜	锌	铅	锡	铬	钢	镍	铝	镉	钴	钒	钙
23.4	90.1	61	51	220	71	30	167	198.2	170	1600	700.0	170

表 9-4　常用材料回收难易度

回收性能好	回收性能一般	回收性能差
贵重金属：金、银、白金、把；其他有色金属：锡、铜、铝合金；黑色金属：钢及其合金	有色金属：黄铜，镍；塑料：热塑性塑料；非金属：木纤维制品、纸，玻璃	有色金属：铅、锌；塑料：热固性塑料；非金属：陶瓷、橡胶； 其他：氯化阻燃剂、涂层，填充物、焊接、黏结在一起的不一致性材料等

表 9-5 常用工程塑料的名称

PE	PVC	PS	PC	PP	PA	POM	SAN	ABS
聚乙烯	聚氯乙烯	聚苯乙烯	聚碳酸酯	聚丙烯	聚酰胺	聚甲醛	苯乙烯	塑料

表 9-6 常用工程塑料的相容性

	PE	PVC	PS	PC	PP	PA	POM	SAN	ABS
PE	好	差	差	差	好	差	差	差	差
PVC	差	好	差	差	差	差	差	好	好
PS	差	差	好	差	差	差	差	差	差
PC	差	一般	差	好	差	差	差	好	好
PP	一般	差	差	差	好	差	差	差	差
PA	差	差	一般	差	差	好	差	差	差
POM	差	差	差	差	差	差	好	差	差

(二) 绿色材料的选择

1. 选材的基本步骤

(1) 满足零件的性能要求，进行失效分析：

(2) 考虑市场需求、经济指标对可供选择的材料进行筛选：

(3) 引入绿色指标，对可供选择的材料进行评价：

(4) 最佳材料的确定：

(5) 验证所选材料。

2. 绿色材料选择的影响因素

(1) 材料的力学、物理性能，主要包括材料的强度、材料的疲劳特性、设计刚度、稳定性、平衡性、抗冲击性等：

(2) 材料的热学、电气特性，主要包括材料的热传导性，热膨胀系数、工作温度、电阻率等：

(3) 产品的性能需求，主要考虑功能、结构要求、安全性、抗腐蚀性及市场因素等：

(4) 产品的使用环境因素，主要包括温度、湿度、冲击、振动等：

(5) 环境保护因素，包括有毒有害物质的排放、能源的消耗及回收性能等：

(6) 经济性因素，主要包括材料的生产成本、回收成本等。

(三) 绿色材料的评价

绿色材料评价就是材料的选择决策，即所选材料是否为绿色材料，材料的绿色程度有多大。

绿色材料评价有加工属性、环境属性、经济属性等主要因素，每个主要因素又包含若干次要因素，根据各级因素的权重，可以采用二级模糊综合评价的方法。其基本步骤如下：

(1) 根据材料选择所需考虑的各种因素，确定因素集。

因素集即影响评判对象的各种因素，为元素组成的集合，表示如下。

$$U=\{A_1, A_2, A_3\}$$

其中：U 的三个子集 A_1 为加工属性、A_2 为环境属性、A_3 为经济属性。

各子集记为：$A_i=\{a_{i1}, a_{i2}, \cdots, a_{ij}\}$，其中 $i=1, 2, 3$；$j=1, 2, \cdots, m$ 为各主要因素的次要因素个数。

（2）将被选择的可能使用的材料纳入评价集。

评价集即对评判对象可能做出的各种总的评判结果，为元素组成的集合，通常表示为 $M=\{M_1, M_2, \cdots, M_{ij}\}$，其中 $M_1, M_2, \cdots, M_{ij}$ 分别表示可以选用材料绿色度的等级。

（3）将各因素的重要性进行排序，形成权重集。

一般情况下，各因素的重要程度是不相同的。为了反映各因素的重要程度，对各因素应赋予相对应的权数，由权数所组成的集合为权重集。权重应满足归一性和非负性。

权重可以通过专家调查法、四分制对比法等方法确定。

三、面向拆卸的绿色设计

现代机电产品不仅应具有良好的装配性能，还必须具有良好的拆卸性能。产品的可拆卸性是产品可回收性的重要条件，直接影响产品的可回收再生性。

（一）可拆卸设计的概念

可拆卸设计是一种使产品容易拆卸并能从材料回收和零件重新使用中获得最高利润的设计方法学，是绿色设计的主要内容之一。可拆卸的设计（DFD）是在产品设计过程中，将可拆卸性作为设计目标之一，使产品的结构便于装配、拆卸和回收，以达到节约资源和能源、保护环境的目的。

（二）可拆卸设计原则

1. 拆卸工作量最少原则

在满足使用要求的前提下，简化产品结构和外形，减少材料的种类且考虑材料之间的相容性，简化维护及拆卸回收工作。主要原则如下：

（1）零件合并原则：将功能相似或结构上能够组合在一起的零部件进行合并；

（2）减少材料种类原则：减少组成产品的材料种类，使拆卸工作简化；

（3）材料相容性原则：相容性好的材料可一并回收，减少拆卸分类的工作量；

（4）有害材料的集成原则：尽量将有毒或有害材料组成的零部件集成在一起，以便于拆卸与分类处理。

2. 结构可拆卸准则

尽量采用简单的连接方式，减少紧固件数量，统一紧固件类型，使拆卸过程具有良好的可达性及简单的拆卸运动。主要包含以下几方面：

（1）采用易于拆卸或破坏的连接方法；

（2）使紧固件数量最少；

（3）简化拆卸运动；

（4）拆卸目标零件易于接近。

3. 易于拆卸原则

要求拆卸快、拆卸易于进行。主要原则如下：

(1) 单纯材料零件原则：即尽量避免金属材料与塑料零件相互嵌入；

(2) 废液排放原则：考虑拆卸前要将废液排出，因此在产品设计时，需留有易于接近的排放点；

(3) 便于抓取原则：在拆卸部件表面设计预留便于抓取的部位，以便准确、快速地取出目标零部件；

(4) 非刚性零件原则：为方便拆卸，尽量不采用非刚性零件

4. 易于分离原则

既不破坏零件本身，也不破坏回收机械。主要包含以下几方面：

(1) 一次表面原则：零件表面尽量一次加工而成；

(2) 便于识别原则：给出材料的明显识别标志，利于产品的分类回收；

(3) 标准化原则：选用标准化的元器件和零部件，利于产品的拆卸回收；

(4) 采用模块化设计原则：模块化的产品设计，利于产品的拆卸回收。

(5) 产品结构可预估性准则：避免将易老化或易被腐蚀的材料与需要拆卸、回收的材料零件组合；要拆卸的零部件应防止被污染或腐蚀。

(三) 可拆卸连接结构设计

可拆卸连接结构设计就是在产品设计时，按照绿色设计要求，运用可拆卸设计方法，设计产品零部件连接方案或对已有的连接结构进行改进或创新设计，以尽可能提高连接结构的可拆卸性能。

可拆卸连接结构设计主要从产品零部件的连接方式、连接结构、连接件及其材料选用等方面，寻求适应绿色设计要求的产品可拆卸设计办法，完成零部件及其连接结构的设计。

概括起来讲，按照可拆卸连接结构设计准则，进行可拆卸连接结构设计的方法主要有连接结构改进设计和快速拆卸连接结构设计两大类。

1. 零部件连接结构改进设计

连接结构改进设计主要是对传统的连接，如螺纹连接、销连接、键连接等进行连接结构或连接方式的改进设计。连接结构改进设计的主要要求有：

(1) 遵循可拆卸连接结构设计准则；

(2) 保证连接强度和可靠性；

(3) 遵循结构最少改进原则，即对原有的结构以最少的改进，得到最大拆卸性能改善；

(4) 遵循附加结构原则，即采取必要的附加结构使拆卸容易。

2. 快速拆卸连接结构设计

(1) 传统连接方式快递拆卸设计

传统连接方式的快速拆卸设计主要是指改进或创新传统的连接形式，使其具备快速拆卸的性能。传统连接方式快速拆卸设计的主要要求如下：

①遵循可拆卸连接结构设计准则；

②保证连接强度和可靠性原则；

③对于标准件等结构参数尽量不改变原则；

④结构简单、成本低廉原则；

⑤结构替代原则。

（2）主动拆卸连接结构设计

主动拆卸又称智能材料的主动拆卸（ADSM）技术。是一种代替传统的螺纹等连接方式，可自行拆解、主动拆卸连接结构的技术。

①主动拆卸连接结构的特点。

主动拆卸方法是利用形状记忆合金（SMA）或形状记忆高分子材料（SMP）在特定环境下能自动恢复原状的形变特性，在产品装配时将其置入零部件连接中，当需要拆卸回收产品时，只需将产品置于一定的激发条件（如提高温度等）下，产品零件会自行拆解。

②主动拆卸连接形式。

SMA 型：铆钉、短销、开口销、弹簧、薄片、圆管等。

SMP 型：螺钉、螺母、铆钉、垫圈、卡扣等。

③主动拆卸连接结构设计的方法。

A. 设计产品的初始结构；

B. 根据该初始结构和产品的使用环境选择合适的材料；

C. 设计适当的主动拆卸连接结构。

（四）卡扣式结构设计

卡扣式（SF）连接结构是一种能快速拆卸的连接结构，主要应用在塑料件与塑料件之间、塑料件与金属件之间。由于 SF 结构与零件一起成形，材料的选择是 SF 结构设计的重要因素。

1. SF 连接结构的类型

SF 连接结构的类型通常有悬臂梁型和空心圆柱形两种形式。

2. SF 连接结构的特点

（1）SF 连接结构的优点

SF 连接结构的优点如下：减少紧固件及零件的数量、缩短结构的装配时间、便于拆卸、在某些地方可替代螺栓等紧固件连接、可使拆卸工具的种类和数量减少。

（2）SF 连接结构的缺点

SF 连接结构的缺点如下：增加了零件的成本、结构尺寸要求严格、连接强度受到一定限制。

（五）拆卸设计评价

拆卸设计评价是对拆卸设计方案进行评价的过程。拆卸设计评价包括产品结构的拆卸难易度、与拆卸过程有关的费用、时间、能耗、环境影响等。

1. 拆卸费用

拆卸费用是衡量结构拆卸性好坏的指标之一。拆卸费用包括与拆卸有关的人力和投资等一切费用。人力费用主要是指工人工资。投资费用包括拆卸所需的工具、夹具及其定位等费用、拆卸操作费用、拆卸材料的识别、分类费用等。拆卸费用计算公式如下：

$$C_{\mathrm{disa}} = K_1 \sum_i (C_1 \cdot t_i/60) + K_2 \sum_i C_2 \cdot S_i \tag{9-4}$$

式中：C_{disa} ——总拆卸费用(元)；

K_1——劳动力成本系数，它是考虑不同拆卸方式(如手工拆卸或自动拆卸等)、工人的技术水平、不同时间等的劳动力费用的变化；

K_2——工具费用系数，它是考虑拆卸工具随拆卸方式的变化；

i——拆卸操作的次数；

C_1——拆卸操作的当前劳动力成本(元/小时)；

t_i——拆卸操作 i 所花费的时间(min)；

C_2——拆卸操作的当前工具成本消耗；

S_i——拆卸操作的工具利用率。

2. 拆卸时间

拆卸时间是指拆下某一连接所需要的时间。它包括基本拆卸时间和辅助时间。拆卸时间计算式如下：

$$T_{disa} = \sum_{i}^{n} t_{di} + \sum_{i}^{m} N_h \cdot t_{mi} + t_a \tag{9-5}$$

式中：T_{disa} ——系统拆卸时间(min)；

t_{di} ——分离零件 i 花费的时间(min)；

N_h——紧固件的数量；

n——系统零件总数；

m——连接件的数量；

t_{mi} ——移去紧固件的时间(min)；

t_a ——辅助时间。

3. 拆卸过程的能耗

拆卸过程的能耗包括人力消耗和外加动力消耗(如电能、热能等)。

(1) 松开单个螺纹连接

松开单个螺纹连接的能量计算公式如下：

$$E_1 = 0.8 \cdot M \cdot \theta \tag{9-6}$$

式中：E_1——松开单个螺纹连接的能耗(J)：

θ ——产生轴向应力的旋转角(rad)：

M——拧紧力矩(N · m)。

(2) 松开单个 SF 卡扣式连接

松开单个 SF 卡扣式连接的能量计算公式如下：

$$E_2 = 1/8E \cdot w \cdot t^3 \frac{h_2^2}{h_1^3} \cdot 10^{-3} \tag{9-7}$$

式中：E——材料的弹件模量(N/mm^2)；

h_1——卡扣连接部分的高度(mm)；

h_2——卡扣高度(mm)；

t——卡扣连接部分的厚度(mm)；

w ——卡扣连接部分的宽度(mm)。

4. 拆卸过程的环境影响

拆卸过程对环境的影响主要包括产生的噪声、排放到环境中的污染物。拆卸工作的噪声依据表 9-7 进行打分，分值越高，对环境影响越大。拆卸过程中产生的废气排放依据表 9-8 进行打分，分值越高，对环境影响越大。

表 9-7　噪声评分标准

噪声范围	分值
工作噪声<65 dB	0
65dB≤工作噪声<75 dB	0.3
75dB≤工作噪声<85 dB	0.5
85dB≤工作噪声<95 dB	0.7
工作噪声≥95 dB	1

表 9-8　废气评分标准

废气排放量	
废气排放<350 μg	0
350μg≤废气排放量<700μg	0.3
700μg≤废气排放量<1000μg	0.5
1000μg≤废气排放量<1500μg	0.7
废气排放量>1500μg	1

四、面向回收设计

（一）面向回收设计的概念

面向回收设计（DFR）是在设计的初级阶段，考虑环境影响、零部件及材料的回收的可能性、处理方法、处理工艺性等一系列问题，以达到回收过程对环境污染最小的一种设计方法。面向回收设计与传统设计的比较见表 9-9。

表 9-9　面向回收设计与传统设计的比较

传统设计的要求	面向回收设计的要求
产品功能	产品更新换代，防止废弃物大量产生
安全性	防止环境污染、回收材料特性及测试办法
使用	回收材料及产品零部件方法
人机工程因素	利用可回收材料的设计准则

续表

传统设计的要求	面向回收设计的要求
生产	回收再生、重用产品材料的生产性能
装配	装配策略、面向拆卸的连接结构
运输	重用及再生材料的运输及装置
传统设计的要求	面向回收设计的要求
维护	将拆卸集成在回收后勤保障中
回收废物处理	产品回收、再生、材料回收
成本	制造成本、使用成本、回收成本

（二）产品回收的主要内容

（1）可回收材料标志。在零件上模压出材料代号、用不同颜色标明材料的可回收性、注明专门的分类编码。

（2）可回收工艺及方法。

（3）回收的经济性。

（4）回收产品及结构工艺。

（三）面向回收设计的准则

（1）设计结构易于拆卸。

（2）尽量选用可重复使用的零件。

（3）采用系列化、结构化的产品结构。

（4）机构设计要有利于维修调整。

（5）尽可能利用回收零部件和材料。

（6）可重用零部件材料要易于识别分类。

（7）限制材料种类。

（8）考虑材料的相容性。

（9）减少二次工艺（如涂覆、喷漆等）的次数。

（四）回收方式

产品的回收贯穿产品制造、使用、报废的全过程，根据所处的阶段不同，产品的回收可分为前期回收，使用中的回收和使用后的回收三类，前期回收是指对产品生产阶段所产生的废弃物及材料的回收；使用中的回收是指对产品进行换代或大修使其恢复原有功能。使用后的回收是指产品丧失基本功能后对其进行材料回收及零件复用。传统产品的生命周期是生产、使用、废弃的一个开环直线型方式，而回收设计，需考虑废旧产品回收过程与制造系统的各个环节紧密联系，从而将开环直线型的生命周期变成闭环的生命周期。

产品及其零部件回收利用的各种形式见表 9-10。

表 9-10 产品及其零部件回收利用的各种形式

循环利用	回收形式		回收产品
前期回收	生产阶段所产生的废弃物及材料的回收	金属板材下脚料	金属板材
产品使用中的回收	外形相同、功能相同（继续使用）	瓶子	瓶子（再次使用）
		电视机	电视机（修理后）
		汽车轮胎	汽车轮胎（修理后）
	外形相同、功能不同（重新使用）	购物袋	垃圾袋
		旧轮胎	轮船防护垫
产品废弃后的回收	外形不同、功能不同（继续使用）	玻璃瓶	回收玻璃制瓶
		铝罐	回收铝制罐
	外形不同、功能不同（重新使用）	窗玻璃	玻璃瓶
		铝罐	铝制门窗框

从产品的回收层次来看，产品的回收分为如下几个层次：

1. 产品级回收

产品级回收是指产品被不断地更新升级从而可以反复使用或进入二手市场。

2. 零、部件级的回收

零、部件级的回收是指在产品拆卸及分解后，可重复使用部分经过翻新，进入制造环节或进入零配件市场。

3. 材料级的回收

材料级的回收是指拆卸后无法进入产品级和零、部件级的零件或产品可作为材料回收，经过材料分离、制造产生回收材料。

4. 能量级回收

能量级回收是指产品中不能有效地进行回收的部分，经焚烧获得能量。

5. 填埋级回收

填埋级回收是指剩余残渣被填埋，自然分解。

五、面向包装的绿色设计

（一）绿色包装设计的概念

绿色包装又称为无公害包装和环境之友包装，指有利于资源再生、对生态环境损害最小、对人体无污染、可回收重复使用或可再生的包装材料及其制品。

包装产品从设计、包装物制造、使用、回收到废弃物处理的整个过程均应符合生态环境保护和人体健康的要求。绿色包装的重要内涵是“4R+1D”，即减量化、重复使用、再循环、再灌装、可降解。必须具备的如下要求：

（1）减量化：包装在满足保护、方便、销售等功能的条件下，应使用材料最少的适度包装。

（2）重复使用：包装应易于重复利用。

（3）再循环：包装应易于回收再生，通过回收生产再生制品、焚烧利用热能、堆肥化改善土壤等措施，达到再利用的目的。

（4）再灌装：回收后，瓶、罐等包装能再灌装使用

（5）可降解：包装物可以在较短的时间内降解为小分子物质，不形成永久垃圾，进而达到改善土壤的目的。

（二）绿色包装设计内容

1. 材料选择

绿色包装材料的选择原则如表 9-11 所示，绿色包装材料的分类如表 9-12 所示。

表 9-11　绿色包装材料的选择原则

选择原则	说明
尽量选用无毒材料	避免选用有毒、有害及有辐射特性的材料。如应避免使用含有重金属的隔（Cd）、铅（Pb）、汞（Hg）等材料的包装物
选用可回收材料	回收和再利用性能好的包装材料如：纸材料（纸张、纸板材料、纸浆模塑）、玻璃材料、金属材料（铝板、铝箔、马口铁、铝合金）、线型高分子材料（PP、PVA、PVAC、ZVA 聚丙烯酸、聚酯、尼龙）、可降解材料（光降解、氧降解、生物降解、光/氧双降解、水降解）
选用可降解材料	可通过自然降解、生物降解、化学降解或水降解等多种降解方法来减小环境影响和危害
尽可能减少材料	通过改进结构设计，减少材料的使用
尽量使用同一种包装材料	避免使用由不同材料组成的多层包装体，以利于不同包装材料的分离

表 9-12　绿色包装材料的分类

绿色包装材料的分类	说明
可回收处理再生的材料	纸制品材料（纸张、纸板材料、纸浆模塑），玻璃材料、金属材料（铝板、铝箔、马口铁、铝合金），线型高分子材料（PP、PVA、PVAC、ZVA 聚丙烯酸、聚酯、尼龙），可降解材料（光降解、氧降解、生物降解、光/氧双降解、水降解）

续表

绿色包装材料的分类	说明
可自然风化回归自然的材料	纸制品材料(纸张、纸板材料、纸浆模塑),可降解材料(光降解、氧降解、生物降解、光/氧双降解、水降解)及生物合成材料
准绿色包装材料	可回收焚烧、不污染大气且能量可再生的材料、部分不可回收的线型高分子材料、网状高分子材料、部分复合型材料(塑金属、塑塑、塑纸等)

2. 绿色包装结构的设计原则

(1) 避免过分包装。减少包装体积、质量、包装层数,采用薄形化包装等。

(2)“化零为整”包装。对一些产品采用经济包装或加大包装容积。

(3) 设计可循环重用的包装。

(4) 重用和重新填装,从而减少包装废弃对环境的影响。

(5) 包装结构设计,

①设计可拆卸性包装结构;

②设计多功能包装。

3. 包装材料的回收再利用

根据包装使用材料的不同,包装废弃物可分为:纸类包装废弃物、塑料类包装废弃物、金属类包装废弃物、玻璃类包装废弃物和其他类包装废弃物等。

(1) 纸包装废弃物的回收与利用

①纸包装废弃物再生造纸

废纸的再生经过制浆和造纸两道工序。首先经过碎解、净化、筛选和浓缩,然后将废纸浆送到造纸机上,经过过网、压榨、干燥和压光,制成卷筒纸或平板纸。

②纸包装废弃物开发新产品如纸浆模塑制品、复合材料板等。

(2) 塑料包装材料的回收与利用。

①废聚氯乙烯的回收利用。

废聚氯乙烯的回收利用主要是直接回收或补充适当的新料,重新制作各种制品。回收利用方法如下:直接复配回用、做沥青和塑料油膏。

②废聚苯乙烯的回收利用

聚苯乙烯可分 CPS 和 EPS,EPS 主要用于防震包装材料。回收利用方法如下:重新加工回用、制作建筑水泥制品、制备油漆。

③聚烯类废旧塑料的利用。

聚乙烯、聚丙烯等材料主要用来生产薄膜、中空制品及塑料编织袋等。回收利用方法如下:废聚丙烯塑料编织袋的回用、制造钙塑塑料、

④废聚氨酯泡沫塑料的回收利用。

废聚氨酯泡沫塑料的回收利用方法如下做人造土壤、模塑法回制产品、

⑤废热固性塑料的回收利用。

废热固性塑料的回收利用方法如下:做活性填料(简称热固填料)、生产塑料制品。

(3) 金属包装材料的回收与利用

金属包装废弃物分为黑色金属和有色金属两类。黑色金属主要为镀锡钢板(马口铁)、镀锌钢板(白铁皮)等钢铁材料；有色金属主要为铝及其合金和锡等材料。

①钢铁桶的回收和利用

钢铁桶经过分类、清洗后再使用，对于变形严重的钢铁桶翻新、喷漆后再使用。

②钢铁包装废弃物的回炉冶炼。

对于不能重复使用的钢铁桶进行回炉冶炼。

③铝及其合金包装废弃物的回收利用

废铝通过熔炼，得到锻铝合金、铸造铝合金等；铝制包装废弃物可以制成聚合氯化铝。

④锡制品包装废弃物的回收利用

锡制品包装废弃物的回收利用方法如下：一般马口铁包装废弃物若锈蚀不太严重，可以改制成小五金制品，将废马口铁作为废钢铁回炉，可使钢铁中含有低于 0.1%的少量锡，用以改善铸铁的性能。

(4) 玻璃包装材料的回收与利用

玻璃包装材料的回收再利用主要包括包装复用、回炉再造利用和原材料转型利用，回收利用方法如下：

①包装复用

包装使用后，改装为同类物品或其他类物品的包装。

②回炉再造

将回收包装材料经过清洗，分类等处理后，回炉熔融，用于同类或相近包装的再制造。

③转型利用

将回收的包装材料加工转为其他材料。分为非加热型、加热型两种。

非加热型：采用机械的方法将包装材料粉碎成小颗粒，或研磨加工成小玻璃球待用。玻璃碎片可用作建筑用结构材料、制造反光板材料与塑料废料的混合料可以模铸成合成石板产品等。

加热型：将废玻璃包装材料捣碎，高温熔化后，用快速拉丝的方法制成玻璃纤维。可广泛用于制取石棉瓦、玻璃缸及各种建材等。

(三) 绿色包装评价标准

1. 绿色包装分级

(1) AA 级绿色包装

AA 级绿色包装指废弃物能够循环复用、再生利用或降解腐化，含有毒物质在规定限量范围内，且在产品整个生命周期中对人体及环境不造成公害的适度包装。

(2) A 级绿色包装

A 级绿色包装是目前应推行的重点指废弃物能够循环复用、再生利用或降解腐化，所含有毒物质在规定限量范围内的适度包装。

2. 分级评审标准

AA 级绿色包装可利用寿命周期分析法制定认证标准或直接利用其清单分析和影响评价数据作为评审标准，并授予相应的环境标志(1SO14000 的 I 型和 II 型环境标志)。

A 级绿色包装依据如下 5 条可操作指标，授予单因素环境标志。可操作指标如下：

（1）包装应实行减量化，坚决制止过分包装；

（2）包装材料不得含有超出标准的有毒有害成分；

（3）包装产品上必须有生产企业的“自我环境声明”。自我环境声明内容主要包括：

①包装产品的材料成分，含有毒有害物质是否在国家允许的范围内；

②是否可以回收及回收物质种类；

③是否可自行降解；

④固态废弃物数量；

⑤是否节约能源；

⑥在使用过程中为避免对人体及环境危害而应注意的事项。

（4）包装产品能回收利用，并明确是由企业本身还是委托其他方（必须有回收标志）回收；

（5）包装材料能在短时期内自行降解，不对环境造成污染。

凡符合指标（1）、（2）、（3）、（4）的，根据分级的 A 级标准，应属于可回收利用的绿色包装，并授予相应的单因素环境标志；而符合指标（1）、（2）、（3）、（5）的，则属于可自行降解的绿色包装，并授予相应的单因素环境标志。

六、绿色设计的关键技术

绿色设计的关键技术包括：绿色设计模型的构建和绿色设计数据库和知识库的建立、绿色设计评价体系及方法，

（一）绿色设计模型的构建

在绿色设计中，面向装配的设计 DFA 和面向拆卸的设计 DFD 等是其重要的组成部分。而支持 DFA 和 DFD 等的产品信息模型 PIM 应包括装配体、子装配体和单个零件等有关的数据，它与三维体造型的数据结构集成在一起，包含在一个统一的产品模型中。

（二）绿色设计数据库、知识库的建立

绿色设计需要占有大量的资料，运用多种技术和方法才能帮助设计人员做出正确的决策，因此，建立绿色数据库，知识库是绿色产品开发、评价和决策的基础，其中包括材料影响数据库、制造工艺环境影响数据库、产品使用环境影响数据库、生命周期评价（LCA）数据库，价值分析数据库及各种知识库等，

（三）绿色设计评价体系及方法

1. 绿色设计评价体系

绿色设计评价体系包括面向材料的评价、清洁生产评价、面向产品流通的评价、面向产品使用维护的评价、面向拆卸和回收的评价等各个阶段的评价，以及面向环境负担的评价、面向环境的价值评价和面向环境影响的评价等多个层次的评价。

2. 绿色设计评价方法

评价方法是绿色设计评价体系的基础。目前，绿色设计评价策略主要基于生命周期评价 LCA 的思想。

绿色设计是一种面向产品整个生命周期的现代设计方法，它不仅包括产品设计，也包括从原材料获取直至回收处理的产品生命周期过程设计。因此，LCA 是绿色设计评价的最有力工具，它能对改善环境的各种产品设计方案做出评价，并为设计方案的改进提供依据，同时有利于企业及时做出产品开发的各种决策，是绿色产品设计特有的评价方法。

LCA 是 20 世纪 90 年代由国际环境毒理学与化学学会(SETAC)和美国环保局(EPA)的专家小组共同提出的一种系统的环境管理工具，现已被纳入 ISO14040 环境管理标准体系中，成为国际社会关注的焦点和研究热点。LCA 是一种对产品、生产工艺或活动对环境的影响进行评价的客观过程，通过识别和量化资源和能源利用以及向环境的排放物，评价产品、工艺或活动的环境影响，寻求环境改善的机会。该过程包括原材料获取和加工、产品生产制造、包装运输、使用维护、回收及最终处理的产品、工艺或活动的整个生命周期。一个完整的 LCA 包括目的与范围的确定、清单分析、影响评价和结果解释四个部分。

(1) 评价的目的与范围

确定评价的目的与范围是 LCA 研究的第一步，也是最关键的部分。目的的确定是清楚地说明开展此项生命周期评价的目的和原因，以及研究结果的可能应用领域；研究范围的确定要保证研究的广度、深度和详尽程度与要求的目的一致。目的与范围的确定包括对系统功能、系统边界、功能单位、影响类型、假定条件、数据质量等描述。

(2) 清单分析

清单分析是 LCA 研究工作的基础。它是对产品、工艺或活动在其整个生命周期内的资源、能源消耗和向环境的排放进行数据量化分析，建立以产品功能单位表达的产品系统的输入和输出清单。该步骤包括数据收集清单表制作、数据收集、数据合理性判断、数据合并、数据分配及敏感性分析等。

(3) 影响评价

影响评价是对清单分析中所识别的环境负荷进行定性或定量的描述和评价，以确定产品系统的资源、能源消耗及其对环境的影响，它是 CA 的核心内容，也是难度最大、最受争议的部分，目前，正处于探索阶段，还没有被普遍接受的评价方法。一般将其分为分类、特征化和量化评价三个步骤：分类是将从清单分析得来的环境干扰因子归到不同的环境影响类型。影响类型通常包括资源耗竭、人类健康和生态影响三个大类，每一类又包括许多子类，如生态影响包括全球变暖、臭氧层破坏、富营养化等；特征化是针对所确定的环境影响类型对数据进行分析和量化，目的是汇总该类中的不同影响类型；量化评价是确定不同影响类型的重要性程度或权重，得到一个数字化的可供比较的单一指标。

国际上采用的评价方法基本上可以分为两类：环境问题法和目标距离法。前者着眼于环境影响因子和影响机理，采用当量因子对各种环境干扰因子进行特征化，如瑞典 EPS 法，瑞士和荷兰的生态因子法以及丹麦的 EDPI 法；后者着眼于影响后果，用某种环境效应的当前水平与目标水平(标准或容量)之间的距离，表示该环境效应的重要程度，如瑞士临界体积法。这些方法要求评价者具有相当的环境知识，且具有计算量大，可操作性差等不足，为此，目前采用的评价方式多是引用多目标决策的分析技术，如采用专家打分、层次分析法、模糊方法等作为影响评价方法。

（4）评价结果解释

生命周期解释是通过对清单分析和影响评价的结果所提供的信息进行识别、量化、检验和评价，得出结论，并给出能减少环境负荷的改进意见和建议。结果解释的主要组成部分：基于 LCA 中清单分析和影响评价阶段的结果识别重大问题；对数据进行完整性、敏感性和一致性检查；得出结论、给出能够改善环境影响的建议和报告。

七、绿色设计应用实例——液压系统的绿色设计

液压系统的绿色设计，按照环境意识制造的设计思想，设计的产品在使用中应该保持良好的性能，不对环境造成污染，改变液压技术的脏乱现象，满足可持续发展的需求。

（一）液压系统工作介质污染控制设计与措施

在液压产品设计过程中应本着预防为主、治理为辅的原则，充分考虑如何消除污染源，从根本上防止污染。

在设计阶段除了要合理选择液压系统元件的参数和结构外，可采取以下措施控制污染物的影响：在节流阀前后装上精滤油器；滤油器的精度取决于控制速度的要求；所有需切削加工的元器件，孔口必须有一定的倒角，以防切割密封件且便于装配；所有元器件、配管等在加工工序后都必须认真清洗，消除毛刺、油污、纤维等；组装前必须保持环境的清洁；所有元器件必须采用干装配方式；装配后选择与工作介质相容的冲洗介质认真清洗。

投入正常使用时，新油加入油箱前要经过静置沉淀、过滤后方可加入系统中，必要时可设中间油箱，进行新油的沉淀和过滤，以确保油液的清洁；工作介质污染的另一方面是介质对外部环境的污染，应尽量使用高黏度的工作油，减少泄漏；尽快实现工程机械传动装置的工作介质绿色化，采用无毒液压油；开发液压油的回收再利用技术；研制工作介质绿色添加剂等。

（二）液压系统噪声控制设计与措施

液压系统噪声是对工作环境的一种污染，分机械噪声和流体噪声。

在液压系统中，电动机、液压泵和液压马达等转速都很高，如果它们的转动部件不平衡，就会产生周期性的不平衡力，引起转轴的弯曲振动，这种振动传到油箱和管路时，会因共振而发出很大的噪声，所以应对转子进行动平衡试验，且在产品设计时注意防止其产生共振。机械噪声还包括机械零件缺陷和装配不合格而引起的高频噪声，因此，必须严格保证制造和安装的质量，产品结构设计应科学合理。

在液压系统噪声中，流体噪声占相当大的比例，这种噪声是由于油液的流速、压力的突变、流量的周期性变化以及泵的困油、气穴等原因引起的。以液压泵为例，在液压泵的吸油和压油循环中，产生周期性的压力和流量变化，形成压力脉动，从而引起液压振动，并经出油口传播至整个液压系统，同时，液压回路的管路和阀类元件对液压脉动产生反射作用，在回路中产生波动，与泵发生共振，产生噪声。开式液压系统中混入了大约 5% 的空气，当系统中的压力低于空气分离压时，油中的气体就迅速地大量分离出来，形成气泡，当这些气泡遇到高压便被压破，产生较强的液压冲击，因此，在设计液压泵时，齿轮泵的齿轮模数应取小值，卸荷槽的形状和尺寸要合理，以减小液压冲击；柱塞泵的柱塞数的确定应

科学合理，并在吸、压油配流盘上对称的开出三角槽，以防柱塞泵困油；为防止空气混入，泵的吸油口应足够大，而且应没入油箱液面以下一定深度，以防吸油后因液面下降而吸入空气；为减少液压冲击，可以延长阀门关闭时间，并在易产生液压冲击的部位附近设置蓄能器，以吸收压力波；此外，增大管径和使用软管，对减小和吸收振动都很有效。

（三）液压系统的节能设计

液压系统的节能设计不但要保证系统的输出功率要求，还要保证尽可能经济、有效的利用能量，达到高效、可靠运行的目的；即能源要得到充分的利用，一个最基本的前提就是输入和输出要尽量匹配。而一般液压系统的功率输入都是靠电动机实现的，所以，选择一台质量稳定可靠、高效的电动机，同时做好系统功率的核算是至关重要的。功率太小将不能满足系统的工作要求，功率太大就会造成不必要的能耗。在元件的选用方面，应尽量选用那些效率高、能耗低的元件。如选用效率较高的变量泵，可根据负载的需要改变压力，减少能量消耗，选集成阀以减少管路连接的压力损失，选择压降小、可连续控制的比例阀等。

采用各种现代液压技术也是提高液压系统效率、降低能耗的重要手段。如压力补偿控制、负载感应控制以及功率协调系统等。采用定量泵+比例换向阀、多联泵（定量泵）+比例节流溢流阀的系统，效率可以提高 28%～45%。采用定量泵增速液压缸的液压回路，系统中的溢流阀起安全保护作用，并且无溢流损失，供油压力始终随负载而变。这种回路具有容积调速以及压力自动适应的特性，能使系统效率明显提高。电动机与泵的连接及其安装的水平、管路之间、管路与油口之间的连接和安装对于节能都有着重要的影响，应尽量设计或选用弹性联轴器来连接电动机和泵，或使用泵、电动机一体化产品，多采用富有弹性和位置补偿能力的接头系统，如卡套式和 SAE，开口式矩形法兰等。

（四）优化液压元件的连接与拆卸性的设计

液压系统是由动力元件、执行元件、控制元件与辅助元件连接组成的以油液为工作介质的系统，液压元件的制造与系统的集成是核心，在绿色设计与制造的实施中液压元件和系统的设计至为关键。液压元件的连接与拆卸性的设计与研究应以环境资源保护为核心来进行产品的设计与制造，以达到可持续发展的要求。

一般在设计液压系统时，为了减少占地，往往油泵与电动机安装在油箱上，常常激发油箱产生很大噪声。最好将它们安装在地下，或在泵及电动机与箱盖之间放置橡胶隔振、与泵连接的压油管换成橡胶软管以及用隔声材料包覆管路等；在适当距离上放置弹簧支架固定管道；在油箱上加厚板壁，布置肋条及撑条；内外壁喷涂阻尼材料等都可减小振动，降低噪声。

不同的连接结构将导致装配性和拆卸性复杂程度的不同，例如元件间的连接可采用焊接、螺钉连接、铆钉连接、嵌入咬合式等。焊接连接的装配性和拆卸性的复杂程度最高，导致零部件破坏性拆卸；螺钉连接的装配容易，但可拆卸性会受到环境的影响，例如生锈而导致拆卸复杂；铆钉连是机械装配性好的一种连接方式，但受到连接强度的影响，在连接强度要求高的情况下，连接的安全性可能出现问题。如果在齿轮泵中，齿轮与轴的连接采用多面轴，这样可减小高速旋转中产生的噪声和振动。根据元件零件的相邻关系将零件功能进行组合，既可减少零件数量，又不影响使用功能。

参考文献

[1] 杨敏，杨建锋.机械设计[M].武汉：华中科技大学出版社，2020.01.

[2] 闻邦椿，刘树英，张学良.振动机械创新设计理论与方法[M].北京：机械工业出版社，2020.10.

[3] 孙亮波，黄美发.机械创新设计与实践[M].西安：西安电子科技大学出版社，2020.02.

[4] 徐丽娜.机械设计基础[M].北京：机械工业出版社，2020.04.

[5] 傅燕鸣.机械设计学习指导第2版[M].上海：上海科学技术出版社，2020.01.

[6] 孙志礼，闫玉涛，杨强.机械磨损可靠性设计与分析技术[M].北京：国防工业出版社，2020.05.

[7] 赵金玲，许洪振，李伟.机械设计基础[M].成都：电子科技大学出版社，2020.03.

[8] 李助军.机械创新设计及其专利申请[M].广州：华南理工大学出版社，2020.08.

[9] 曾珠，张黎.机械设计基础[M].北京：机械工业出版社，2020.09.

[10] 李朝峰，孙伟，汪博.机械结构有限元法基础理论及工程应用[M].北京：机械工业出版社，2020.04.

[11] 管会生.工程机械理论与设计[M].成都：西南交通大学出版社，2019.11.

[12] 朱双霞，曾礼平，江文清.机械设计[M].重庆：重庆大学出版社，2019.03.

[13] 白清顺.现代机械设计理论与方法[M].哈尔滨：哈尔滨工业大学出版社，2019.02.

[14] 黄贤振，张义民.机械可靠性设计理论与应用[M].沈阳：东北大学出版社，2019.11.

[15] 杨杰.机械制造装备设计[M].武汉：华中科技大学出版社，2019.10.

[16] 李奕晓.机械设计基础[M].成都：电子科技大学出版社，2019.07.

[17] 张均富，杜强.机械设计基础[M].北京：北京理工大学出版社，2019.08.

[18] 神会存，仝美娟，蔡超明.机械设计基础[M].昆明：云南科技出版社，2019.11.

[19] 曲建俊，罗云霞.三维机械设计课程设计指导书[M].哈尔滨：哈尔滨工业大学出版社，2019.09.

[20] 张也晗，刘永猛，刘品.机械精度设计与检测基础[M].哈尔滨：哈尔滨工业大学出版社，2019.02.

[21] 李立全，庞永刚，杨恩霞.机械设计基础[M].哈尔滨：哈尔滨工程大学出版社，2018.02.

[22] 纪斌，朱同波，赖联锋.机械原理课程设计[M].西安：西北工业大学出版社，2018.08.

[23] 惠梅，赵跃进. 精密机械设计[M]. 北京：北京理工大学出版社，2018.05.
[24] 郑树琴. 机械原理课程设计[M]. 北京：机械工业出版社，2018.10.
[25] 尹怀仙，王正超，张艳平. 机械设计实验指导[M]. 成都：西南交通大学出版社，2018.07.
[26] 银金光，江湘颜，余江鸿. 机械设计基础[M]. 北京：冶金工业出版社，2018.01.
[27] 李建华，朱颜. 机械设计基础[M]. 北京：北京邮电大学出版社，2018.01.
[28] 齐继阳，唐文献. 机械制造装备设计[M]. 北京：北京理工大学出版社，2018.01.
[29] 陈为全，李金花，张世亮. 机械设计基础[M]. 北京：北京理工大学出版社，2018.08.
[30] 李慧娟，张爽华，顾吉仁. 机械设计基础[M]. 武汉：华中科技大学出版社，2018.07.
[31] 刘宏梅，曹艳丽，陈克. 机械结构有限元分析及强度设计[M]. 北京：北京理工大学出版社，2018.05.
[32] 王岩松，张东民. 机械 CAD/CAM[M]. 上海：上海科学技术出版社，2018.01.